Les
Syndicats Agricoles
et
leur œuvre

PAR

le Cte de ROCQUIGNY

Armand Colin & Cie, Éditeurs

Paris, 5, rue de Mézières

Les
Syndicats Agricoles
et leur œuvre

5589-00. — CORBEIL. Imprimerie Éd. CRÉTÉ.

BIBLIOTHÈQUE DU MUSÉE SOCIAL

Les
Syndicats Agricoles
et
leur œuvre

PAR

le Cte de ROCQUIGNY

Délégué au Service agricole du Musée social

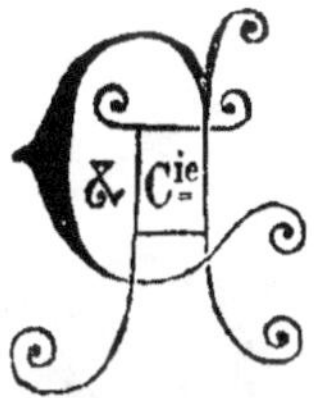

Armand Colin & Cie, Éditeurs
Paris, 5, rue de Mézières

1900

AVANT-PROPOS

On se fait généralement, en dehors des milieux spéciaux, une idée assez inexacte du caractère des Syndicats agricoles, de leurs fonctions, de leurs tendances, du rôle qu'ils jouent ou sont appelés à jouer dans la vie rurale.

Un bon nombre de personnes les considèrent comme de simples groupements, sans cohésion réelle, formés entre les agriculteurs pour l'application d'un procédé économique, l'achat en commun et la distribution des matières premières et marchandises diverses nécessaires à l'exploitation du sol, ou pour une utilisation plus avantageuse des moyens de production. On incline même volontiers à croire que ce groupement de circonstance est intermittent, qu'il sommeille, pour ainsi dire, dans l'intervalle des opérations d'intérêt collectif auxquelles il a pour but de pourvoir périodiquement.

S'il en était ainsi et si l'agriculture n'avait su tirer un autre parti de la liberté d'association accordée en 1884 aux groupements professionnels, le Syndicat agricole ne justifierait guère la faveur exceptionnelle qu'il a rencontrée chez les populations de nos campagnes, comme auprès des penseurs, des économistes et des hommes d'État.

Ses débuts ont été modestes; mais il a, dès la première heure, tracé le programme des améliorations de toute nature, économiques, morales et sociales, que de prudentes initiatives lui permettraient d'apporter dans les conditions d'existence des cultivateurs, et ce programme, il est en voie de le réaliser par de patientes conquêtes.

Nier les résultats importants déjà obtenus, contester les espérances plus larges qu'ils autorisent pour un prochain avenir, c'est fermer les yeux à l'évidence même.

Les Syndicats agricoles ne datent que de quinze ans, et déjà leur action de progrès et de concorde passe pour l'un des plus sûrs moyens de résoudre pacifiquement les difficultés sociales. Ils sont Légion et ils représentent des millions d'habitants des campagnes, intéressés à leur fonctionnement. Ils ont créé les organismes les plus variés adaptés aux besoins des travailleurs de la terre; ils possèdent une presse spéciale, dont la puissance de diffusion est considérable; ils ont formé des fédérations multiples et exercent dans la vie publique l'influence légitime due aux intérêts de la profession agricole; ils tiennent des congrès, participent aux grandes Expositions et sont comptés parmi les institutions les plus intéressantes qui relèvent de l'Économie sociale.

De l'aveu des hommes compétents, ils fournissent la meilleure base à toutes les tentatives qui ont pour objet le relèvement des populations rurales, leur accession à un bien-être supérieur.

Les peuples étrangers n'ont pas manqué de chercher à s'assimiler une forme nouvelle d'association qui correspond si bien aux besoins de l'agriculture dans tous les pays. Tantôt sous la même dénomination, tantôt sous des noms différents, mais avec un but et des pratiques analogues, les Syndicats agricoles se sont répandus en Belgique, en Suisse, en Italie, en Allemagne, en Danemark, en Irlande, en Autriche, en Serbie, en Portugal, en Russie, aux États-Unis, au Canada, au Brésil, etc. ; partout ils font apprécier leurs services et partout ils offrent un excellent point d'appui aux efforts individuels des agriculteurs.

Le Syndicat agricole est un type d'association rurale bien français par son origine, une conception spontanée du génie de notre race : c'est aussi dans notre pays qu'il s'est développé et transformé progressivement, de façon à acquérir la forme d'action définitive qui permet de le présenter aujourd'hui comme l'association agricole modèle.

Une enquête générale sur l'évolution de nos Syndicats agricoles semble donc opportune, à la fin de cette première période de leur histoire qui va se terminer avec le siècle. Cette enquête, nous allons l'entreprendre à l'aide de documents précis qui pourront peut-être, en certains cas, éclairer les membres des Syndicats eux-mêmes sur la portée de l'œuvre dont ils sont les ouvriers souvent inconscients.

Il importe de chercher à fixer par suite de quelles lois mystérieuses, dérivant de la logique des choses et des besoins particuliers de notre temps, ces associations se sont élevées des procédés les plus élémentaires de la Coopération à la pratique d'un véritable devoir social, comment elles ont peu à peu abordé les divers progrès matériels et moraux que réclame la condition des paysans, comment, par l'union et le soutien mutuel, elles travaillent efficacement à répandre le bien-être, la sécurité du lendemain, et à atténuer les inégalités sociales.

Nous suivrons, depuis ses humbles débuts, les étapes successives de ce vaste mouvement qui fournit de si précieux encouragements, de si consolantes perspectives, aux partisans convaincus de l'efficacité de l'initiative privée s'exerçant au sein des associations libres. Dans l'œuvre des Syndicats agricoles, on trouvera la confirmation de cette pensée d'un philosophe de l'antiquité, qu'avec l'impuissance de chacun on peut faire la puissance de tous.

Paris, le 12 mars 1900.

LES
SYNDICATS AGRICOLES
ET LEUR ŒUVRE

LIVRE I

LES SYNDICATS AGRICOLES ET LEURS UNIONS

CHAPITRE I

L'AGRICULTURE ET LA LOI SUR LES SYNDICATS PROFESSIONNELS.

Les dernières années du XIXe siècle ont vu naître et s'épanouir chez les populations de nos campagnes une forme nouvelle d'association appelée à une fortune bien inattendue. Depuis longtemps sans doute, les agronomes et les hommes qui s'intéressent au progrès des méthodes de la production agricole avaient compris l'utilité de se grouper pour y travailler en commun. Tel fut le but des sociétés d'agriculture, nombreuses encore en certaines régions de la France, et dont quelques-unes, au cours d'une longue existence, ont rendu de brillants services. Plusieurs sont aujourd'hui centenaires et s'honorent, à bon droit, des efforts poursuivis par les générations successives de leurs sociétaires. On en peut citer qui, par la vigoureuse impulsion donnée à une branche déterminée de l'industrie agricole, ont exercé une influence marquée sur la prospérité publique dans leur circonscription territoriale. La doyenne des associations agricoles françaises semble bien être la Société d'agriculture et d'industrie du département d'Ille-et-Vilaine, fondée par les États de Bretagne en 1756, cinq ans avant la Société royale d'agriculture de la Généralité de Paris, qui est devenue la Société nationale d'agriculture de France.

Vers l'année 1830, commença à se propager un nouveau type d'association. le comice agricole, qui fut plus tard réglementé par la loi du 20 mars 1851. L'objet des comices était presque identique à celui des sociétés d'agriculture, peut-être un peu moins académique (1). Les uns et les autres procèdent surtout par l'institution de concours, généralement annuels, dans lesquels des récompenses, médailles et primes en argent, sont décernées aux cultivateurs et auxiliaires agricoles de la circons-

---

(1) Une circulaire du ministre Decazes faisait ressortir, en 1820, les bienfaits que l'agriculture pourrait tirer de l'existence de comices agricoles bien organisés. Le premier comice agricole avait été créé en Anjou, dès l'année 1755, par le marquis de Turbilly : mais ce type d'association ne s'était pas répandu.

cription. Concours d'animaux et de produits, prix de bonne tenue des étables et des exploitations agricoles, récompenses aux serviteurs de l'agriculture, concours spéciaux d'instruments et de machines agricoles, concours de viticulture et de cultures spéciales, etc., tels sont les principaux moyens employés par ces associations pour propager l'amélioration des races de bétail, perfectionner les méthodes culturales et encourager les bons et longs services par l'attrait de distinctions toujours enviées. Les sociétés d'agriculture et comices font face aux frais de ces concours à l'aide des cotisations payées par leurs membres et des subventions qu'ils reçoivent ordinairement sur le budget du ministère de l'agriculture et sur les budgets départementaux ; souvent aussi viennent s'y ajouter des médailles libéralement mises à leur disposition par les grandes associations agricoles de Paris. Beaucoup de sociétés d'agriculture et comices publient, en outre, des bulletins périodiques qui ne manquent pas de valeur comme enseignement théorique et pratique : l'ensemble de ces publications a largement contribué à la diffusion des principes de la chimie agricole, de la zootechnie, des systèmes d'assolement rationnel et de toutes les découvertes dont la science moderne a fait bénéficier l'exploitation du sol. Les sociétés d'agriculture et comices agricoles sont au nombre d'environ 1 200.

A côté de ces anciennes et méritantes associations agricoles, il y a lieu de mentionner, mais seulement pour mémoire, les chambres consultatives d'agriculture instituées par le décret du 25 mars 1852 et qui n'ont, pour ainsi dire, jamais fonctionné. Leur but était, d'ailleurs, tout différent : elles devaient constituer une représentation officielle de l'agriculture ; à ce titre, elles étaient autorisées à présenter au gouvernement leurs vues sur les questions qui intéressent l'agriculture, et leur avis pouvait être demandé sur les changements à opérer dans la législation, en ce qui touche les intérêts agricoles. En outre, elles pouvaient être consultées relativement à l'emploi des subventions de l'État et du département, à l'établissement des foires et marchés, etc., et elles étaient chargées de la statistique agricole de leur arrondissement.

Le décret de 1852 procédait d'une pensée sage et équitable, celle d'établir une sorte d'assimilation entre l'agriculture et le commerce, de fournir aux agriculteurs un moyen régulier de s'entendre sur les intérêts et besoins de leur profession afin de chercher à les faire prévaloir, comme le font les commerçants dans les chambres de commerce. L'organisation, timide et incomplète d'ailleurs, est demeurée lettre morte. De nombreuses propositions de loi sur la représentation de l'agriculture se sont succédées depuis quelques années ; aucune d'elles n'a abouti. Il semble qu'il y ait moins lieu de le regretter peut-être, aujourd'hui que les classes rurales se sont donné une représentation spontanée dont la compétence et l'autorité ne peuvent être contestées.

Nous n'avons pas à insister ici sur d'autres types d'association rurale, très dignes d'être étudiés au point de vue des origines de l'esprit d'association chez les agriculteurs, mais dont la conception est due au besoin de s'unir pour faire valoir des intérêts très spéciaux : telles sont les *Fruitières* de la Franche-Comté, connues dès le xviie siècle, dont les sociétaires mettent le lait en commun pour la fabrication du fromage de Gruyère; les *colises* ou *consorses* des Landes, associations de prévoyance ayant pour objet de couvrir par l'application de la mutualité les pertes résultant de la mortalité accidentelle du bétail; les associations syndicales de propriétaires constituées en vue de l'exécution de travaux d'intérêt collectif, dessèchement de marais, irrigation, défense des propriétés riveraines contre l'envahissement des rivières, curage et entretien des cours d'eau, etc. Ces dernières associations, qui furent, d'ancienne date, imposées par la nécessité d'une entente entre les intéressés, ont été régularisées par la loi du 21 juin 1865, aujourd'hui complétée par celle du 22 décembre 1888. On en compte environ 2 500 : quoiqu'on les désigne assez souvent du nom de syndicat, elles n'ont rien de commun avec les syndicats professionnels agricoles.

Les sociétés d'agriculture et les comices agricoles étaient donc les seules institutions susceptibles d'exercer une influence générale sur le progrès des méthodes d'exploitation du sol, lorsqu'on vit tout à coup, vers l'année 1884, apparaître une autre conception de l'essence et du rôle de l'association chez les agriculteurs.

Après avoir joui d'une longue période de prospérité, nos producteurs agricoles traversaient des épreuves dont on ne pouvait prévoir le terme. Le marché français, que ne protégeait plus, par suite du développement des moyens de transport, la barrière naturelle des distances à franchir, voyait affluer, en abondance, des produits étrangers obtenus à des prix de revient défiant toute concurrence. Nos terres épuisées par des siècles de culture ne pouvaient lutter contre la production des sols vierges ou des pays plus favorisés relativement aux charges d'impôt, au coût de la main-d'œuvre, etc. Les blés de l'Amérique du Nord, de l'Inde et de la Russie, les laines de l'Australie et de la Plata, les vins d'Espagne et d'Italie, le bétail même d'Italie, de l'Allemagne, de la République Argentine, etc., prenaient peu à peu sur nos marchés la place des produits indigènes, et la simple menace de l'importation suffisait pour faire fléchir les cours. Cette crise sans précédent se compliquait encore en raison de la situation monétaire et de la prime du change, acquise aux importateurs des pays à finances dépréciées ou de ceux qui ont conservé l'étalon d'argent. Le marché national n'existait plus et, sur un marché devenu universel, sensible aux moindres fluctuations se répercutant entre les grands centres du globe, le cultivateur français offrait une proie facile aux spéculations du commerce international.

Ces conditions économiques nouvelles, et qu'il y avait tout lieu de considérer comme permanentes, imposaient à l'industrie agricole une évolution profonde.

Il fallait s'organiser pour la lutte, réaliser rapidement tous les progrès possibles, abaisser les prix de revient, améliorer les méthodes de production et de vente. Pour cette tâche, les anciennes associations agricoles se trouvaient mal préparées. Il ne pouvait plus suffire de répandre les connaissances techniques et de distribuer aux cultivateurs des récompenses et encouragements, dans des concours périodiques.

Ce rôle de patronage académique, exercé par l'élite assez restreinte des agriculteurs qui forment le personnel des sociétés d'agriculture et des comices, ne répondait plus aux besoins de la situation. C'est à la masse des cultivateurs qu'il s'agissait de faire appel en les conviant à s'unir et à se concerter pour solidariser leurs efforts en vue de rendre à l'industrie agricole un peu de son ancienne prospérité. La continuité de la crise leur avait fait sentir leur impuissance individuelle à en triompher ; elle les a préparés à comprendre la force qu'ils peuvent puiser dans l'association pour soutenir la compétition, de plus en plus âpre, à laquelle se livrent les producteurs agricoles du monde entier. Sous la pression inéluctable des conditions économiques nouvelles, les petits et moyens cultivateurs, manquant des ressources nécessaires pour perfectionner leurs méthodes d'exploitation, éloignés des initiatives fécondes par la routine et l'ignorance, se sont tournés vers les hommes qui par leur situation constituent les *autorités sociales* du monde agricole, ont réclamé leur aide et leurs conseils. Et ainsi, s'est dégagée spontanément dans notre pays, sans qu'on puisse sûrement en attribuer le mérite initial à aucune des personnalités qui lui ont ensuite prodigué leur dévouement, l'idée si simple, mais si heureuse dans son opportunité, que l'habile organisation des producteurs agricoles, la concentration de leurs efforts solidaires, leur union pour produire mieux et à meilleur marché, peut encore les mettre à même d'exploiter la terre avec le bénéfice modeste qui les fuyait, livrés à l'individualisme.

On sentait vaguement qu'à une situation économique profondément modifiée, devait correspondre une forme d'association agricole également neuve et adéquate au but pratique à atteindre, qui était de substituer peu à peu, chez les producteurs agricoles, une action plus collective, combinée en vue de l'intérêt commun, à l'action purement individuelle d'autrefois. Cette œuvre ne pouvait être celle des petits cénacles d'agronomes formant le personnel des sociétés d'agriculture et des comices ; elle réclamait une base plus large, plus démocratique : elle devait faire appel à tous les concours, mettre des services variés à la disposition de toutes les catégories d'exploitants, pourvoir surtout aux besoins de la moyenne et de la petite culture. C'était, en un mot, la population agricole tout entière,

envisagée comme profession, qu'il fallait chercher
à faire entrer dans les cadres de l'association en
solidarisant ses intérêts et en créant une organisation propre à les servir.

Mais comment songer à réaliser pareille entreprise à l'égard de la partie de la population française réputée la plus routinière, la plus rebelle au
lien de l'association, et dans l'état si restrictif de
notre ancienne législation relativement au droit de
s'associer? Le premier obstacle ne pouvait être
vaincu que par l'expérience et nous verrons bientôt
par quelle irréfutable démonstration de son utilité
pratique, l'association professionnelle agricole s'im-
posa à l'esprit des cultivateurs. Quant à l'obstacle
tiré de la législation, la législation elle-même allait
le faire disparaître et c'est elle, à vrai dire, qui
s'est trouvée l'inspiratrice inconsciente du nouveau
groupement rural.

Ce point de notre histoire parlementaire est bien
connu : il offre l'un des plus frappants exemples
des conséquences inattendues que peut produire le
vote d'une disposition législative. Le projet de loi
sur les syndicats professionnels, présenté à la
Chambre par le gouvernement en 1880, avait pour
objet avéré d'autoriser les ouvriers de l'industrie à
se grouper et à s'entendre pour faire prévaloir leurs
intérêts, notamment dans leurs rapports avec les
patrons. C'est afin de protéger la liberté du travail
industriel qu'on proposait d'abroger la loi des
14-27 juin 1791 et l'article 416 du Code pénal,
ainsi que de déclarer non applicables aux syndicats

professionnels les articles 291 à 294 du Code pénal et la loi du 10 avril 1834, qui frappaient comme illicite toute association de vingt personnes formée sans l'agrément préalable du gouvernement. Personne ne s'était avisé que la loi pût être applicable à l'agriculture quand, lors de la dernière délibération au Sénat, M. Oudet, sénateur du Doubs, demanda que l'article 3, portant : « Les syndicats professionnels ont exclusivement pour objet l'étude et la défense des intérêts économiques, industriels et commerciaux », fût complété par l'addition des mots *et agricoles*. Cette modification fut acceptée, avec la pensée qu'elle ne concernait, d'ailleurs, que les ouvriers agricoles, le rapporteur, M. Tolain, ayant déclaré que la commission n'avait jamais songé à les exclure du bénéfice de la loi.

Voilà par quelle petite porte les syndicats agricoles ont pénétré dans notre législation : mais l'essentiel est qu'ils y soient entrés, à la faveur d'une loi destinée à régulariser la situation des chambres syndicales d'ouvriers et de patrons déjà existantes.

Dès que fut promulguée la loi du 21 mars 1884, l'agriculture s'empressa d'en revendiquer l'application.

Elle n'avait pas déjà, comme l'industrie, constitué, en nombre relativement grand, des chambres syndicales irrégulières, mais, sous la pression des circonstances, elle portait en germe son organisation syndicale. La crise intense causée par la con-

currence des produits étrangers lui imposait l'obligation de réformer ses méthodes surannées et de
se transformer à la façon de toutes les industries
menacées par de puissantes rivales. Il fallait, de
toute nécessité, produire plus, afin de produire à
meilleur marché. La chimie agricole moderne, la
science des Boussingault, des Georges Ville, des
Joulie, etc., en avait fourni le moyen assuré :
enrichir les terres épuisées à l'aide d'un apport de
matières fertilisantes, proportionné aux besoins
particuliers de chaque culture. Ces matières fertilisantes, les engrais chimiques, un commerce
spécial se chargeait de les livrer aux cultivateurs ;
mais il avait assez mauvaise réputation et n'était
pas sans la mériter en grande partie. Les engrais
chimiques étaient très peu employés, par suite de
l'ignorance et de la routine qui dominaient les
campagnes, et les négociants éprouvaient de
grosses difficultés à se former une clientèle.

Le paysan ne connaissait d'autre engrais que le
fumier de ferme ; malgré les enseignements et les
conseils de quelques agronomes et savants, convaincus de l'efficacité de la culture aux engrais
chimiques (parmi lesquels il faut surtout mentionner Georges Ville, dont la propagande incessante
s'exerçait depuis 1861, par les célèbres conférences
du champ d'expériences de Vincennes), il répu-
gnait à se servir de ces sels minéraux et de ces
diverses matières fertilisantes si nouvelles pour
lui. Les marchands d'engrais devaient, pour vendre
quelques sacs seulement, supporter des frais con-

sidérables de courtiers et de voyageurs ; afin de se couvrir de ces frais, ils vendaient à des prix exorbitants et surtout profitaient de l'ignorance absolue de leurs acheteurs pour falsifier la marchandise. La législation ne réprimait pas ces fraudes qui tombent aujourd'hui sous le coup de la loi du 4 février 1888, et les cultivateurs n'avaient pas à leur disposition des laboratoires départementaux pour faire constater par l'analyse la teneur des engrais qui leur avaient été vendus. De là une défiance bien justifiée, qui opposait un obstacle insurmontable aux progrès de la pratique agricole. Il aurait fallu donner au sol des engrais complémentaires pour développer sa faculté productive, et les cultivateurs n'osaient le faire de peur de les payer au delà de leur valeur ou d'être trompés sur la qualité ; c'était un cercle vicieux.

Un fonctionnaire de l'enseignement agricole, M. Tanviray, professeur départemental d'agriculture à Blois (1), imagina de le rompre en créant, au mois de mars 1883, entre les cultivateurs du département de Loir-et-Cher, une association ayant pour but d'acheter les engrais en commun afin de les obtenir à meilleur marché et de réprimer la fraude dans les livraisons. Subsidiairement, elle devait s'efforcer d' « éclairer les cultivateurs sur le choix des matières fertilisantes convenables, suivant la nature du sol et les exigences diverses des cultures ».

(1) M. Tanviray est actuellement directeur de l'École pratique d'agriculture de Paraclet (Somme).

Tel a été le point de départ du groupement professionnel des agriculteurs. L'heure était propice, car la nécessité de se servir des engrais du commerce pour accroître les rendements et réduire les prix de revient, préconisée par l'enseignement, les comices, la presse agricole, etc., commençait à être admise. Lorsqu'on vit qu'une association, réunissant les commandes de ses membres, forte de la concurrence qu'elle était en mesure d'établir entre les fournisseurs, des garanties de vérification qu'il lui était loisible de stipuler, pouvait livrer des engrais de qualité contrôlée à des prix fort abaissés, ce fut un engouement général et la consommation des engrais chimiques prit, de ce fait, un rapide développement.

La loi du 21 mars 1884 sur les syndicats professionnels ayant été votée, l'association fondée dans le Loir-et-Cher par M. Tanviray s'empressa d'en réclamer le bénéfice. Elle rentrait manifestement dans le cadre des associations ayant pour objet exclusif « l'étude et la défense des intérêts économiques, industriels, commerciaux et agricoles ». Elle devint donc le *Syndicat des agriculteurs de Loir-et-Cher*, qui compte aujourd'hui environ 4 000 membres.

L'exemple parut bon à suivre et successivement se fondèrent bientôt le Syndicat des agriculteurs du Loiret à Orléans, les Syndicats agricoles d'Allex et de Die (Drôme), dus à l'initiative de MM. H. de Gailhard-Bancel et Anatole de Fontgalland, le Syndicat agricole Vauclusien, créé à Avignon par la Société d'agriculture de Vaucluse, le Syndicat agricole de l'arrondissement de Poligny, etc.

Entre temps, M. Waldeck-Rousseau, alors ministre de l'intérieur, exposait, dans une circulaire adressée aux préfets, les vues de l'administration sur l'application de la loi du 21 mars 1884. Il y constatait que la pensée dominante du gouvernement et des Chambres a été de développer parmi les travailleurs l'esprit d'association.

« Le législateur a fait plus encore, disait-il. Pénétré de l'idée que l'association des individus, suivant leurs affinités professionnelles, est moins une arme de combat qu'un instrument de progrès matériel, moral et intellectuel, il a donné aux syndicats la personnalité civile, pour leur permettre de porter au plus haut degré de puissance leur bienfaisante activité. Grâce à la liberté complète d'une part, à la personnalité civile de l'autre, les syndicats, sûrs de l'avenir, pourront réunir les ressources nécessaires pour créer et multiplier les utiles institutions qui ont produit, chez d'autres peuples, de précieux résultats : caisses de retraites, de secours, de crédit mutuel, cours, bibliothèques, sociétés coopératives, bureaux de renseignements, de placement, de statistique, des salaires, etc. »

La plus vaste carrière est ouverte par la loi devant l'activité des associations professionnelles et leur fécondité ne doit pas rencontrer de limites légales. Les difficultés qui pourront surgir devront toujours être tranchées dans le sens le plus favorable au développement de la liberté.

« Les pouvoirs publics, disait encore M. Waldeck-Rousseau, n'ont envisagé que les bienfaits certains d'une liberté nouvelle, qui doit bientôt initier l'intelligence des plus humbles à la conception des plus grands problèmes économiques ou sociaux. »

Enfin l'homme d'État qui avait tant contribué à faire voter cette grande réforme, et que ses fonctions ministérielles appelaient à en régler l'application, caractérisait bien sa portée en ajoutant que les associations professionnelles sont élevées par la loi du 21 mars *au rang des établissements d'utilité publique* et que, par une faveur inusitée jusqu'à ce jour, elles obtiennent cet avantage, non en vertu de concessions individuelles, mais en vertu de la loi et par le seul fait de leur création.

Il était impossible de proposer un plus large programme à l'initiative des associations nouvelles et de mieux témoigner les espérances qu'elles avaient permis de concevoir. C'est surtout l'agriculture qui devait les réaliser.

Nous venons de rappeler le bien modeste début de ce mouvement syndical agricole destiné à jouer un rôle si considérable dans l'histoire des classes rurales de la France et dont nous allons essayer d'exposer l'évolution progressive, avec les manifestations variées qui s'y rattachent.

Le point de départ que les circonstances ont donné au groupement professionnel agricole a merveilleusement servi sa rapide fortune, il faut le remarquer. On ne pouvait en trouver de meilleur que l'achat des matières fertilisantes traité en commun, dans un temps où cet achat comportait tant de risques et de difficultés pratiques pour le cultivateur. Le syndicat, prenant en main l'intérêt du paysan pour le servir d'une façon si éclatante et désintéressée, gagnait du premier coup sa confiance, lui faisait comprendre l'utilité de s'associer ; il le préparait à accueillir et utiliser plus tard les services d'ordre supérieur qui pourraient être organisés en vue de son amélioration morale et sociale, par application de ce lien de solidarité professionnelle déjà formé et qui tend à se resserrer de plus en plus entre les syndiqués, dans l'intérêt de tous.

L'achat des engrais traité en commun, c'était déjà la pratique de la coopération, et le succès obtenu devait naturellement conduire à étendre les procédés coopératifs à d'autres phases de l'exploitation agricole. Mais l'intérêt professionnel ne se limite pas lui-même à la satisfaction des besoins de la culture ; il comprend encore l'organisation des œuvres de prévoyance, de mutualité, d'enseignement, etc., par lesquelles se relève et s'améliore la condition des habitants des campagnes. Les syndicats agricoles devaient donc, tout naturellement, élargir leur programme, développer leurs moyens d'action, afin de faire face aux besoins variés de l'existence des cultivateurs. Ils y étaient encouragés par l'esprit de la loi du 21 mars 1884, par les termes mêmes de la circulaire de M. Waldeck-Rousseau : ils se conformaient ainsi aux vues et aux espérances des pouvoirs publics, ce que semblent oublier aujourd'hui les hommes qui critiquent parfois l'extension donnée à leurs attributions et souhaiteraient de les voir se limiter à n'être, comme au début, que de simples intermédiaires pour l'achat des marchandises nécessaires à l'agriculture.

Ainsi nous aurons à constater par la suite de cette étude que, grâce au progrès naturel de son développement, le syndicat agricole, d'abord simple procédé économique d'achat, s'est élevé au rang d'institution essentiellement apte à améliorer la condition morale et sociale des paysans : de la coopération il s'est acheminé vers les services de la mutualité, travaillant efficacement à répandre le bien-être, à combattre les maux qui menacent le cultivateur et à consolider la paix sociale.

C'est pourquoi, lorsque furent proclamés, au Musée social, le 31 octobre 1897, les résultats du concours institué par M. le comte de Chambrun entre les syndicats agricoles, M. Méline, qui représentait le gouvernement comme président du Conseil, ministre de l'agriculture, était fondé à rendre hommage aux syndicats agricoles dans les termes suivants :

« Chose curieuse et bien digne de remarque, vous n'avez rien eu à apprendre à ceux que vous appeliez ici ; c'est de ce monde agricole, qu'on avait cru pendant si longtemps voué à l'esprit de routine invétérée et dépourvu de toute initiative, qu'est partie l'étincelle qui doit régénérer le monde moderne.

« C'est lui qui, le premier, a compris et appliqué la grande formule de solidarité et de mutualité qui contient la vraie, la seule solution possible du problème social. C'est d'elle que procède ce mouvement immense qui est en train de s'accomplir sur tous les points du territoire et qui ne fait que commencer.

« M. le comte de Rocquigny vient, dans son remarquable rapport, si précis et si lumineux, d'en analyser les résultats. Après l'avoir entendu, vous avez dû être frappés, comme moi, de l'infinie variété et de la fécondité des œuvres enfantées par l'esprit d'association et de la souplesse de ce merveilleux instrument des syndicats qui se prête à toutes les combinaisons, à toutes les évolutions du progrès. Quel chemin parcouru depuis le jour où ils n'étaient que de simples intermédiaires pour l'acquisition des semences et des engrais ! Rien ne les effraie ni ne les décourage. Dès qu'un problème se pose, ils en cherchent tout de suite la solution pratique et ils la trouvent presque toujours. »

Comment s'est développé ce *mouvement immense* que signalait M. Méline ? Comment a-t-il pu propager ces œuvres de solidarité et de mutualité, dont *l'infinie variété* et la *fécondité* frappaient le chef du gouvernement ? Il est peu de recherches à faire aussi attachantes et aussi utiles.

On doit considérer le mouvement syndical agricole dans le double organisme par lequel il s'est manifesté, utilisant toutes les ressources que lui offrait la loi de 1884 : d'une part, le syndicat agricole, c'est-à-dire l'association professionnelle entre les individus, au premier degré ; d'autre part, l'Union de syndicats agricoles, c'est-à-dire l'association professionnelle entre les syndicats eux-mêmes, au second degré.

Ces groupements se complètent réciproquement et fonctionnent à l'envi, chacun dans la sphère qui lui est propre, et nous aurons à constater que leurs initiatives peuvent se ramener à deux ordres de services :

1° Les services d'ordre matériel rendus à l'exploitation du sol ;

2° Les services économiques et sociaux rendus aux populations rurales.

CHAPITRE II

L'ASSOCIATION PROFESSIONNELLE AGRICOLE AU PREMIER
DEGRÉ. — LES SYNDICATS AGRICOLES.

Le syndicat agricole peut se définir une association formée entre agriculteurs, propriétaires, fermiers, métayers, employés de culture et toutes personnes exerçant des professions connexes concourant à la production agricole, pour l'étude et la défense des intérêts économiques agricoles.

C'est l'identité ou l'analogie des professions qui forme la base du syndicat, qui justifie le groupement, et tous les membres qui le composent doivent être intéressés à l'exploitation du sol. On s'était demandé tout d'abord si le simple propriétaire d'un bien rural affermé possède un intérêt professionnel suffisant pour être admis dans un syndicat agricole. Ce droit lui a été reconnu sans contestation sérieuse : car le propriétaire foncier, alors même qu'il n'exploite pas directement une réserve, des bois, des vignes, etc. (et ce cas est assez rare), ne saurait être considéré comme dégagé des conséquences plus ou moins avantageuses de l'exploitation à laquelle se livre son fermier. C'est d'elles que dépend la régularité du paiement des fermages, le renouvellement des baux. Cet intérêt est permanent et domine toutes les phases de la production. Fréquemment, d'ailleurs, le propriétaire a lieu d'intervenir dans l'exploitation du fonds pour une surveillance à exercer, pour des autorisations à donner, pour un partage de dépenses destinées à accroître la productivité du domaine, telles que travaux de marnage, drainage, clôture, défrichement de terres incultes, création d'herbages, etc. Entre le bailleur et son fermier il existe une association de fait et de droit qui motive amplement leur affiliation simultanée à un syndicat chargé de l'étude et de la défense des intérêts économiques agricoles. Quelle raison valable pourrait-il y avoir d'exclure le propriétaire foncier, de l'empêcher de se rendre solidaire des besoins des cultivateurs? Sa fortune étant attachée à la terre, comment lui contester le droit de prendre part à la défense des intérêts agricoles? Et, d'ailleurs, le concours actif qu'il apporte à l'œuvre syndicale tourne toujours au bénéfice de l'exploitant, cela n'est pas douteux.

La fondation du syndicat agricole se présente avec une extrême simplicité. On réunit quelques hommes de bonne volonté, on organise, s'il est nécessaire, une conférence afin d'exposer les principaux services rendus par le syndicat agricole, en insistant spécialement sur ceux qui répondent le mieux aux besoins locaux. Puis on recueille les adhésions des fondateurs, on leur présente un modèle de statuts qui est discuté, modifié s'il y a lieu, et enfin adopté. Les personnes qui doivent être chargées de l'administration sont ensuite élues dans les conditions déterminées par ces statuts ; elles doivent posséder la qualité de Français et jouir de leurs droits civils : aucune autre condition n'est exigée. Cela fait, le syndicat agricole est constitué ; il pourra fonctionner conformément à la loi du 21 mars 1884 et aux prescriptions particulières de ses statuts. Il ne reste d'autre formalité à remplir que le dépôt des statuts imposé aux fondateurs. Ce dépôt sera fait à la mairie du siège social en deux exemplaires, sur papier libre ; il comprendra les noms des personnes qui, à un titre quelconque, sont chargées de l'administration ou de la direction : un récépissé de la mairie en donnera constatation.

Aucune institution ne jouit d'une telle facilité de constitution, d'une semblable exemption de toute formalité gênante : la faveur inusitée que lui a témoignée le législateur démontre bien qu'il la considérait comme un véritable établissement d'utilité publique. En vertu de son existence même, le syndicat agricole est investi de la personnalité civile ; il peut posséder des biens propres, prêter, emprunter, ester en justice, etc. Son droit d'acquérir est seulement limité à l'égard des immeubles, dont il ne peut posséder que ceux nécessaires à ses réunions, à sa bibliothèque ou aux cours d'instruction professionnelle qu'il organiserait. Sous la même réserve, il peut recevoir sans autorisation des dons et legs.

Les statuts du syndicat agricole doivent naturellement préciser l'objet poursuivi par ses fondateurs. Bien que les opérations à entreprendre, au début, se limitent le plus souvent à l'achat collectif des engrais, la plupart des statuts visent des attributions très multiples et très larges : les initiateurs du mouvement ont compris qu'ils rabaisseraient le rôle de l'association professionnelle agricole en lui fixant un but aussi étroit. Ils ont pressenti l'extension qui pourrait être donnée peu à peu aux services du syndicat et se sont réservé la faculté d'y pourvoir sans avoir à demander de modification statutaire. On peut l'affirmer, d'ailleurs, avec certitude, les hommes qui ont consacré tant de dévouement aux intérêts de la classe agricole et de si remarquables facultés d'organisation à l'œuvre des syndicats n'auraient pas généralement pris une telle initiative si le résultat de leurs efforts avait dû se borner à quelques avantages réalisés dans l'achat des matières fertilisantes : leur vue a été plus haute et plus juste.

Ils ont considéré l'association professionnelle comme un organisme sociologique complet, apte à se suffire à lui-même, comme la cellule portant en germe toutes les institutions destinées à améliorer la condition économique, morale et sociale des habitants des campagnes.

Un modèle de statuts élaboré sous l'inspiration de la *Société des agriculteurs de France* comprend une large énumération des objets que peut se proposer l'activité des syndicats agricoles (1). Nous mentionnerons ici, à titre d'exemple, un extrait des statuts du Syndicat départemental des agriculteurs de l'Indre, fondé à Châteauroux, le 14 novembre 1885, par la Société d'agriculture de l'Indre et qui compte actuellement 4 000 adhérents environ :

« Le Syndicat a pour objet général l'étude et la défense des intérêts économiques agricoles et pour but spécial :

« 1° D'examiner et de présenter toutes réformes législatives et autres, toutes mesures économiques, de les soutenir auprès des pouvoirs publics et d'en réclamer la réalisation, notamment en ce qui concerne les charges qui pèsent sur la propriété foncière, les tarifs des chemins de fer, les traités de commerce, les tarifs douaniers, les octrois, les droits de place dans les foires et marchés, etc. ;

« 2° De propager l'enseignement agricole et les notions professionnelles, tant par des cours, conférences, distributions de brochures, installations de bibliothèques, que par tous autres moyens ;

« 3° De provoquer et favoriser des essais de culture, d'engrais, de machines et instruments perfectionnés et de tous autres moyens propres à faciliter le travail, réduire les prix de revient et augmenter la production ;

(1) Les statuts élaborés par la *Société des agriculteurs de France*, ainsi que plusieurs autres bons modèles de statuts, sont reproduits à la suite du *Petit Manuel pratique des syndicats agricoles* de M. H. de Gailhard-Bancel (Paris, librairie Lamulle et Poisson, 14, rue de Beaune, 1898, 5e édition).

« 4° D'encourager, de créer et d'administrer des institutions économiques telles que sociétés de crédit agricole, sociétés de production et de vente, caisses de secours mutuels, caisses de retraite, assurances contre les accidents, offices de renseignements pour les offres et demandes de produits, d'engrais, d'animaux, de semences, de machines et de travail ;

« 5° De servir d'intermédiaire pour la vente des produits agricoles et pour l'acquisition d'engrais, de semences, d'instruments, d'animaux et de toutes matières premières ou fabriquées, utiles à l'agriculture, de manière à faire profiter ses membres des remises qu'il obtiendra ;

« 6° De surveiller les livraisons faites aux membres du Syndicat ou effectuées par eux, pour en assurer la loyauté et réprimer les fraudes ;

« 7° De donner des avis et des consultations sur tout ce qui concerne la profession agricole, de fournir des arbitres et experts pour la solution des questions économiques litigieuses. »

Le type de statuts adopté par les syndicats agricoles communaux du département du Doubs est plus explicite encore quant à la haute portée morale de l'association :

« Le Syndicat a pour objet :

« 4° De remplir entre ses membres le rôle de société d'assistance, de fonder entre eux toutes coopératives, institutions mutuelles de prévoyance ou d'assurance, et toutes autres mutualités qui tendront au développement moral, intellectuel et professionnel de ses membres et à l'amélioration de leur situation matérielle. »

Pour qu'aucun doute ne subsiste, d'ailleurs, sur la pensée dont s'inspirèrent les initiateurs de notre mouvement syndical agricole et qui leur fait grand honneur, il suffira de rappeler la belle formule donnée par les statuts du syndicat agricole de l'arrondissement de Poligny, l'un des cinq premiers syndicats agricoles qui se sont créés au cours de l'année 1884 :

« Le Syndicat s'efforcera de faire aimer la profession par excellence qui, depuis des siècles, constitue la principale richesse de la patrie, d'attacher les populations rurales à leur foyer et au sol qu'elles cultivent en employant tous les moyens en son pouvoir pour remettre en honneur le travail de la terre et pour le rendre plus lucratif » (1).

Certains groupements de nature tout à fait spéciale, qui n'ont utilisé la loi sur les syndicats professionnels que pour se soustraire aux exigences d'une législation plus rigoureuse, ont néanmoins compris la nécessité de viser dans leurs statuts le but supérieur qui s'impose à l'association professionnelle : ainsi les syndicats de prévoyance contre la mortalité du bétail qui se sont formés dans le département de la Meuse, et sur lesquels nous

---

(1) Cette formule a été inscrite, à titre de principe essentiel des syndicats agricoles, sur les panneaux qui ornent le grand hall du Musée social : l'ensemble des inscriptions qui y figurent forme une exposition permanente d'économie sociale.

aurons à revenir, ont inscrit dans leurs statuts la disposition suivante :

« Le Syndicat a pour but général l'union fraternelle entre ses membres et pour but spécial l'allocation de secours à ceux d'entre eux qui seront victimes de pertes de bétail. »

Les statuts ont à régler le mode d'administration du syndicat. Comme il existe des syndicats agricoles qui n'ont que 20 ou 25 membres et d'autres qui en comptent jusque 10 000, on conçoit que les rouages administratifs se modifient selon l'importance de l'association.

Généralement l'administration est exercée par un bureau à la tête duquel se trouve placé le président ou président-syndic, qui dirige l'association et la représente à l'égard des tiers. Ce bureau est assisté d'une chambre syndicale ou d'un conseil d'administration, dont les pouvoirs sont plus ou moins étendus. Une assemblée générale des membres du syndicat a lieu une ou deux fois par an ; elle est saisie d'un rapport du bureau sur la situation financière et sur les opérations de l'association, et elle statue sur les propositions qui lui sont soumises par la chambre syndicale. Elle nomme la chambre syndicale, qui choisit à son tour le bureau, à moins que celui-ci ne soit élu directement par l'assemblée, comme cela se pratique souvent. Tout cela, on le voit, est très simple et très libéralement conçu. Tout se passe au grand jour dans les syndicats agricoles, et on n'y rencontre aucun pouvoir occulte. Dans les syndicats de quelque importance, le bureau choisit un agent salarié, secrétaire ou directeur, pris en dehors de l'administration, auquel il délègue une partie de ses pouvoirs. Mais il arrive fréquemment que le président ou le secrétaire se charge de remplir seul, à titre purement gracieux, une tâche fort pénible qui absorbe une bonne partie de son temps, celle de la correspondance et des affaires de l'association.

Les statuts doivent aussi prévoir comment se recrutera le syndicat, en dehors des membres fondateurs qui ont concouru à le constituer : le plus souvent, les candidats seront présentés par deux membres et leur admission sera prononcée soit par la chambre syndicale, soit par le bureau.

L'effectif des membres d'un syndicat agricole est évidemment lié à l'étendue de sa circonscription territoriale. On remarque à cet égard la plus grande diversité, qui s'est révélée dès l'origine et a persisté depuis, mais avec certaines tendances générales ou locales qui méritent d'être signalées. On rencontre des syndicats agricoles de hameau, de commune, de canton, d'arrondissement et de département. Il en existe dont la circonscription embrasse un groupe de communes ou plusieurs cantons. D'autres même, à objet très spécialisé, exercent leur action sur une région ou même sur la France entière : tels le Syndicat de la race limousine, dont le siège est à Limoges, le Syndicat des viticulteurs des Charentes, à Saintes, le Syndicat pomologique de France, etc.

On s'est demandé quelle circonscription doit être préférée pour un syndicat agricole ordinaire. Tous les types ont été pratiqués et tous ont réussi : le choix de la circonscription est souvent imposé aux fondateurs des syndicats par la diversité des milieux et par des circonstances locales dont il faut tenir grand compte pour implanter l'association professionnelle chez les agriculteurs. Chaque type a su manifester son utilité par des services incontestables ; chacun d'eux a ses mérites propres et peut-être aussi ses défectuosités. Les syndicats départementaux ont joui d'une grande vogue, au début du mouvement, et ils apparaissaient comme l'organisation la mieux appropriée aux premiers besoins de l'association des cultivateurs ; ils disposent, en effet, d'une force considérable, soit pour les manifestations relatives aux intérêts économiques de l'agriculture, soit pour les marchés à traiter avec les fournisseurs auxquels ils apportent une grosse clientèle, soit pour la diffusion des bonnes méthodes culturales. En ce qui touche les tiers, ils représentent une puissance avec laquelle il faut compter ; mais leur action sur leurs propres membres est moins satisfaisante. Il est aisé de comprendre qu'une circonscription trop étendue est peu propice à la création d'un lien réel entre les syndiqués.

Les rapports, limités le plus souvent à des services d'ordre matériel, relient seulement les syndiqués au bureau de l'association qui, elle-même, ne possède sur ses membres que l'influence d'une administration d'intérêt collectif. Entre les syndiqués épars, inconnus les uns des autres, l'esprit de solidarité, qui est le véritable esprit syndical, n'a pas l'occasion de naître. Le terrain peut convenir en ce qui concerne l'œuvre professionnelle des syndicats, l'achat et la distribution des marchandises, etc., mais il est beaucoup moins bien préparé pour l'action morale et sociale.

Dans les syndicats locaux, au contraire, et le canton semble constituer à cet égard une excellente unité de groupement, les agriculteurs se connaissent, se rencontrent fréquemment, se sentent les coudes. Ils peuvent apprécier réciproquement leur valeur personnelle, la situation de leurs affaires ; ils ont des besoins identiques auxquels il est possible de trouver une satisfaction commune. Ce sont là des conditions essentiellement favorables pour organiser le groupement professionnel sur la base d'une solidarité effective que développera de plus en plus le fonctionnement de l'association.

Les syndicats agricoles communaux ont aujourd'hui de nombreux partisans. On leur reconnaît le mérite de former en quelque sorte une grande famille rurale, veillant sur tous ses membres, travaillant à accroître leur prospérité en leur rendant de nombreux services matériels et s'accréditant ainsi pour entreprendre leur éducation sociale. On voit en eux, non sans raison peut-être, la forme syndicale la mieux appropriée à l'amélioration des conditions d'existence des cultivateurs, à l'union des classes rurales, à la défense sociale.

Sans doute, ils peuvent fournir à cet égard des résultats remarquables, il en existe de nombreux exemples : ils présentent un type, pour ainsi dire idéal, de l'association professionnelle, surtout lorsque leur affiliation à une *Union* bien organisée leur imprime une habile direction, coordonne leurs initiatives et leur offre des ressources de toute nature qu'ils ne sauraient trouver en eux-mêmes. Outre l'insuffisance de leurs moyens d'action, ils ont à lutter contre deux difficultés particulières : celle de trouver des hommes d'initiative et de dévouement, comme il en faut pour assurer la prospérité des associations, et aussi celle d'éviter que les passions locales, si ardentes au village, s'emparent du syndicat pour le rendre l'instrument d'une coterie. Ce sont là des obstacles que surmontent mieux les syndicats de circonscription plus étendue.

Il existe, d'ailleurs, un moyen de remédier aux inconvénients spéciaux des grands syndicats et de combiner, en majeure partie, les avantages qui leur sont propres avec ceux que nous avons reconnus aux petits groupements. Il s'agit simplement d'organiser le syndicat agricole en sections cantonales ou communales, dont chacune possède un bureau spécial, réunit fréquemment ses membres et fonctionne presque à la façon d'un petit syndicat dans le grand. Le bureau local administre le groupe, selon ses besoins particuliers, sous l'autorité du bureau central de l'association, pour lequel il est un puissant agent d'information et d'influence. Un syndicat départemental ainsi organisé dispose d'une foule de concours précieux et est admirablement placé pour faire progresser l'agriculture, défendre ses intérêts, améliorer efficacement la condition des cultivateurs.

Parmi nos syndicats agricoles de département, il en existe un bon nombre qui se sont ainsi sagement décentralisés et dont la direction s'attache à provoquer et aider les initiatives locales dans ses sections, qui forment de véritables foyers de vie syndicale. Le Syndicat des agriculteurs du Loiret, à Orléans, le Syndicat agricole d'Anjou, à Angers, le Syndicat agricole Pyrénéen, à Tarbes, et beaucoup d'autres fournissent, à cet égard, d'excellents modèles.

Que faut-il conclure de là, sinon que le choix de la circonscription d'un syndicat agricole doit être déterminé d'après les circonstances locales ? **Dans** chaque cas particulier, les fondateurs des syndicats ont à apprécier la sphère d'action qu'il convient d'embrasser, d'après les besoins, les mœurs, les conditions de la culture, etc. Il n'y a pas lieu de chercher à tracer des règles générales, de rêver l'uniformité des types.

Le mouvement syndical agricole est essentiellement varié dans ses cadres, comme dans toutes ses manifestations ; car il est animé d'une vie propre intense qui fait sa fécondité.

C'est un trait distinctif de l'association professionnelle agricole, nous aurons maintes fois l'occasion de le constater, que cette souplesse remar-

quable avec laquelle elle a su s'adapter aux convenances des populations rurales, dans toutes les
parties de la France, et partout faire sentir ses
bienfaits.

Le syndicat agricole étant constitué et investi par
la loi de la personnalité civile, il faut qu'il puisse
vivre, c'est-à-dire qu'il subvienne à ses frais généraux, et qu'il travaille à se former un patrimoine
qui lui servira à fonder, un jour, des institutions
d'assistance et de prévoyance, ou des œuvres de
propagande destinées à faire progresser la pratique
agricole.

Les ressources des syndicats sont formées des
cotisations de leurs membres, des dons et libéralités qu'ils peuvent recevoir, des subventions que
leur accordent parfois les conseils généraux et le
ministre de l'agriculture ou même d'autres associations agricoles, et enfin d'une redevance ou majoration assez généralement prélevée sur les achats
ou les ventes qu'ils traitent pour le compte de leurs
adhérents.

Les cotisations sont minimes, le plus souvent
fixées à 2 ou 3 francs par an; on les voit mêmd
s'abaisser jusqu'à 50 centimes.

Dans quelques syndicats où l'association prend
le caractère d'une sorte de patronage à l'égard des
petits cultivateurs et des ouvriers de culture, on
distingue plusieurs catégories de membres : les
membres fondateurs ou donateurs paient une cotisation plus élevée que les membres ordinaires,
voire même un droit d'entrée plus ou moins impor-

tant. Souvent aussi, parmi les membres titulaires, le bénéfice d'un taux de faveur est réservé à la cotisation des ouvriers agricoles ou des fils de cultivateurs déjà affiliés. Certains syndicats, peu nombreux d'ailleurs, dans les départements de Seine-et-Oise, de la Marne, du Gers, etc., ont adopté une autre base en rendant la cotisation proportionnelle soit au nombre d'hectares dont les syndiqués sont propriétaires ou locataires, soit au montant de l'impôt foncier.

Les syndicats agricoles peuvent recevoir des dons ou legs, pourvu que, s'il s'agit d'immeubles, ces immeubles soient affectés à leurs réunions, à leurs bibliothèques ou à des cours d'instruction professionnelle, la loi de 1884 ayant restreint à ces divers objets leur faculté de posséder des immeubles. Les libéralités dont ils ont bénéficié jusqu'à ce jour sont trop rares pour avoir exercé une influence notable sur la formation de leur patrimoine ; mais depuis que beaucoup d'entre eux se sont donné pour tâche de travailler à organiser l'assistance dans les campagnes, la bienfaisance privée semble vouloir les y encourager au moyen de libéralités spéciales.

La majoration légère, que la plupart des syndicats font subir au prix des marchandises qu'ils achètent et livrent à leurs membres, constitue pour eux une ressource normale qui s'accroît avec l'importance de leurs opérations.

Cette majoration, établie sur les factures des fournisseurs, est le plus souvent de 1 ou 2 p. 100 ; quelquefois, et pour certains articles dont la distribution est particulièrement onéreuse, elle est portée jusqu'à 4 p. 100. Il est admis que ces majorations doivent avoir uniquement pour objet de couvrir les frais généraux d'administration du syndicat et les frais spéciaux qu'imposent les commandes, les analyses, la distribution des marchandises, etc. Pourtant quelques syndicats croient pouvoir en appliquer une part à l'accroissement de leurs réserves. Ce procédé a été critiqué comme peu régulier, bien qu'il ne s'écarte pas de la pratique ordinaire de la coopération (1).

Malgré la modicité de leurs ressources et grâce à l'économie de leur administration, de nombreux syndicats agricoles sont parvenus à se constituer des réserves qui ont acquis l'importance d'un véritable patrimoine. Il leur est loisible d'accumuler à cet effet, en laissant tous leurs frais généraux à la charge des opérations d'achat collectif, l'intégralité des cotisations versées par leurs membres. Les grands syndicats créés depuis dix ou douze ans et comptant plusieurs milliers d'adhérents ont pu, il est facile de le comprendre, former ainsi un capital relativement considérable. Il n'est pas rare de trouver des syndicats agricoles possédant un patrimoine de 30 000, 40 000, 50 000, 60 000 francs, et on en cite même quelques-uns, le Syndicat des agriculteurs de la Sarthe, au Mans, le Syndicat pro-

(1) Le prélèvement réservé au syndicat sur le prix des marchandises livrées par ses soins peut aussi affecter le caractère d'une simple remise de fournisseur et, dans ce cas, le syndicat semble fondé à en disposer librement.

fessionnel agricole des Deux-Sèvres, à Niort, etc., dont le patrimoine a atteint ou dépassé la somme de 100 000 francs. Une telle situation financière donne à une association des moyens d'action très étendus et lui est d'un puissant secours dans ses entreprises. Elle est, à vrai dire, exceptionnelle, et les petits syndicats, de beaucoup les plus nombreux, ne disposant que de maigres ressources annuelles, éprouvent beaucoup de peine à se constituer un actif suffisant pour assurer leur indépendance et la satisfaction des besoins auxquels ils veulent pourvoir.

Comment se recrutent les syndicats agricoles, à quelles catégories du monde rural appartiennent leurs membres, de quels éléments se composent-ils ? C'est là un point fort intéressant à étudier : car il fixe bien le véritable caractère du syndicat agricole.

Dans le monde industriel, l'application de la loi du 21 mars 1884 a donné naissance à deux ordres de syndicat professionnel, le syndicat patronal et le syndicat ouvrier : le syndicat mixte, c'est-à-dire le syndicat dans lequel se rencontrent à la fois patrons et ouvriers, est extrêmement rare et rien n'indique qu'il doive s'y acclimater, bien qu'il soit si conforme aux vœux du législateur, puisque seul il peut exercer une heureuse influence sur les rapports entre le capital et le travail.

Il en a été tout autrement dans le monde agricole. Les fondateurs des syndicats agricoles se sont attachés, dès l'origine, à les rendre accessibles aux plus petits cultivateurs et lorsqu'on représente ces syndicats comme des institutions conçues dans l'intérêt de la grande propriété, on commet une grossière erreur : leurs services sont surtout sensibles aux petits exploitants auxquels ils ont fourni des procédés et ressources qui leur manquaient, établissant entre le grand et le petit cultivateur une sorte de *péréquation* des conditions d'exploitation du sol, essentiellement favorable à ce dernier. Par là ils accomplissaient déjà une œuvre de saine démocratie qu'ils ont développée plus tard en abordant l'organisation de services plus généraux, au bénéfice de la population rurale tout entière. Les syndicats agricoles ne sont donc pas, comme leurs détracteurs affectent de le croire, des associations de propriétaires fonciers ; ils sont largement ouverts à toutes les catégories du monde rural, à tous les hommes qui tirent de la culture leurs moyens d'existence. C'est ce que caractérisait très bien, au premier congrès national des syndicats agricoles tenu à Lyon en 1894, M. Emmanuel Gréa, président du Syndicat des agriculteurs de l'arrondisssement de Lons-le-Saunier, lorsqu'il disait dans son rapport sur la composition des syndicats agricoles :

« Quelle est la véritable source d'où découlent toutes les qualités des syndicats agricoles, telles que je viens de les énumérer ? C'est, messieurs, que, sans dessein prémédité, par la force des choses, ils sont en réalité des syndicats mixtes. En agriculture, la limite qui sépare le patron de l'ouvrier n'est pas apparente comme dans l'industrie. Entre le simple journalier agricole et le simple propriétaire, vous trouverez une série, si complète et si bien graduée, de positions mixtes qu'il devient impossible de fixer le point précis où la situation change et où les intérêts peuvent diverger. Le capital et le travail sont si intimement unis, leurs intérêts sont si étroitement mêlés que l'antagonisme devient impossible et que les efforts de tous tendent naturellement au même but. »

Et le congrès, conformément aux conclusions du rapporteur, émettait le vœu « que le caractère d'association mixte reste le principe absolu des syndicats agricoles ».

Ce vœu a d'ailleurs été confirmé par le troisième congrès national des syndicats agricoles tenu à Orléans en 1897, dans les termes suivants :

« Que les syndicats agricoles s'attachent à développer de plus en plus leurs services économiques et sociaux, tels que la coopération, le crédit, la prévoyance, l'assistance mutuelle, etc., sous leurs formes diverses, de façon à les rendre sensibles aux petits cultivateurs et aux ouvriers agricoles dont le recrutement doit être particulièrement recherché. »

Les syndicats agricoles sont donc le plus souvent des syndicats mixtes; ils admettent aussi bien les ouvriers que les patrons, et c'est ce qui a fait leur succès. Grands propriétaires fonciers, fermiers, métayers, régisseurs, petits propriétaires ruraux, employés de culture, vignerons, simples ouvriers agricoles, font partie du même syndicat ; ils y apprennent à se connaître, à s'entr'aider, à s'éclairer les uns les autres, à discuter leurs intérêts communs et à se concerter pour les faire triompher. Rien n'est plus propre que ces réunions familières à rapprocher les classes, à solidariser les intérêts et à élever le niveau de la démocratie rurale. Les premiers organisateurs des syndicats agricoles ont très heureusement compris que, pour faire œuvre de progrès réel et de haute portée sociale, il fallait, en face des divisions et des malentendus trop exploités dans le monde du travail industriel, affirmer l'union qui règne entre le patron et l'ouvrier agricole. Créer des syndicats pour les propriétaires fonciers, fermiers ou régisseurs, c'est-à-dire pour les patrons seuls, c'était provoquer peut-être la formation de syndicats d'ouvriers agricoles qui eussent été opposés aux premiers, c'était partager l'agriculture en deux armées hostiles, organiser la guerre et non la paix. Le syndicat mixte est l'idéal des associations corporatives puisque, par essence, il est un instrument d'accord et de solidarité et qu'il empêche les ferments malsains de se développer entre les hommes qu'il réunit.

Sans doute, les rapports qui existent entre le patron ou l'entrepreneur du travail et l'ouvrier ne sont pas troublés dans l'agriculture comme ils le sont dans l'industrie : mais il était bon de veiller à ce qu'ils ne pussent le devenir un jour sous l'influence des vaines promesses du socialisme agraire.

C'est pourquoi les syndicats agricoles ne se sont pas contentés de travailler à faciliter et accroître la production agricole dans la voie initiale des achats collectifs d'engrais et matières premières : tous ceux, et ils sont nombreux déjà, qui ont pris conscience de la portée véritable du groupement professionnel envisagent un idéal supérieur, qui est l'amélioration des conditions économiques et sociales d'existence de la famille rurale. La puissante et bienfaisante solidarité qui s'est créée, dans le cadre du syndicat, entre grands, moyens et petits propriétaires, fermiers, métayers et ouvriers agricoles, doit aller au delà des opérations courantes traitées pour les besoins de la culture ; elle doit viser tous les progrès moraux, toutes les conquêtes de bien-être, de sécurité de l'avenir, et de relèvement social qui peuvent dériver, par une pente naturelle, de la pratique élargie de l'association professionnelle.

La plupart des syndicats agricoles s'efforcent donc d'adapter leur organisation aux besoins de l'ouvrier rural, de provoquer son affiliation par des avantages spéciaux créés à son profit. L'assistance dans les maladies, la constitution de retraites pour la vieillesse, le placement en cas de chômage, la vie à bon marché, etc., sont des avantages de nature à solliciter vivement les ouvriers des champs et à faciliter leur recrutement.

Sans doute, et ce mouvement est trop récent pour qu'il en puisse être autrement, nous rencontrons ici plus d'aspirations et de bonnes volontés que de résultats bien constatés. Si les syndicats agricoles se proclament, en général, des syndicats mixtes, beaucoup ne le sont encore que nominalement et d'autres ne comptent dans leurs cadres qu'un nombre très insuffisant d'ouvriers ou auxiliaires de culture. Mais ceux qui ont su réaliser leur adaptation aux besoins de la classe ouvrière ont vu celle-ci lui apporter un large contingent : on peut citer comme exemple le Syndicat agricole de l'arrondissement de Castelnaudary qui, sur un effectif d'un millier de membres, compte plus de 600 ouvriers agricoles. Ce fait démontre que, chez les plus humbles travailleurs des campagnes, il ne règne aucune prévention, aucune méfiance à l'égard des syndicats agricoles ; il explique aussi le faible développement des syndicats agricoles purement ouvriers, leur échec moral. Et cela se conçoit aisément, car ces syndicats ne sauraient s'organiser assez puissamment pour rendre à leurs membres les multiples services d'un syndicat mixte, et, d'autre part, les rapports sont, en général, trop faciles entre le patron ou entrepreneur agricole et l'ouvrier, relativement aux conditions du travail, pour que les ouvriers aient un intérêt réel à s'organiser en syndicats spéciaux. En s'affiliant au syndicat mixte et en y solidarisant leurs intérêts, pour le soutien mutuel, avec ceux des autres catégories du monde agricole, ils relèvent leur condition, à leurs propres yeux, et préparent leur ascension sociale. D'ailleurs, en beaucoup de régions de la France, la propriété s'est tellement démocratisée que le prolétariat rural n'existe pas. On ne trouve plus, en quelque sorte, de simple salarié. L'ouvrier de culture, le plus souvent, est en même temps petit propriétaire ; il loue son travail, mais il possède sa maison et un lopin de terre qu'il cultive : il pourra donc bénéficier des services que le syndicat offre à la petite culture.

Ainsi les syndicats agricoles ne sont pas, comme l'a affirmé M. Gustave Rouanet (1), des syndicats patronaux, composés de grands et moyens propriétaires, n'admettant que très rarement les petits propriétaires, « jamais les manœuvres, les journaliers, les métayers », excluant, à vue de nez, plus des trois cinquièmes des producteurs agricoles vivant des produits ou du travail de la terre ; ils n'excluent personne et s'ouvrent à toutes les catégories du monde rural, s'ingéniant à mettre à la disposition des plus humbles les ressources de la solidarité et de l'aide mutuelle, démocratisant de plus en plus leur fonctionnement de manière à grouper et fondre tous les intérêts pour l'action collective. Cette constatation peut déplaire aux politiciens qui chercheraient un point d'appui dans le développement éventuel du socialisme agraire : car les progrès du syndicat mixte sont bien propres à consolider la paix sociale dans les campagnes par l'entente cordiale des classes agricoles, par l'extension des cadres de la petite propriété, par l'aisance et la sécurité du lendemain plus généra-

____

(1) *Revue socialiste* de février 1899. « Du danger et de l'avenir des syndicats agricoles », par M. Gustave Rouanet.

lement répandues, par le rattachement au sol
natal des travailleurs plus satisfaits de leur sort.

Les détails qui précèdent sur l'organisation du
syndicat agricole permettent de préciser le véritable caractère sociologique de ce type d'association,
mieux qu'il n'était possible de le faire *à priori*. Ce
caractère est complexe : on peut le rattacher à
trois grandes idées générales, la Coopération, la
Corporation et la Mutualité.

Dans les services matériels destinés à faciliter
l'exploitation du sol et l'écoulement de ses produits, le syndicat s'est efforcé de substituer chez
les producteurs agricoles une action plus collective, combinée en vue de l'intérêt commun, à
l'action purement individuelle qui était, autrefois,
celle des cultivateurs : il a ainsi introduit le principe coopératif dans les procédés de la culture, du
moins quant aux branches de l'exploitation rurale
qui peuvent l'admettre avec avantage. Il s'agit
d'une coopération incomplète, embryonnaire même
souvent, et dont les hommes qui la pratiquent ont
vaguement conscience. Mais l'impression qui se
dégage d'un examen attentif des opérations professionnelles auxquelles se livrent les syndicats
agricoles, c'est que l'organisme nouveau créé par
les agriculteurs, à la faveur de la loi de 1884, est,
en germe, et tend de plus en plus à devenir, en
fait, une véritable société coopérative de production
et de vente des denrées agricoles. En travaillant,
comme ils le font, à accroître la production

agricole, à la rendre plus parfaite, moins onéreuse, à la sauvegarder contre les causes diverses de destruction ou de dépréciation, à maintenir la réputation des produits, à les transformer, au besoin, pour augmenter leur valeur marchande, à organiser ou améliorer leur vente, les syndicats agricoles pratiquent la coopération de production. Ils ont devant les yeux un idéal de la coopération agricole et cherchent plus ou moins à s'en rapprocher. Ce caractère fondamental est reconnu par les économistes qui proclament que « les syndicats agricoles sont actuellement la plus haute expression de l'idée coopérative » (1).

Mais l'association professionnelle agricole a une portée plus haute : car elle embrasse tous les intérêts d'une profession qui est celle de la majorité des citoyens. « Elle est, sous un nom nouveau et une forme rajeunie, a dit M. H. de Gailhard-Bancel, l'ancienne corporation, adaptée aux populations rurales (2) ». Oui, les syndicats agricoles sont bien les héritiers directs des corporations que le moyen âge avait organisées dans le monde du travail et que l'Assemblée constituante abolit par les décrets des 2-17 mars et 14-17 juin 1791 ; mais la corporation agricole moderne est ouverte à tous, ne revendique aucun monopole et se garde soigneusement de chercher à paralyser par une réglementation arbitraire la libre initiative de ses

(1) *Nouveau Dictionnaire d'Économie politique*, article de M. François Bernard, *verbo* « Syndicats agricoles »...

(2) *Petit Manuel pratique des syndicats agricoles.*

membres : elle leur offre ses services sans leur imposer en échange aucune obligation. L'exercice du droit naturel d'association ayant été rendu aux travailleurs par la loi du 21 mars 1884, les syndicats agricoles en ont usé pour défendre les intérêts divers des agriculteurs et donner satisfaction à leurs besoins. On les a vus porter les revendications et les vœux de l'agriculture devant le gouvernement, les Chambres, les administrations publiques, constituant ainsi une sorte de représentation spontanée des classes rurales, sur laquelle nous aurons à revenir. Les corporations de métier ne se préoccupaient pas seulement de l'organisation du travail, elles veillaient encore à améliorer le sort de leurs membres par des œuvres de prévoyance et de bienfaisance : les syndicats agricoles sont entrés largement dans cette voie, disposant des ressources modernes presque inépuisables de la mutualité pour la solution de tant de problèmes qui se posent aujourd'hui dans le monde du travail.

La communauté d'intérêts qui a motivé le groupement syndical agricole, la solidarité qui s'établit spontanément entre ses membres, le rendent éminemment propre à devenir le promoteur et la base des œuvres rationnelles de mutualité. Nous aurons à examiner son rôle dans l'organisation du crédit mutuel, des assurances mutuelles, de l'assistance mutuelle, ce qui nous permettra de constater qu'il semble destiné à devenir l'agent le plus actif du développement de la mutualité dans les campagnes :

il porte en germe la mutualité agricole, aussi bien que la coopération agricole.

Ainsi, le syndicat agricole présente ce caractère distinctif d'être une association d'essence corporative, qui applique les ressources de la coopération et de la mutualité à la satisfaction des besoins les plus divers de la vie des paysans. Sa puissance est faite de l'union de ses membres et elle s'exerce au profit de chacun d'eux comme un patronage collectif.

Quel est l'état actuel du développement des syndicats agricoles en France?

Ce qui démontre bien qu'ils ne furent pas le produit de circonstances éphémères, mais qu'ils ont réalisé le type d'association le plus conforme aux besoins actuels de l'agriculture, c'est que, depuis quinze ans, le mouvement n'a cessé de se propager avec une amplitude croissante : un réseau de syndicats professionnels s'étend aujourd'hui sur la France rurale. Le tableau suivant indique la progression annuelle du nombre des syndicats agricoles.

Ce tableau donne la statistique officielle dressée par l'Office du travail (ministère du commerce), auquel les syndicats professionnels sont rattachés administrativement (1).

Il en résulte que, depuis le 1ᵉʳ semestre de l'an-

____

1. L'Office du travail, institué au ministère du commerce, a été transformé, en 1899, en Direction du travail : M. Arthur Fontaine est à la tête de cet important service.

née 1884, c'est-à-dire depuis la mise en application
de la loi sur les syndicats professionnels, le nombre
des syndicats agricoles s'est élevé, par étapes successives, de 5 à 2133, le 1er janvier 1900.

*État comparatif du nombre des syndicats agricoles et du chiffre
de leurs membres, de 1884 à 1900.*

ANNÉES.	NOMBRE des syndicats agricoles.	NOMBRE des membres.
1er juillet 1884	5	»
— 1885	39	»
— 1886	93	»
— 1887	214	»
— 1888	461	»
— 1889	557	»
— 1890	648	234 234
— 1891	750	269 298
— 1892	863	313 800
— 1893	952	353 883
— 1894	1 092	378 750
— 1895	1 188	403 261
— 1896	1 275	423 492
31 décemb. 1897	1 499	448 395
— 1898	1 824	491 692
— 1899	2 133	»

Si ce chiffre de 2133 syndicats agricoles est considérable, on doit pourtant le tenir pour inférieur
à la réalité : car certains maires de village paraissent omettre de transmettre à l'administration supérieure les statuts dont ils ont reçu le dépôt. Une
enquête, ouverte à cet égard par l'Office du travail,
a relevé de nombreuses négligences et. chaque
mois, parmi les syndicats nouveaux enregistrés

par le *Bulletin de l'Office du travail*, il s'en trouve dont la création régulière est déjà plus ou moins ancienne. Ces lacunes de la statistique officielle ne sont sans doute pas encore entièrement comblées. Il existe aussi de nombreuses associations agricoles qui, tout en se plaçant sous le régime de la loi de 1884, n'ont pas pris le nom de syndicat agricole : telles sont, par exemple, les institutions de prévoyance contre la mortalité du bétail ; elles constituent des syndicats agricoles spéciaux qu'il n'y a aucun motif d'exclure de la statistique générale du mouvement syndical agricole.

Il en est de même pour les syndicats horticoles que l'Office du travail enregistre parmi les syndicats patronaux, mixtes ou ouvriers du commerce ou de l'industrie, au lieu de les faire figurer parmi les syndicats agricoles, dont ils représentent une branche intéressante. Nous estimons donc qu'il y a lieu de majorer, dans une certaine proportion, l'évaluation officielle et nous inclinons, pour notre part, à penser qu'au commencement de l'année 1900, le nombre total des syndicats professionnels appartenant aux diverses branches de l'agriculture n'était pas inférieur à 2 500 (1).

Par contre, il faut reconnaître que bien des syndicats agricoles n'ont eu qu'une existence éphémère : beaucoup d'entre eux ont cessé de fonction-

---

(1) Le Musée social a publié l'*État général des syndicats agricoles classés par départements*, arrêté à la date du 1er avril 1898, et, depuis lors, il enregistre soigneusement les créations nouvelles afin de tenir à jour cette statistique.

ner ou n'ont même peut-être jamais fonctionné, soit que leur organisation n'ait pas répondu à un besoin réel, que leur recrutement normal n'ait pu s'effectuer, que l'activité et le dévouement aient manqué à leur direction, ou qu'ils aient fusionné avec un syndicat voisin ou de circonscription plus étendue.

Souvent des questions personnelles ou des affinités d'ordre politique ont amené la création de deux syndicats distincts dans la même localité : cette situation, peu conforme, d'ailleurs, à l'esprit de concorde et d'union qui est l'idéal de l'association professionnelle agricole, a parfois donné naissance à une concurrence de services rendus favorable aux intérêts des populations rurales : mais, plus fréquemment, des deux syndicats rivaux, l'un a prospéré, tandis que l'autre traîne une existence précaire. La statistique a pris soin d'enregistrer la dissolution des syndicats agricoles lorsqu'elle s'est régulièrement effectuée ; mais un bon nombre de ceux qui ont disparu ont jugé cette formalité superflue ; d'autres enfin, très nombreux aussi, ont pris le parti de sommeiller, réservant l'avenir qui pourrait motiver la reprise de leurs opérations.

L'effectif total des membres des syndicats agricoles est également très difficile à préciser. Les chiffres portés, pour chaque syndicat, sur l'*Annuaire des syndicats professionnels* et sur l'*Annuaire des syndicats agricoles et de l'agriculture française*, publié par M. L. Hautefeuille, sont souvent vieux de plusieurs années : ils ne tiennent donc pas compte des variations considérables qui se sont produites depuis lors dans le personnel syndical. Les syndicats déjà anciens, après avoir progressé plus ou moins longtemps, parviennent à un point où leur recrutement devient peu actif; car ils ont alors rallié la plupart des adhérents sur lesquels ils pouvaient compter: il en est même dont l'effectif se réduit par suite des décès, des refus de paiement de la cotisation ou des défections de membres qui s'affilient à d'autres syndicats locaux. Quant aux syndicats de création récente, on voit souvent le nombre de leurs adhérents doubler ou tripler dans les premières années. Une enquête entreprise pour fixer le nombre exact des membres des syndicats agricoles, ne paraît pas susceptible de fournir de bons résultats d'ensemble, par suite de l'extrême difficulté d'obtenir les renseignements. Il est possible d'évaluer, avec une certaine approximation, le chiffre global des membres des syndicats agricoles en prenant une moyenne applicable à chacun d'eux. Cette moyenne pourrait être raisonnablement fixée à 300 ou 350 membres par syndicat, si l'on tient compte qu'à côté de grandes associations, il en existe beaucoup de petites et même de très petites (1). D'après cette base, il est permis de présumer que nos 2500 syndicats agricoles groupent approximativement 800 000 agriculteurs. Toutefois il importe de remarquer que chaque agriculteur syndiqué est ordinairement le chef d'une famille

(1) Les relevés de l'Office du travail font ressortir expérimentalement un nombre moyen de membres par syndicat qui varie de 300 à 350, selon les années.

rurale qui peut comprendre, en moyenne, cinq
membres ; de telle sorte que les syndicats agricoles
représentent un effectif total d'environ 4 millions
de personnes intéressées à leur fonctionnement.
On voit par là que l'idée syndicale poursuit métho-
diquement la conquête de la France rurale et on ne
peut s'empêcher d'admirer que pareille fortune ait
été réservée à la modeste association née de la loi
de 1884. Qui aurait pu prévoir, lors du vote de
cette loi, que les populations agricoles, réputées
si routinières, si réfractaires au progrès des méthodes culturales et surtout à l'esprit de solidarité,
allaient fournir, en quinze années, aux corporations
régénérées 800 000 membres actifs !

Il existe aujourd'hui des syndicats agricoles dans
tous les départements de France et d'Algérie. Mais
leur répartition est très inégale ; ils foisonnent
dans certaines régions, tandis que dans d'autres
ils sont très clairsemés. Les départements d'Indre-
et-Loire, de l'Isère et probablement celui du
Doubs en possèdent chacun plus de 100 ; ceux
de l'Aube, des Bouches-du-Rhône, de la Côte-d'Or,
du Cher, de la Meuse, du Morbihan, des Basses-
Pyrénées, de la Haute-Saône, de la Savoie, de
Seine-et-Oise, de l'Yonne, des Alpes-Maritimes, etc.,
dépassent le chiffre de 50. Les départements de
l'Allier, des Ardennes, de l'Ariège, de l'Aveyron,
du Calvados, du Cantal, de la Corrèze, de la
Corse, de l'Eure-et-Loir, de la Haute-Garonne, de
la Haute-Loire, de la Manche, de l'Oise, de l'Orne,
du Puy-de-Dôme, des Pyrénées-Orientales, de la

Haute-Savoie, du Tarn et de la Haute-Vienne sont ceux où les syndicats agricoles se rencontrent plus rares. Quelques-uns de ces départements n'en ont qu'un très petit nombre, ce qui ne signifie pas toujours que le mouvement syndical y soit peu marqué ; car il arrive parfois qu'un grand et prospère syndicat départemental, constitué au début, accapare la faveur des agriculteurs et ne laisse pas de place, à ses côtés, pour la fondation de syndicats nouveaux. Tel est le cas notamment dans les Ardennes, le Calvados, la Manche, etc.

Le nombre des syndicats agricoles existant dans un département n'est pas un indice certain de l'activité du mouvement syndical ; car il ne préjuge pas leur vitalité, l'importance de leurs services et même celle de leur effectif. Il y a donc intérêt à établir la densité du mouvement, au moyen d'une bonne statistique du nombre des agriculteurs syndiqués pour chaque département. Cette statistique figure dans l'*Annuaire des syndicats professionnels* : le département de la Sarthe tenait la tête, en 1898, avec 23 376 agriculteurs syndiqués ; ensuite venaient le Rhône, l'Isère, la Vienne, l'Ain, etc. La plus forte densité du mouvement syndical agricole paraît atteinte dans les quatre syndicats de l'Union Beaujolaise, qui groupent ensemble 8 000 membres sur un territoire comprenant moins de la moitié de l'arrondissement de Villefranche. On peut considérer, d'une façon générale, que les syndicats agricoles se sont peu développés dans la région du Nord de la France et en Normandie, où l'individualisme est plus invétéré chez les populations rurales et où peut-être aussi, par suite de la répartition de la propriété foncière et du mode d'exploitation, l'utilité de l'action collective se fait moins sentir aux cultivateurs. Une partie du plateau central est également pauvre en syndicats agricoles. Par contre, ils sont très nombreux et actifs dans toute la région de l'Est et du Sud-Est, dans la vallée de la Loire et dans une partie de la région pyrénéenne. Ils réussissent d'une façon marquée dans les pays de petite culture et dans la zone viticole ; les contrées de grande culture des céréales et d'élevage leur semblent moins propices.

Syndicats agricoles possédant le plus grand nombre de membres.

Syndicat des agriculteurs de la Sarthe	14.000
— central des agriculteurs de France	10.000
— des agriculteurs de la Vienne	9.000
— des agriculteurs du Loiret	7.500
— agricole et viticole de l'arrondissement de Châlon-sur-Saône	7.000
— agricole d'Anjou	7.000
— des agriculteurs de l'Orne	6.550
— des agriculteurs de la Loire-Inférieure	6.450
— des agriculteurs des Basses-Pyrénées	6.000
— professionnel agricole des Deux-Sèvres	5.550
— agricole du Puy-de-Dôme	5.500
— agricole de l'Aveyron	5.200
— des agriculteurs des Ardennes	5.000
— agricole Vauclusien	4.900
— agricole de l'arrondissement de Bourg	4.800
— des agriculteurs de Loir-et-Cher	3.850
— des agriculteurs de l'Indre	3.750
— des viticulteurs propriétaires de la Gironde	3.500
— des agriculteurs de la Manche	3.400
— agricole de l'arrondissement de Chartres	3.300

Ces 20 syndicats agricoles comprennent ensemble environ 122 000 membres.

Nous donnons ci-dessus le tableau des plus importants syndicats agricoles de France, considérés au seul point de vue de l'effectif de leurs membres. Il y a toutefois lieu de remarquer que quelques grands syndicats départementaux ont bénéficié d'une extension considérable du chiffre de leurs adhérents, grâce à l'affiliation de petits syndicats locaux, qui se fait très régulièrement par l'entrée en masse de tous les membres du petit syndicat dans le grand : ainsi le Syndicat des agriculteurs des Basses-Pyrénées s'est affilié 40 petits syndicats de ce département, le Syndicat des agriculteurs de la Sarthe a englobé 11 syndicats locaux, etc. Dans certaines régions, au contraire, le nombre relatif des agriculteurs syndiqués se réduit, parce que tout membre du syndicat y représente réellement ses propres petits fermiers ou métayers admis à participer aux services de l'association. Par exemple, dans le Syndicat des agriculteurs de la Mayenne comptant 2 123 membres inscrits, le président, M. Léizour, estime que, par le fait des commandes des métayers qui ne sont pas nominativement inscrits, 10 000 à 11 000 exploitations agricoles du département utilisent les services du syndicat. Il faut encore remarquer, comme déjà nous avons eu à le noter, qu'un syndicat de département, possédât-il 10 000 membres, représente un groupement rural infiniment moins dense qu'un simple syndicat cantonal, tel que ceux de Belleville-sur-Saône et du Bois-d'Oingt (Rhône), par exemple, qui en compte 2 000 à 2 500. L'idéal serait de voir un syndicat réunir tous les agriculteurs de sa circonscription; il est d'autant plus facile de s'en rapprocher que cette circonscription est moins étendue, plus facile encore, par conséquent, dans un syndicat communal que dans un syndicat cantonal.

Les hommes qui, en présence des grands résultats déjà obtenus par l'association professionnelle, souhaitent de voir l'agriculture française se syndiquer tout entière, manifestent donc généralement leurs préférences pour la propagation des petits syndicats agricoles. Nous avons, d'ailleurs, exposé les avantages et les inconvénients relatifs des circonscriptions étendues et des circonscriptions restreintes : il ne nous reste qu'à rechercher dans quelle voie s'oriente aujourd'hui le mouvement d'organisation.

Les syndicats départementaux sont au nombre d'une cinquantaine. Ce nombre est forcément limité, encore que certains départements en comptent deux fonctionnant concurremment.

Il ne peut guère s'en créer de nouveaux actuellement; car dans les départements où ils ne se sont pas formés dès les premières années du mouvement, des petits syndicats locaux y ayant foisonné et pris leur place, le terrain ne serait plus favorable à leur organisation. Quelques-uns de ces grands syndicats ont vu leur effectif s'amoindrir par suite de la concurrence que leur font les syndicats locaux, souvent plus aptes à donner satisfaction aux besoins multiples de la vie des cultivateurs. Toutefois les syndicats départementaux qui ont su se décentraliser, par la formation de sections jouissant d'une certaine autonomie et laissant un libre jeu aux initiatives locales, ont généralement prospéré, sans avoir à souffrir de l'organisation des petits syndicats dans la circonscription qu'ils s'étaient primitivement réservée. Tel a été le cas pour le Syndicat des agriculteurs du Loiret, le Syndicat agricole d'Anjou, à Angers, le Syndicat agricole Pyrénéen, à Tarbes, etc. Il n'est pas rare, d'ailleurs, de voir un syndicat départemental favoriser la fondation des syndicats locaux qu'il considère comme ses utiles auxiliaires dans l'œuvre de progrès et de relèvement qu'il poursuit. Plusieurs syndicats départementaux, dans le Doubs, la Loire, la Savoie, etc., estimant eux-mêmes qu'ils donnaient une satisfaction imparfaite au développement de l'association rurale, sont en voie. de désagrégation et provoquent l'érection de leurs groupements locaux en syndicats indépendants. Cette évolution a été accomplie notamment par le Syndicat des agriculteurs du Doubs : éprouvant quelque difficulté à constituer des sections locales, à maintenir leur cohésion, à contrôler et coordonner leur action, il a pris le parti d'émanciper ses groupes communaux, au nombre de plus de 60, et de se transformer, à leur égard, en Union des Syndicats agricoles du Doubs. Mais, dans le mouvement syndical, il ne faut pas chercher de principe absolu : les libres initiatives qui l'inspirent prennent une direction différente selon les régions, et cette direction n'a rien d'arbitraire ; elle résulte des tendances, des mœurs, des besoins particuliers des agriculteurs d'une région déterminée, en un mot, de ce que les Latins appelaient le *Genius loci*. C'est ainsi que, lorsque, dans la plus grande partie de la France, on voit aujourd'hui se multiplier les syndicats de circonscription restreinte, ils sont plutôt en décroissance dans la région du Sud-Ouest et se fondent quelquefois dans les grands syndicats départementaux.

Il est bon d'observer, en passant, que les grands syndicats semblent, par leur nature et les conditions ordinaires de leur recrutement, plus aptes que les petits à se placer sur le terrain exclusif des intérêts agricoles, en dehors de toute préoccupation politique ou confessionnelle. On peut en citer qui ont su se conformer admirablement au principe souvent invoqué de la neutralité de l'agriculture, en réunissant pour la défense des intérêts professionnels les représentants des opinions les plus contraires, en établissant entre eux des rapports de bonne entente et de solidarité dans l'action commune qui sont précieux pour la consolidation de la paix sociale.

Les syndicats agricoles d'arrondissement appartiennent, eux aussi, à la catégorie des grands syndicats et fonctionnent dans des conditions assez analogues. Ils ne semblent pas en progrès et se maintiennent, tout au plus, dans les positions acquises. Sans doute les assemblées syndicales sont plus faciles à tenir au chef-lieu de l'arrondissement, où les marchés et les rapports avec les administrations diverses appellent fréquemment les cultivateurs. Mais la solidarité qui peut s'établir ainsi entre les membres d'un syndicat est encore bien imparfaite et cette circonscription est trop étendue pour que s'y organisent favorablement les institutions spéciales qui tendraient à la développer. Il existe d'heureuses exceptions ; mais, on peut estimer, d'une façon générale, que l'arrondissement, unité purement administrative, constitue une médiocre circonscription territoriale en vue du plein fonctionnement de l'association professionnelle agricole. Beaucoup de syndicats d'arrondissement doivent leur existence à ce qu'ils ont été l'émanation, plus ou moins directe, d'un comice agricole ou d'une société d'agriculture et se sont juxtaposés à une association ayant l'arrondissement pour circonscription.

C'est dans le canton et dans la commune que réside vraiment la vie locale et que, par suite, peut s'opérer efficacement le groupement des cultivateurs. Sans posséder ces puissants moyens d'action qui ont permis à tant de syndicats de département et d'arrondissement de servir si utilement le progrès de l'agriculture et de rendre la production plus rémunératrice, les petits syndicats de canton et de commune obtiennent des résultats approchants quand ils savent profiter de l'expérience des grands et de l'organisation des Unions régionales auxquelles ils s'affilient; mais, beaucoup mieux qu'eux, ils sont en situation de réaliser l'œuvre morale et sociale qui incombe à l'association professionnelle, c'est-à-dire de faire œuvre de corporation et de mutualité.

Comme telle est aujourd'hui, et il faut s'en louer, la tendance marquée de notre mouvement syndical agricole, il n'y a pas lieu de s'étonner de l'épanouissement prodigieux des syndicats locaux. Ce sont surtout les syndicats communaux qui se multiplient, notamment dans les régions de l'Est et du Sud-Est, en Dauphiné, en Franche-Comté, en Provence, en Touraine, etc., peut-être même avec quelque exagération; car, il est bien des cas où un syndicat cantonal, type excellent pour qui sait l'organiser, rendrait à peu près les mêmes services, avec plus de vitalité et de ressources. Les fondateurs des syndicats communaux ont pour but de créer une « association facilement accessible et assez resserrée pour que tous ceux qui la composent puissent se considérer comme ne faisant qu'une grande famille, dont tous les membres se connaissent et sont unis par les liens d'une étroite et cordiale solidarité » (1).

Faire de tous les hommes possédant des intérêts agricoles dans une commune rurale, c'est-à-dire de tous ses habitants, ou peu s'en faut, une *grande famille*, c'est peut-être un beau rêve entretenu par l'illusion d'âmes généreuses : car ce serait le retour

____

(1) *L'Association dans la commune*, Besançon, imp. H. Bossanne, brochure.

au fabuleux âge d'or, dont les passions de l'humanité nous ont fort éloignés, et l'intérêt professionnel, si efficace qu'il soit pour unir les membres d'un syndicat, ne semble pas assez puissant pour opérer un tel prodige. Mais en admettant même que l'idéal révélé par cette conception nouvelle de la vie sociale dans les campagnes demeure inaccessible, tous les efforts tentés pour l'approcher méritent d'être encouragés ; car, en améliorant foncièrement les conditions d'existence des populations rurales, en leur donnant la sécurité du lendemain par l'organisation de la prévoyance et de la mutualité, en maintenant la concorde entre les possesseurs du sol, grands et petits, et les travailleurs de tout ordre qui le cultivent. les syndicats communaux contribueraient, plus qu'aucune ambitieuse mesure législative, à assurer la paix et la prospérité de la patrie.

CHAPITRE III

Les agriculteurs avaient usé largement de cette
liberté d'association professionnelle qui ne leur
était pas destinée tout d'abord, dans l'esprit des
auteurs de la loi de 1884. Les syndicats agricoles
se propageaient rapidement dans toutes les régions,
avec une indépendance d'allures, une variété de
formes et d'objets qui attestaient leur souplesse à
s'accommoder aux convenances et aux besoins
des populations. Un grand mouvement populaire s'annonçait dans le monde rural, dépassant
de beaucoup les espérances de ses promoteurs.
L'association professionnelle implantait dans les
campagnes de nouvelles mœurs et y dégageait des
aspirations ignorées. Ces syndicats agricoles, nés
d'hier, sentaient lentement s'éveiller en eux,
parfois à l'insu de leurs chefs et par la propre
vertu de l'association, ce que M. Léopold Mabilleau
a si justement appelé une « âme collective » (1),

(1) *Revue de Paris* du 1ᵉʳ juillet 1897. « Le mouvement agraire
en France. »

c'est-à-dire une vie indépendante et autonome. Le large courant moderne de la solidarité sociale les pénétrait spontanément, et ceux mêmes qui se cantonnaient dans les opérations d'ordre purement matériel entrevoyaient, comme dans un rayon d'idéal, l'aide mutuelle à créer à l'encontre des misères qui atteignent la profession agricole. Ces syndicats constituaient, en un mot, des forces organisées dont l'éparpillement, l'isolement réciproque, la déviation même pouvait compromettre l'efficacité. L'exemple des grandes fédérations allemandes de sociétés de coopération ou de crédit agricole démontre bien, d'ailleurs, que le mouvement d'association rurale ne produit son plein effet que lorsque l'union se réalise entre les groupes après s'être formée entre les individus.

Les promoteurs de notre mouvement syndical agricole ne tardèrent donc pas à comprendre que ces associations, de jour en jour plus nombreuses, souvent nées d'un élan d'enthousiasme à la suite de quelque conférence entraînante, qui avait révélé aux agriculteurs des horizons nouveaux, ne pouvaient demeurer abandonnées à leurs propres inspirations, sans relation entre elles, dépourvues de tout centre de renseignement et de conseil. Bref, il s'agissait, après avoir organisé l'association professionnelle agricole au premier degré, de la réaliser au deuxième degré dans la fédération des syndicats eux-mêmes, se communiquant le fruit de leur expérience, se prêtant un mutuel appui, coordonnant et concentrant leurs efforts en vue d'une action combinée. Les syndicats agricoles constituent des unités d'importance très variable, puisqu'il en est de très nombreux et très étendus, à côté d'autres qui ne sont que de modestes groupements locaux. Tous pourtant tendent au même but et doivent le poursuivre dans un même esprit de progrès. Un concert établi entre eux, ayant pour effet de régulariser leur fonctionnement et d'accroître leurs moyens d'action, doit les mettre en mesure de rendre à leurs adhérents une plus grande somme de services. Sans prétendre établir *à priori* les lois du mouvement syndical agricole, ce qui aurait pu nuire à sa fécondité, on a pensé avec raison que ces lois se dégageraient, d'elles-mêmes, des expériences comparatives pratiquées sur tous les points du pays et qu'il appartiendrait aux fédérations de les faire accepter en usant de leur influence sur les syndicats qui se seraient librement affiliés à elles. Ainsi la fédération doit exercer une action régulatrice sur les syndicats qui lui ont donné leur adhésion : elle accroît leurs forces en les groupant et en les disciplinant, leur imprime une direction morale, souvent fort utile, et assure l'unité du mouvement syndical.

Pour réaliser cette conception si logique et organiser l'association professionnelle agricole au second degré, on n'eut qu'à utiliser la loi du 21 mars 1884, dont l'article 5 a autorisé les syndicats professionnels, régulièrement constitués, à se concerter librement pour l'étude et la défense de leurs intérêts économiques, industriels, commerciaux et agricoles. La loi donne à ces fédérations le nom d'*Union* et ne soumet leur formation qu'à la simple déclaration des noms des syndicats qui les composent et au dépôt de leurs statuts à la mairie du siège social : mais elle a limité leurs attributions et ne leur a accordé, à aucun degré, la faveur de la personnalité civile dont il a semblé qu'elles pouvaient se passer. Une certaine défiance des conséquences, dangereuses pour l'ordre public et la liberté du travail, qui pourraient naître de l'organisation d'immenses fédérations ouvrières, a déterminé le législateur à limiter le rôle et la capacité des Unions : l'agriculture ne justifiait pourtant pas ces inquiétudes. Il a semblé que, l'action directe étant réservée aux syndicats, c'étaient des conseils, un centre d'informations, une orientation générale, un ensemble de conditions favorables à leur complet développement, que l'Union pourrait le plus utilement fournir à ses syndicats affiliés.

Dans ce domaine restreint, et tout en regrettant pour les Unions de syndicats agricoles le refus de la personnalité civile dont elles ne pouvaient faire aucun abus, il faut reconnaître que les services rendus ont été considérables (1).

Sous quelles inspirations et d'après quelles tendances ou affinités se sont organisées les Unions

---

1 Le projet de loi, portant modification de la loi du 21 mars 1884, déposé par M. Waldeck-Rousseau, ministre de l'intérieur, le 14 novembre 1899, accorde une personnalité civile assez étendue aux Unions de syndicats professionnels.

diverses, formes supérieures de l'association professionnelle agricole, qui groupent actuellement dans leurs cadres des syndicats plus ou moins nombreux?

On peut répartir les Unions de syndicats agricoles en trois catégories très distinctes : l'Union centrale, les Unions dites *régionales* et les Unions départementales ou autres petites Unions de moindre envergure.

L'Union centrale. — L'expansion si rapide des syndicats agricoles doit être attribuée, en partie, aux puissants patronages et aux fervents apôtres qu'ils ont rencontrés dès leur origine. La plus nombreuse, la plus fortement constituée de nos grandes associations agricoles, la Société des agriculteurs de France, aujourd'hui forte de 12 000 membres, a pressenti les services que l'association professionnelle pourrait rendre à l'agriculture : elle l'a en quelque sorte adoptée, à sa naissance, et s'est attachée à la propager. Un comité de jurisconsultes se forma dans son sein sous la direction de M. Senart, président honoraire à la cour de Paris, pour donner aux syndicats, nés ou à naître, tous les conseils nécessités par l'application de la loi de 1884, dont le texte, maintenu à dessein dans le vague, prête à certaines controverses; un *Manuel des Syndicats professionnels agricoles*, rédigé par deux anciens magistrats, MM. J. Boullaire et Paul Le Conte, fut publié sous les auspices de la Société; des types de statuts furent offerts au choix des fondateurs de syndicats, et toutes les difficultés s'aplanirent devant eux. Mais surtout, en vue de stimuler les initiatives locales et d'inspirer foi dans les avantages que l'agriculture tirerait de la nouvelle forme d'association, une campagne de conférences fut entreprise, et l'on vit un des membres du conseil de la Société des agriculteurs de France, M. Deusy, ancien député du Pas-de-Calais, parcourir le pays et porter dans les réunions organisées par les comices et les sociétés d'agriculture des départements, son ardente parole qui enfantait les syndicats.

Les syndicats agricoles se créant de toutes parts (et d'autres influences, empressées à jouer aussi un rôle dans ce mouvement, y concouraient à l'envi), il s'agissait de régulariser, de canaliser le courant nouveau. La Société des agriculteurs de France devait à son passé, à ses traditions, à l'autorité dont jouissent ses manifestations, d'assurer le développement de l'œuvre des syndicats agricoles. Un moyen bien simple s'offrait à elle de suivre et stimuler leurs progrès, de redresser, au besoin, leurs écarts, de les retenir dans le rayon de son influence, d'attirer à elle ceux mêmes qu'elle n'avait pas contribué à organiser, d'établir entre tous un lien solide.

L'Union des Syndicats des agriculteurs de France fut fondée le 3 mars 1886. On lui donna comme objet général « le concert des syndicats unis pour l'étude et la défense des intérêts économiques agricoles ». Son programme a été formulé de la façon suivante par l'article 10 de ses statuts :

« Elle se propose notamment :

« 1° De servir aux syndicats unis de centre permanent de relations et de leur procurer les moyens et renseignements nécessaires pour les faire profiter de marchés avantageux et de tarifs de transport à prix réduits ;

« 2° D'encourager la création de nouveaux syndicats ;

« 3° De recueillir et communiquer aux syndicats unis toutes les indications, venant soit de l'intérieur soit de l'étranger, qui seraient propres à les éclairer sur la situation respective des récoltes, sur les offres et demandes, et à guider ainsi les syndicats et leurs membres dans leurs opérations et marchés ;

« 4° De leur donner des avis et conseils en toutes matières contentieuses ou techniques sur lesquelles les syndicats unis jugeraient utile de la consulter, soit dans l'intérêt propre des syndicats, soit dans l'intérêt particulier de leurs membres ;

« 5° De leur faciliter l'usage du laboratoire de la Société des agriculteurs de France pour l'analyse des terres, engrais et autres matières. »

Ce programme s'est, d'ailleurs, considérablement élargi, dans la pratique, au fur et à mesure que s'étendait et se précisait le rôle économique, moral et social de l'association professionnelle agricole.

L'Union, qui a modifié sa dénomination primitive pour adopter celle d' « Union centrale des Syndicats des agriculteurs de France », a son siège à Paris, dans l'hôtel de la Société des agriculteurs de France (8, rue d'Athènes). Elle groupait, le

1ᵉʳ janvier 1900, 936 syndicats affiliés, possédant, en bloc, 400 000 à 500 000 membres. La plupart des syndicats importants et actifs sont venus à elle, même ceux dans lesquelles dominent des influences étrangères à la Société des agriculteurs de France. Les syndicats affiliés lui paient une très modeste cotisation annuelle, destinée à couvrir ses frais d'administration, et ils participent à ses assemblées générales par l'envoi de délégués ; ils sont répartis dans tous les départements, l'Union ayant pour circonscription territoriale la France entière.

L'Union est administrée par un bureau, formé d'un président, six vice-présidents, un secrétaire général et un secrétaire général adjoint, avec le concours d'une chambre syndicale de 50 membres recrutés parmi les chefs du mouvement syndical agricole. Le président, qui, depuis sa fondation, la dirigeait avec un zèle infatigable et une clairvoyante appréciation des besoins de l'agriculture, M. H. le Trésor de la Rocque vient de lui être enlevé par la mort ; M. Louis Delalande, président de l'Union des syndicats agricoles de Normandie, a été appelé à lui succéder. L'Union correspond avec les syndicats affiliés, réunit des informations d'ensemble sur leur organisation et leur fonctionnement, ouvre des enquêtes, se tient au courant des manifestations diverses de l'activité syndicale. Un service de renseignements et de consultations, récemment créé, est à la disposition des associations ou des particuliers. L'Union publie un bulletin mensuel, envoyé à tous les syndicats affiliés : ce bulletin, rédigé par les membres de son bureau, passe en revue les questions du moment susceptibles d'intéresser les agriculteurs syndiqués. Il expose aussi les résultats obtenus dans les diverses régions de la France par l'initiative des syndicats agricoles.

Chaque année, à l'époque de la session ordinaire de la Société des agriculteurs de France et du concours général agricole de Paris, l'Union tient, rue d'Athènes, son assemblée générale précédée de réunions préparatoires des présidents et délégués des syndicats agricoles. Dans ces réunions préparatoires, qui forment un véritable congrès des syndicats affiliés, sont traités successivement les principaux points de la doctrine et de la pratique syndicales. Des renseignements s'échangent sur les initiatives locales, les résultats obtenus, les difficultés rencontrées ; des discussions juridiques naissent souvent de ces communications familières et des résolutions sont adoptées qui fixent la meilleure voie à suivre, les procédés les plus parfaits à appliquer. Il en résulte un enseignement mutuel excellent, fortifié par l'avis de jurisconsultes compétents, que se donnent les représentants des syndicats agricoles de toutes les régions de la France.

Il va de soi qu'à côté des questions purement économiques touchant les intérêts professionnels des agriculteurs syndiqués, une large place est réservée à l'organisation des institutions propres à améliorer, moralement et socialement, la condition des masses rurales : cette étude aboutit à fournir des éléments, chaque année plus précis et mieux vérifiés, aux syndicats soucieux de consacrer leurs efforts à cette œuvre de progrès. L'enseignement agricole, la prévoyance réalisée par les sociétés de secours mutuels et les caisses de retraites pour la vieillesse, l'assurance contre les accidents, le crédit agricole, les assurances agricoles, la coopération de production et de consommation, la répression du vagabondage, la représentation de l'agriculture, etc., figurent, d'une façon permanente, à l'ordre du jour de ces réunions. Celles-ci se préoccupent également de faciliter et améliorer le fonctionnement des syndicats en ce qui concerne les achats collectifs, l'écoulement des produits, les rapports avec les sociétés de consommation, etc.

Enfin les représentants des syndicats unis se concertent pour exprimer l'avis de leurs associations au sujet des questions législatives, fiscales, douanières, pendantes devant le Parlement, en tant qu'elles affectent les intérêts de l'agriculture ; ils émettent des vœux pour solliciter du gouvernement et des Chambres les réformes considérées comme urgentes, les dégrèvements d'impôt, l'amélioration des tarifs de transport des denrées agricoles, les mesures propres à réprimer la falsification des produits du sol, à empêcher la spéculation de fausser les cours, etc.

Les réunions préparatoires se terminent par l'assemblée générale de l'Union. Cette assemblée entend le rapport qui lui est présenté par le président, au nom de la Chambre syndicale, sur la situation de l'Union et le concours qu'elle a prêté à l'action des syndicats affiliés pendant l'année écoulée ; puis, sur des rapports sommaires résumant les données et opinions qui se sont dégagées des réunions préparatoires, elle discute les questions urgentes qui touchent le plus directement le fonctionnement des syndicats et les intérêts généraux de l'agriculture : ses résolutions sont exprimées sous forme de vœux qui, après avoir été soumis aux délibérations de la Société des agriculteurs de France, comme à une sorte de conseil supérieur, sont ordinairement transmis aux pouvoirs publics ou aux administrations compétentes.

Ce rôle de l'Union centrale, mandataire autorisée des masses rurales qui forment le personnel de ses syndicats affiliés et se faisant leur interprète auprès du gouvernement et des Chambres, mérite d'être mis en regard de l'échec constant des diverses propositions de loi sur l'organisation d'une représentation officielle de l'agriculture, plus ou moins analogue à celle dont jouissent le commerce et l'industrie.

Quelle que soit la vertu de l'initiative privée, fécondée par la puissance de l'association libre, pour introduire de sérieux progrès dans l'exploitation agricole et même pour résoudre bien des problèmes sociaux à l'avantage des habitants des campagnes, cette initiative se trouverait, en fait, paralysée si la législation ne créait des conditions générales favorables à ses entreprises.

Il faut donc que l'agriculture puisse, par des organes spécialement accrédités, faire connaître ses besoins, exposer les maux dont elle souffre, saisir de ses revendications motivées l'opinion, la presse et le Parlement.

L'Union des Syndicats des agriculteurs de France, fédération légalement établie de 936 syndicats agricoles, est, en fait, un conseil supérieur libre de l'agriculture délégué par les associations professionnelles des départements, qui sont elles-mêmes des chambres d'agriculture spontanées, dont on ne peut dénier la compétence. En l'absence d'une représentation officielle de l'agriculture, cette tentative de représentation professionnelle indépendante a une valeur réelle qui s'accroît encore de ce que ses manifestations sont contrôlées par celles de la Société des agriculteurs de France, grande société d'études, dont l'influence s'exerce depuis longtemps auprès des pouvoirs publics.

On peut discuter et contester assurément certaines prétentions, certaines doctrines économiques des défenseurs de l'agriculture ; mais, sous **un** gouvernement d'opinion publique, tout le monde reconnaît désirable que les classes agricoles puissent clairement exprimer, en ce qui concerne leurs intérêts professionnels, leurs avis et leurs vœux : c'est affaire aux mandataires politiques du pays d'en peser le mérite de façon à tenir la balance égale entre tous les facteurs de la production nationale. L'Union des Syndicats des agriculteurs de France est évidemment apte à centraliser les diverses manifestations économiques des syndi-

cats qui lui sont affiliés, à en dégager la moyenne
et à la présenter aux pouvoirs publics comme
l'expression exacte des vœux de l'agriculture.

Ce n'est pas seulement auprès des Chambres,
mais c'est aussi auprès des administrations finan-
cières, des compagnies de transport, etc., que
l'Union poursuit la satisfaction des intérêts agricoles. En dehors des assemblées annuelles, son
bureau est toujours en éveil pour délibérer et agir,
soit de sa propre initiative quand les circonstances
le demandent, soit lorsqu'il y est provoqué par
l'un des syndicats unis. Dans un grand nombre de
cas, il a obtenu de l'administration une interprétation moins rigoureuse des lois fiscales, notamment en ce qui touche l'application de la patente.
Des négociations engagées avec les compagnies de
chemins de fer, pour l'abaissement du tarif de
transport des matières premières ou marchandises
nécessaires à la profession agricole et des produits
de la culture, ont été le plus souvent couronnées de
succès. Le bureau de l'Union s'est attaché, dans ces
démarches, à démontrer aux compagnies qu'il ne
leur demandait pas de sacrifices, parce que la
réduction des taxes déterminerait un accroissement notable des transports agricoles, et ces prévisions se sont généralement trouvées réalisées.
On conçoit l'autorité dont jouit, pour suivre les
négociations, le président de l'Union des Syndicats
des agriculteurs de France, qui se présente comme
le délégué de 400 000 à 500 000 agriculteurs.

En matière contentieuse et fiscale, l'Union répond

aux nombreuses demandes d'avis qui lui sont adressées par les syndicats agricoles et leur communique, au besoin, des consultations spéciales rédigées par l'un des jurisconsultes qui appartiennent au bureau ou à la Chambre syndicale, ou même par un conseil étranger. Si quelque syndicat affilié se plaint d'un abus administratif, d'une fausse interprétation donnée aux lois ou règlements, le bureau de l'Union intervient, sur sa demande, se livre à une étude juridique approfondie et multiplie ses démarches jusqu'à ce qu'il ait obtenu satisfaction.

L'Union centrale est donc actuellement la représentation spontanée la plus parfaite et la plus puissante des intérêts de l'agriculture, et elle use de cette situation privilégiée, que lui a faite la confiance des associations professionnelles, pour défendre efficacement ces intérêts, en toute occasion où ils ont besoin d'être défendus.

Non contente de grouper les syndicats agricoles existants, l'Union en a provoqué la création d'un grand nombre : elle stimule les initiatives locales, fournit des statuts modèles, indique les formalités à remplir, aide à vaincre les difficultés d'organisation. Elle exerce une sorte de patronage et de haute magistrature sur les syndicats affiliés ; ceux mêmes qui demeurent étrangers à son groupement entretiennent de bons rapports avec elle et, en maintes circonstances, font à ses lumières et à ses services un appel toujours entendu, soit qu'il s'agisse de les soutenir dans la défense des droits syndicaux, soit qu'ils aient besoin d'être renseignés et guidés pour la création de ces œuvres de coopération, de prévoyance et de mutualité à l'étude desquelles l'Union apporte tous ses soins.

En formant un faisceau des syndicats agricoles si nombreux qui ont accepté son patronage, l'Union centrale des syndicats des agriculteurs de France a organisé, discipliné et coordonné ces forces naissantes. Sans entraver l'essor de leur vie propre, car son influence purement morale est due uniquement à la confiance inspirée et aux services rendus, elle leur a, par ses conseils et ses informations, épargné bien des tâtonnements préjudiciables ou des tentatives imprudentes : elle les a guidés nettement vers le but commun, assigné aux efforts de l'association professionnelle, et dont il dépend de chacun d'eux de se rapprocher plus ou moins. Enfin l'Union a su concréter, d'une manière puissante, l'expression des vœux du monde agricole et elle a ainsi préparé bien des satisfactions importantes données à ses besoins essentiels par le gouvernement et les Chambres. Elle a fait entendre avec succès la forte voix du peuple des campagnes dans tous les graves débats parlementaires où ses intérêts se sont trouvés engagés.

Les Unions régionales. — La grande Union dont nous venons de parler a exercé sur le mouvement syndical agricole une action centralisatrice et régulatrice, bien nécessaire à la première heure, lorsque les syndicats apparaissaient de tous côtés, dans la diversité de leurs tendances, floraison quelque peu sauvage d'un principe de liberté. Bientôt, grâce à la sage direction imprimée par l'Union, une doctrine syndicale se forma, les types et les programmes se fixèrent, les procédés s'établirent et il y eut moins à redouter de voir les efforts des fondateurs de syndicats dévier dans des voies étrangères au but de l'association professionnelle. C'est alors que plus sûrs d'eux-mêmes, en possession de leurs moyens d'action, les syndicats commencèrent spontanément à adapter leur fonctionnement aux convenances locales ; il en résulta des aspirations nouvelles qui les poussèrent à organiser des groupements intermédiaires plus étroits, des groupements décentralisés, destinés à accroître leur importance dans la sphère où ils gravitaient.

Au lieu de se fondre, se perdre, pour ainsi dire, dans l'ensemble des syndicats agricoles, dans l'Union centrale, dont le rôle public ne s'exerce qu'à Paris, les syndicats d'un département, d'une région, pouvaient constituer des groupements secondaires dont le développement serait patent, dont l'influence se manifesterait sur place, et qui auraient pour objet la recherche de progrès spéciaux, la représentation d'intérêts communs plus ou moins localisés dans une portion déterminée de la France. De plus, ces groupements restreints offraient aux associations plus de facilités pour s'entr'aider, se faire bénéficier mutuellement du fruit de leur expérience, traiter avantageusement leurs affaires professionnelles, se sentir les coudes, en un mot. Ces Unions procèdent donc d'un sentiment décentralisateur très accusé, du réveil de la vie locale : il est intéressant de l'étudier, car il complète bien le mouvement corporatif agricole et en caractérise la portée.

Parmi les groupements secondaires, il en est un qui a eu une fortune particulièrement brillante : c'est celui qui a trouvé son expression dans les Unions *régionales* ou provinciales de syndicats agricoles. Il procède d'un double courant d'idées : l'utilité de fédérer les associations nouvelles afin de les placer dans des conditions plus favorables au développement de leur activité professionnelle, et l'opportunité de se servir de ce groupement pour accomplir œuvre de décentralisation et faire participer les agriculteurs aux tentatives de restauration de la vie provinciale qui comptent aujourd'hui tant de partisans.

En ce qui touche les intérêts de l'agriculture, représentés par l'association professionnelle, la pensée de donner à la circonscription territoriale du groupement une base rationnelle, n'ayant rien d'arbitraire, se justifie aisément. Il existe, en effet, des régions de la France, bien déterminées, dont les populations agricoles, rapprochées, d'ailleurs, par des affinités de race et de coutumes, ont des intérêts communs à défendre, en raison de l'identité des conditions économiques et des productions du sol. Dans telle région la culture des céréales est la production dominante ; dans telle autre, c'est l'élevage du bétail ou l'engraissement; ailleurs la betterave à sucre ou d'autres cultures industrielles, ailleurs encore la viticulture, la sériciculture, l'industrie fromagère, la production des fruits à cidre, etc. De cette variété de production naissent des besoins économiques différents et la nécessité d'une orientation particulière dans les études et progrès pratiques à poursuivre, comme dans les débouchés à rechercher.

Si, d'autre part, on s'élève à la conception de services d'un ordre supérieur, le patrimoine commun d'idées, de mœurs, de préjugés même, qui distingue certaines grandes fractions de notre population rurale, commandera d'appliquer des procédés variables, selon les régions, à l'organisation de l'enseignement agricole, du crédit, de la prévoyance, de l'assistance, etc. Cela posé, on s'est dit avec raison, que, partout où l'ancienne province de la France des siècles derniers avait conservé une entité réelle dans l'esprit et les habitudes des paysans, elle fournirait un terrain excellent pour l'organisation des Unions secondaires.

Or, dans nos campagnes surtout, l'idée provinciale a survécu, bien plus vivace qu'on ne le pense communément, à la refonte de notre territoire dans le moule nouveau, imaginé par l'Assemblée constituante en 1790. Les traditions, les vieux usages, le dialecte local, une littérature populaire, des jeux et divertissements spéciaux, dont le goût s'est transmis de génération en génération, etc., l'ont perpétuée, maintenant entre les habitants d'une contrée un lien moral qui offre un point d'appui à l'établissement de la solidarité professionnelle. On est de sa province et on s'en fait honneur à bon droit, comme d'une seconde patrie dans la patrie française. C'est que de profondes, d'indestructibles sympathies s'attachent au nom de la vieille province, qui rappelle les origines, l'histoire locale, et comment les ancêtres ont, sans abdiquer leur génie propre, concouru à la formation de l'unité nationale.

La création des Unions régionales de syndicats agricoles a donc été l'une des manifestations de cette école qui cherche à réagir contre les excès de la centralisation administrative, le despotisme de l'État et le rôle exagéré dévolu à la capitale dans la direction des affaires du pays. Pour préparer la décentralisation provinciale, il a paru nécessaire de faire revivre, tout d'abord, la province dans les mœurs publiques, en organisant la représentation des intérêts provinciaux par la reconstitution des groupes sociaux, qui sont bien réellement les forces sociales, des corps professionnels autonomes et permanents.

L'agriculture, qui avait tiré si bon parti des facilités d'organisation fournies par la loi du 21 mars 1884, se trouvait prête à entrer dans ce mouvement et à montrer l'exemple aux autres intérêts divers, demeurés faibles et désunis.

Telle a été la genèse du mouvement d'organisation des Unions régionales de syndicats agricoles. Chacune de ces Unions embrasse un groupe de départements formant, autant que possible, la circonscription d'une ou de plusieurs anciennes provinces. Elles ne font pas double emploi avec l'Union centrale, dont elles sont d'ailleurs les meilleurs auxiliaires ; car elles exercent une action plus directe, plus profonde, en tout cas très différente, sur les syndicats qu'elles s'affilient. Les syndicats d'une même région, déjà reliés naturellement par une sorte de confraternité d'origine, trouvent grand avantage à concerter leurs efforts afin de rendre à leurs sociétaires respectifs le maximum des services que ceux-ci attendent d'eux.

L'Union centrale est trop vaste pour établir un lien quelconque entre les syndicats agricoles qui viennent à elle de tous les points de la France ; elle ne peut constituer qu'un centre d'étude et de défense des intérêts généraux communs à tous les syndicats, une puissante représentation du monde agricole, toujours prête à agir lorsque les circonstances le demandent, et ce rôle n'est, certes, pas dépourvu d'utilité.

Dans le cadre régional ou provincial, au contraire, l'Union est effective entre les syndicats qu'elle groupe ; une cohésion réelle s'établit, et l'autorité du bureau, à la tête duquel sont placés des hommes estimés de tous et supérieurs par leur dévouement, comme par leur intelligence des intérêts des associations, s'affirme aisément : il en résulte une direction, une discipline morale, très utile aux progrès des syndicats. En outre, et c'est là le point pratique important, non contente d'être un centre de renseignements d'ordre pratique et d'instruction mutuelle, un foyer d'impulsion, un conseil technique et juridique, l'Union peut aisément devenir le siège d'institutions régionales de coopération, de prévoyance, d'assistance, etc., qui profitent aux groupes de syndicats affiliés et que ceux-ci ne pourraient créer isolément pour leur service exclusif, ou qu'ils n'auraient pas un intérêt suffisant à créer. Aussi est-il admis aujourd'hui que le véritable moteur de la vie syndicale est l'Union régionale et que l'harmonieux ensemble des institutions économiques et sociales, à organiser par les syndicats, doit se rattacher à elle. C'est notamment par l'action méthodique de l'Union régionale qu'il peut être fait échec au développement de la propagande collectiviste dans les campagnes, de même que ce rôle a été rempli avec succès par les grandes fédérations allemandes.

Les Unions régionales de syndicats agricoles sont actuellement au nombre de dix et il importe de les passer en revue ; car chacune d'elles présente quelques traits distinctifs intéressants, ayant modelé son organisation d'après les tendances et les besoins des syndicats de son ressort.

L'Union des syndicats agricoles du Sud-Est, l' « Union du Sud-Est », comme on la désigne familièrement, a été la première en date et est demeurée la plus importante des Unions régionales. Fondée au mois d'octobre 1888, elle a son siège à Lyon (8, place de la Miséricorde) et recrute ses syndicats affiliés parmi ceux des dix départements suivants : Savoie, Haute-Savoie, Ain, Drôme, Isère, Loire,

Saône-et-Loire, Rhône, Ardèche et Haute-Loire. Après avoir été présidée, à l'origine, par M. Gabriel de Saint-Victor, ancien député, elle l'est actuellement par M. Émile Duport, président du Syndicat agricole de Belleville-sur-Saône (Rhône), admirablement secondé dans cette tâche par le zèle de ses trois vice-présidents, MM. Antonin Guinand, Anatole de Fontgalland et Léon Riboud, et des autres membres du bureau : elle n'a pas de chambre syndicale, mais un conseil d'administration composé de douze membres. Le nombre des syndicats affiliés était, le 1er janvier 1900, de 250, formant la grande majorité des syndicats agricoles vraiment actifs de la circonscription. On estime que ces 250 syndicats comptent, en bloc, environ 61 280 agriculteurs syndiqués (1). Quelle chambre élective d'agriculture pourrait prétendre à représenter avec une pareille autorité les intérêts agricoles de la région du Sud-Est? Les créations de l'Union sont multiples et aptes à donner satisfaction aux principaux besoins des populations rurales. Nous les mentionnerons simplement ici, car nous aurons à revenir, dans des chapitres spéciaux, sur la plupart d'entre elles.

Pour faciliter aux syndicats unis leurs achats collectifs de marchandises, elle a d'abord institué un office, dirigé par un courtier patenté, chargé de traiter les opérations après avoir groupé les com-

(1) 69 de ces syndicats appartiennent à l'Isère, 41 à la Savoie, 34 à la Drôme, 32 à l'Ain, 23 à la Loire, 21 à Saône-et-Loire, 18 au Rhône, etc.

mandes et les offres; puis elle a fondé la Coopérative agricole du Sud-Est, qui est devenue, par le nombre des personnes appelées à bénéficier de ses services, la plus importante société française de consommation. En vue de rapprocher les producteurs des consommateurs et de supprimer entre eux les intermédiaires parasites, elle a établi à Lyon quatre boucheries syndicales et une société spéciale de vente des produits agricoles, l' « Union des producteurs et consommateurs ». Les améliorations à introduire dans le fonctionnement des diverses assurances agricoles ont été l'objet de tous ses soins. Elle a propagé parmi ses syndicats l'application de la mutualité dans l'assurance du bétail au moyen d'un très ingénieux système de comptes spéciaux de prévoyance, dû à l'initiative de M. Léon Riboud, et elle a fait fonctionner la réassurance entre les groupes au moyen d'un compte de garantie doté sur les bénéfices de la coopérative agricole. L'assurance contre les accidents du travail agricole a été rendue efficace et peu coûteuse au moyen d'un excellent traité passé entre la coopérative et une compagnie d'assurances; tous les syndicats compris dans la circonscription de l'Union peuvent en revendiquer les avantages pour leurs adhérents. Une organisation de l'assurance contre l'incendie par la mutualité syndicale est à l'étude. Les institutions locales de crédit agricole ont été propagées et encouragées, et l'Union a fondé une caisse régionale afin de les faire participer aux avances consenties par l'État sur les fonds versés par la Banque de France. Un plan complet destiné à réaliser l'enseignement professionnel agricole dans les écoles primaires a été adopté et mis à exécution, fournissant, dès le début, de remarquables résultats. L'assistance rurale par les sociétés de secours mutuels, par l'aide mutuelle en travail et par les caisses de retraites agricoles, déjà pratiquée dans quelques syndicats de l'Union, est l'objet d'études spéciales destinées à mettre à la disposition de tous, les moyens de l'organiser efficacement.

Dans la sphère des intérêts matériels et économiques, comme dans celle des intérêts moraux et sociaux, l'Union du Sud-Est remplit admirablement son rôle d'éducateur des syndicats : après leur avoir tracé le programme des progrès et réformes à accomplir, elle les met par sa puissante intervention en mesure de les exécuter. Aussi mérite-t-elle d'être considérée comme l'Union régionale modèle. Son œuvre démontre quels résultats bienfaisants il est permis d'attendre de ce type de fédération des associations professionnelles agricoles, fonctionnant dans un milieu approprié à la décentralisation provinciale et à l'expansion d'une vie locale intense. C'est en pareil cas surtout qu'il est vrai de dire que les forces de l'association libre se multiplient, au lieu de s'additionner. La région dont Lyon est le centre offrait, sous ce rapport, un excellent champ d'expériences et les syndicats, généralement actifs, qui s'y sont multipliés dès les premières années, possèdent un grand nombre de membres dont l'esprit d'initiative et l'intelligence pratique égalent le dévouement aux intérêts des populations rurales.

Pour mener à bien la création des diverses institutions dont elle se fait honneur, l'Union du Sud-Est a constitué un comité de contentieux et législation, composé de jurisconsultes de premier ordre, au nombre de quinze, qui lui a souvent rendu les plus grands services en l'aidant à asseoir ces institutions sur des bases légales, que la nécessité de combiner des lois disparates rendait parfois difficiles à trouver. Ce comité se tient à la disposition des syndicats affiliés qui ont besoin de recourir à ses consultations ; il intervient aussi dans l'action législative en étudiant les projets de lois pendants devant les Chambres et en préparant le texte des revendications que l'Union croit devoir soumettre aux pouvoirs publics, afin d'obtenir satisfaction pour les intérêts agricoles qu'elle représente.

L'Union du Sud-Est publie un bulletin mensuel, très pratiquement rédigé sous la direction d'une commission déléguée à cet effet, qui, au moyen d'une édition spéciale, sert d'organe à beaucoup de syndicats affiliés: le tirage de cette publication, vraiment populaire dans le monde rural de la région, atteint 25 000 exemplaires. Enfin elle dispose encore d'un excellent instrument de propagande agricole et sociale, son almanach qui, spécial d'abord aux syndicats de la petite Union Beaujolaise, étendu ensuite à toute l'Union du Sud-Est, est devenu l'*Almanach des syndicats agricoles de France*, rédigé par une commission dont MM. Émile Duport et Claude Silvestre sont le président et le secrétaire : cet almanach, qui tire à 100 000 exemplaires, a pris pour devise : « Le sol, c'est la patrie. »

Chaque année, il est présenté à l'assemblée générale de l'Union, réunion qui a l'importance d'un congrès des syndicats agricoles de la région, des rapports d'un haut intérêt sur la marche des divers services organisés par elle ou sous son patronage.

L'Union des syndicats agricoles de la région du Nord (1) s'est fondée en 1891 pour les cinq départements du Nord, du Pas-de-Calais, de la Somme, de l'Aisne et de l'Oise, région où le mouvement syndical n'a pris qu'un faible développement. Elle a son siège à Boulogne-sur-Mer (3, rue Thiers) ; son président est M. Madaré, président de la Société d'agriculture de Boulogne-sur-Mer et du Syndicat agricole du Boulonnais, et son secrétaire général M. Constant Furne, secrétaire des mêmes associations. Les assemblées générales se tiennent, à tour de rôle, dans les principales villes de la circonscription de l'Union. Les syndicats affiliés étaient, le 1er janvier 1900, au nombre de 10, groupant ensemble environ 4 000 membres. L'Union s'est surtout préoccupée des besoins économiques de la culture du nord de la France, conformément à ses statuts qui lui donnent mission de « grouper les représentants de l'agriculture de la région, de manière à obtenir la promptitude et l'unité d'action nécessaires à la défense des intérêts agricoles ».

(1) Nous suivons ici l'ordre chronologique de création des Unions régionales.

Elle s'est livrée à des études spéciales sur le régime douanier, la législation des sucres et le moyen de régler, dans un esprit d'équité et de conciliation, les rapports entre fabricants de sucre et cultivateurs pour les marchés de betteraves ; un projet de compromis uniforme a été discuté et adopté à cet effet, pour servir aux intéressés. L'Union a conseillé de créer, dans les centres betteraviers, de petits syndicats, même communaux, en vue d'établir une entente plus étroite entre les cultivateurs et de passer un compromis collectif pour tout le groupe. Elle s'efforce également de propager les institutions de crédit agricole et de faciliter leur fonctionnement. Elle encourage l'organisation de l'enseignement agricole dans les écoles primaires.

L'Union des syndicats agricoles de Normandie, fondée en 1892, a pour circonscription les cinq départements de l'ancienne province de Normandie, Seine-Inférieure, Calvados, Orne, Eure et Manche. Son siège est à Caen (3, rue Auber) et elle est administrée par un bureau de quinze membres dont le président est M. Louis Delalande, ancien magistrat. Son organisation présente une particularité digne de remarque, encore que nous ignorions si elle fonctionne pratiquement. L'assemblée générale de l'Union est constituée de façon à réaliser le mieux possible la représentation professionnelle et à avoir le caractère d'une chambre d'agriculture libre de la province. Chacun des syndicats unis y est représenté par son président, assisté de trois délégués par section cantonale : afin d'établir l'équilibre entre

les divers syndicats de canton, d'arrondissement et
de département, le canton a été pris comme unité
représentative. Ces trois délégués cantonaux doivent eux-mêmes être recrutés dans chacun des éléments dont se compose le syndicat, c'est-à-dire
parmi les propriétaires, les fermiers et les ouvriers ;
car les syndicats agricoles normands sont tous des
syndicats mixtes. Il en résulte que chaque catégorie sociale trouve ainsi sa représentation propre. De
plus, pour que le mandat soit défini, les délégués
doivent être porteurs d'un cahier délibéré par leur
association, contenant les vœux, revendications et
questions qui l'intéressent spécialement. Les assemblées générales se tiennent deux fois par an dans
une ville de l'un des cinq départements, désignée
par un roulement successif.

Cette conception révèle bien l'influence de l'école
décentralisatrice qui voudrait donner au pays une
organisation nouvelle, en s'appuyant sur la reconstitution professionnelle et locale des divers groupes
sociaux servant de base à la représentation des
intérêts ; elle se recrute surtout parmi les promoteurs de l'Œuvre des cercles catholiques d'ouvriers
et a réussi à organiser dans quelques régions de la
France, en 1888 et 1889, des assemblées provinciales qui ont eu un certain retentissement.

L'Union de Normandie s'était affilié, à la date
du 1er janvier 1900, 16 syndicats agricoles possédant, en bloc, 15000 adhérents. Les syndicats agricoles sont peu nombreux dans la région normande ;
mais plusieurs sont importants et remarquablement

organisés. Sous les auspices de l'Union, il s'est créé à Caen une société coopérative de production et de consommation, la Coopérative agricole de Normandie, qui tient ses services à la disposition des syndicats unis.

Dans ses assemblées générales, l'Union discute les questions qui intéressent spécialement les agriculteurs normands et précise par des vœux leurs revendications économiques.

L'Union des syndicats agricoles et viticoles du Centre, fondée en 1892, a son siège à Orléans (17, boulevard Rocheplatte), et comprend les sept départements du Loiret, d'Eure-et-Loir, de Loir-et-Cher, d'Indre-et-Loire, de l'Indre, du Cher, et de la Nièvre. Un de ces départements, la Nièvre, est toutefois revendiqué comme mixte par l'Union de Bourgogne et de Franche-Comté, qui y possède également des syndicats affiliés. Plusieurs Unions régionales sont dans le même cas et, par une entente spéciale, leur sphère d'influence s'étend parallèlement sur desdépartements déjà rattachés à la circonscription territoriale d'une Union voisine. Ces concessions, que facilite l'harmonie avec laquelle fonctionne tout le mouvement des Unions régionales, sont imposées par la nécessité de respecter le libre choix des syndicats quant à leur affiliation à une Union. L'Union du Centre groupait, le 1er janvier 1900, 23 syndicats possédant ensemble environ 18 000 membres. Elle était présidée, à l'origine, par le vénéré M. Deusy, qu'on appelait, à bon droit, le « Père des Syndicats agricoles » ; car le développement et le succès de ces associations étaient, en grande partie, son œuvre, et nos populations rurales gardent pieusement la mémoire du principal initiateur de ce grand mouvement social entrepris pour leur relèvement.

Le président actuel de l'Union est M. Léonce Marchain, président du Syndicat des agriculteurs de l'Indre, et son secrétaire général M. André Courtin. Ses statuts sont analogues à ceux de l'Union du Sud-Est. Elle s'est surtout proposé d'accomplir une œuvre pratique en recherchant des débouchés meilleurs pour les produits agricoles récoltés par les membres des syndicats affiliés et en « rapprochant, comme le formulait heureusement M. Deusy, par la centralisation des besoins dans une force commune, le consommateur du producteur ». Une société coopérative organisée pour cet objet, la Coopérative agricole d'Orléans et du Centre, a fonctionné quelque temps ; mais certaines imprudences commises l'ont obligée à liquider ses opérations. L'Union publie un bulletin dans lequel sont enregistrées les offres et demandes des syndicats unis pour l'achat, l'échange et la vente des produits agricoles. Elle rend de grands services aux syndicats en les mettant à même de traiter dans des conditions plus favorables leurs marchés d'engrais ; elle a adopté pour ces adjudications un type de cahier des charges dont l'usage est devenu courant et dont les clauses présentent toutes les garanties possibles de sincérité des livraisons. Elle patronne diverses institutions régionales de prévoyance bien propres à favoriser le fonctionnement des petits syndicats, notamment une société d'assurances mutuelles contre les accidents du travail agricole sur laquelle nous aurons à revenir; elle s'occupe aussi d'organiser une caisse régionale de crédit agricole.

L'Union du Centre est administrée par un bureau de douze membres. Son assemblée générale annuelle, formée des présidents de tous les syndicats unis et de délégués de chaque syndicat, élus en nombre proportionnel à l'effectif de ses adhérents, se réunit alternativement dans chacun des départements de la circonscription. L'Union a organisé, par les soins de M. le baron de Larnage, alors secrétaire général, le troisième congrès national des syndicats agricoles qui a eu lieu, à Orléans, les 5, 6 et 7 mai 1897.

L'Union des syndicats agricoles et viticoles de Bourgogne et de Franche-Comté, qu'on appelle aussi parfois l' « Union des deux Bourgognes », s'est également fondée en 1892 et a son siège à Dijon (3, rue Bannelier); elle comprend les six départements de la Côte-d'Or, de l'Yonne, du Doubs, du Jura, de la Haute-Saône, de la Haute-Marne et le territoire de Belfort. Les départements de l'Yonne et de la Nièvre sont mixtes avec l'Union du Centre et le département de Saône-et-Loire avec l'Union du Sud-Est. L'Union est présidée par M. le comte Lejéas, président du Syndicat fraternel agricole d'Aiserey (Côte-d'Or), et administrée par une chambre syndicale de trente-six membres. L'assemblée générale constitutive a créé cinq commissions permanentes chargées d'études spéciales : 1° services commerciaux ; 2° institutions de prévoyance et de coopération ; 3° viticulture ; 4° législation et contentieux ; 5° bulletin périodique. Comme dans les autres Unions régionales, chacun des syndicats affiliés conserve la plénitude de son autonomie et de son indépendance, ainsi que le droit d'adhérer à d'autres Unions ; il n'est pas responsable des actes de gestion et d'administration de l'Union régionale. Le 1er janvier 1900, l'Union de Bourgogne et de Franche-Comté se composait de 98 syndicats, possédant en bloc environ 30000 membres.

Elle a créé à Dijon une société coopérative agricole dont les services sont à la disposition des syndicats affiliés, pour la fourniture des engrais. En 1896, elle a constitué une commission de l'enseignement agricole qui a organisé des concours-examens entre les élèves des écoles primaires, délivrant des diplômes aux candidats dont l'instruction était reconnue suffisante par des commissions locales. L'Union s'est encore occupée activement d'organiser le crédit agricole, l'assurance mutuelle du bétail, l'assurance contre les accidents, d'améliorer le régime des fruitières de la Franche-Comté, etc. Elle émet des vœux motivés sur les principales questions économiques intéressant l'agriculture de la région. Elle a pour organe le journal hebdomadaire *La Bourgogne agricole*. La Caisse régionale de crédit agricole, qu'elle a fondée, a son siège à Salins (Jura) et est placée sous la même administration que le Crédit mutuel agricole de Poligny.

L'Union des syndicats agricoles des Alpes et de Provence, fondée à la fin de l'année 1892, a son siège à Marseille (65, rue de Rome). Sa circonscription comprend les sept départements des Basses-Alpes, des Hautes-Alpes, des Alpes-Maritimes, des Bouches-du-Rhône, du Gard, de Vaucluse et du Var, ainsi que la Corse, l'Algérie et la Tunisie; les départements de l'Ardèche et de la Drôme sont mixtes entre cette Union et celle du Sud-Est. L'Union des Alpes et de Provence est aujourd'hui le plus vivace groupement régional de syndicats agricoles, après celui qu'a constitué l'Union du Sud-Est; elle déploie une grande activité, servie par les ressources d'une excellente organisation, afin de donner satisfaction aux principaux besoins des syndicats affiliés, qui sont, en grande majorité, des syndicats communaux. Elle est présidée par M. le marquis de Villeneuve-Trans, assisté de trois vice-présidents, MM. P. Liotier, ancien président du conseil général de Vaucluse, Léon Jullien, avoué à Marseille, et Georges Maurin, avocat à Nîmes. Les syndicats unis étaient, le 1er janvier 1899, au nombre de 94, représentant environ 20 000 agriculteurs syndiqués. Pour mieux spécialiser la défense des intérêts divers des producteurs de la région, qu'elle soutient de la façon la plus efficace, l'Union a créé dans son sein plusieurs sous-unions : une sous-union des syndicats betteraviers de Provence, dont le siège est à Pont-Saint-Esprit (Gard), une sous-union des fraisiculteurs du Comtat, présidée par

M. Georges Maurin, et une sous-union des syndicats producteurs de câpres de Provence ; une sous-union des syndicats producteurs de fleurs du département du Var est en voie de formation. Ces petites sous-unions, groupant des intérêts distincts de culture, facilitent et fortifient l'action de l'Union régionale. La Société coopérative agricole des Alpes et de Provence, ayant son siège à Avignon et une succursale à Marseille, a été fondée par le Syndicat agricole Vauclusien et fonctionne au bénéfice des syndicats affiliés à l'Union. Une vive impulsion a été donnée à l'organisation de l'enseignement agricole, du crédit agricole, de l'assurance contre les accidents, etc. ; une caisse régionale de crédit agricole est en formation à Marseille. L'amélioration des débouchés à fournir aux produits de la culture méridionale a fait l'objet d'études et de démarches nombreuses souvent couronnées de succès : l'Union a notamment obtenu des compagnies de chemin de fer, des facilités de transport et des abaissements de tarifs qui ont ouvert aux producteurs l'accès de nouveaux marchés. Afin de débattre ces grands intérêts et aussi de rechercher les solutions les plus favorables à donner à tous les problèmes économiques et sociaux, l'Union organise des congrès régionaux auxquels se rendent en grand nombre les délégués des syndicats affiliés. Ces congrès se tiennent, à tour de rôle, dans des localités choisies de manière à permettre aux syndicats les plus éloignés de se mettre en contact avec l'Union. Le bulletin mensuel publié par l'Union sert d'organe

officiel à 110 syndicats agricoles et il est lu par
40 000 agriculteurs. Grâce au zèle intelligent des
hommes qui la dirigent, aux services vraiment pratiques qu'elle a su multiplier, l'Union des Alpes et
de Provence a fait naître un puissant courant de
solidarité entre les agriculteurs, de tendances si
diverses, qui forment le personnel des syndicats de
sa vaste circonscription. Aussi, dans l'assemblée
générale annuelle tenue à Marseille en 1899, M. le
marquis de Villeneuve terminait son rapport par
cette constatation, bien consolante, des heureux
résultats de l'œuvre à laquelle ses collaborateurs
et lui prodiguent leur dévouement :

« Le besoin de s'unir a pénétré les masses rurales,
et malgré les divisions politiques et les semences de
discorde jetées dans le pays, les intérêts de la terre
unissent étroitement les hommes de tous les partis
et de toutes les classes dans un sentiment commun d'attachement au sol de la Patrie (1). »

L'Union des syndicats agricoles des départements de l'Ouest, ou Union d'Anjou, Maine,
Vendée et Poitou, s'est fondée en 1893 et a son
siège à Angers (5, place de Lorraine). Sa circonscription comprend les six départements de Maine-
et-Loire, de la Sarthe, de la Vendée, de la Vienne,

______

(1) « L'Union des Alpes et de Provence a pu, dans un pays
d'individualisme à outrance et aux partis politiques violemment
tranchés, former un groupe compacte et, sur certains points,
préparer une entente entre la grande industrie marseillaise et les
revendications agricoles. » (Georges Maurin, *les Syndicats agricoles et la Crise sociale*, Nîmes, 1898, brochure.)

de la Mayenne et des Deux-Sèvres. Elle a pour objet général le concert des syndicats unis pour l'étude, la défense et la représentation des droits et intérêts agricoles dans la région; elle offre, en outre, aux syndicats unis et à leurs membres un centre permanent de relations et de renseignements, soit en toutes matières contentieuses ou techniques, soit pour le service de leurs intérêts économiques ou professionnels. Elle est administrée par une chambre syndicale composée de tous les présidents des syndicats unis et de délégués désignés par chaque syndicat en nombre variable suivant son importance numérique. Cette chambre syndicale nomme un bureau de quinze membres chargé de l'administration de l'Union. L'Union de l'Ouest présente cette particularité que la chambre syndicale tient des assemblées partielles, pour chacun des départements de la circonscription, et une assemblée générale dans laquelle sont discutées les propositions émises par les assemblées partielles, ainsi que celles pouvant émaner de l'initiative du bureau. Le président actuel de l'Union est M. le comte de Blois, sénateur de Maine-et-Loire, qui a remplacé dans ces fonctions le regretté président-fondateur du Syndicat agricole d'Anjou, M. le comte de la Bouillerie. Les syndicats affiliés étaient, le 1er janvier 1899, au nombre de 35 groupant un effectif total d'environ 20 000 agriculteurs.

Les fondateurs de l'Union l'ont considérée comme un puissant moyen de resserrer les liens

qui attachent au sol les grands propriétaires, très
nombreux dans les contrées de l'Ouest, qui peuvent
exercer une heureuse influence sur les populations
rurales, à la condition de se mêler à elles, de s'occuper de leurs intérêts et de leur être efficacement
utiles. Une société coopérative agricole a été fondée
en faveur des syndicats unis ; l'enseignement agricole est en voie d'organisation dans les écoles primaires libres de garçons et de filles, et une école
supérieure d'agriculture a été ouverte à Angers.
C'est à l'initiative de l'Union de l'Ouest qu'est dû
le deuxième congrès national des syndicats agricoles tenu à Angers, en 1895, sous la présidence
de M. le comte de la Bouillerie.

L'Union des syndicats agricoles et horticoles bretons, fondée en 1894, groupe les cinq départements
de l'ancienne province de Bretagne : Ille-et-Vilaine,
Loire-Inférieure, Morbihan, Côtes-du-Nord et
Finistère. Formée sous le patronage de l'Association bretonne, elle a son siège à Rennes (3, rue
de Bordeaux) ; elle était présidée, à l'origine, par
le regretté vicomte Charles de Lorgeril, ancien député d'Ille-et-Vilaine, et son président actuel est
M. Raison du Cleuziou, président du syndicat agricole des cantons de Pleyben et Châteaulin : il est
assisté d'un vice-président et d'un secrétaire pour
chaque département.

L'Union est administrée par son bureau, avec le
concours d'une chambre syndicale composée des
présidents des syndicats unis et de délégués nom-

més par chacun d'eux en nombre proportionnel au chiffre de leurs adhérents. Le principal effort de l'Union s'est porté sur l'organisation de l'enseignement agricole dans les écoles primaires ; elle a pris la tête de la campagne déjà entreprise à cet égard par les syndicats et associations de la province, et les résultats obtenus ont été des plus remarquables. La vente des produits agricoles, la recherche des moyens d'établir un courant d'exportation en Angleterre, le développement de l'industrie laitière, l'appui à fournir aux cultivateurs de la province désireux de se livrer à la colonisation agricole dans nos colonies, etc., ont également fait l'objet des études et démarches de l'Union. Celle-ci comptait, le 1er janvier 1900, 39 syndicats affiliés groupant dans leurs cadres environ 16 000 agriculteurs. Elle a organisé en 1896 un congrès régional des syndicats agricoles bretons, qui s'est tenu à Saint-Brieuc.

L'Union des syndicats agricoles du Sud-Ouest, fondée en 1896, embrasse dans sa circonscription huit départements : Hautes-Pyrénées, Basses-Pyrénées, Gers, Charente-Inférieure, Charente, Dordogne, Landes et Gironde. Son siège est à Bordeaux (9, cours du 30-Juillet). Elle a pour président M. Maurice Moussillac, président du Syndicat professionnel agricole de l'arrondissement de La Réole, et pour secrétaire général M. Georges Bord, secrétaire général du Syndicat agricole des cantons de Cadillac, Podensac et cantons limitrophes (Gironde). Elle possédait, le 1er janvier 1899,

20 syndicats affiliés fournissant un total de 25 000 agriculteurs syndiqués.

L'Union a commencé à répandre l'enseignement primaire agricole dans sa circonscription, au moyen d'examens strictement professionnels ; les certificats du premier degré sont conférés par chaque syndicat et le diplôme du second degré émane de l'Union. Celle-ci propage également les diverses assurances agricoles, le crédit agricole, les institutions de prévoyance. Elle a négocié une entente avec la Société coopérative agricole de La Rochelle pour mettre les services de cette coopérative à la disposition des syndicats unis.

L'Union des syndicats agricoles du Midi, fondée en 1897, comprend dans sa circonscription les onze départements suivants : Ariège, Aveyron, Aude, Haute-Garonne, Lot-et-Garonne, Tarn, Hérault, Tarn-et-Garonne, Lot, Pyrénées-Orientales et Cantal ; les départements de Lot-et-Garonne, Hautes-Pyrénées et Gers sont mixtes entre cette Union et celle du Sud-Ouest. L'Union a son siège à Toulouse (26, place Dupuy) et elle est présidée par M. Théron de Montaugé, président du Syndicat agricole de la Haute-Garonne. Les syndicats affiliés étaient, le 1ᵉʳ janvier 1899, au nombre de 30, comptant en bloc environ 15 000 adhérents.

L'Union défend avec autorité les intérêts de l'agriculture et de la viticulture du Midi ; elle patronne toutes les études ayant pour objet l'amélioration de la culture de la vigne et des procédés de vinification. L'enseignement agricole, le crédit agricole, l'organisation des retraites ouvrières, etc., figurent au premier rang des services dont elle aspire à doter les populations rurales de son ressort. Elle a fondé à Toulouse une caisse régionale de crédit agricole.

Telle est actuellement l'organisation des Unions régionales de syndicats agricoles : elle est encore incomplète. Les promoteurs de ce mouvement fédératif ont conçu l'idée de répartir le territoire entier de la France en un certain nombre de circonscriptions d'Unions régionales, de telle sorte que les syndicats de chaque département puissent se rattacher à l'une ou l'autre de ces Unions. L'association professionnelle agricole au deuxième degré, c'est-à-dire le groupement des syndicats, trouverait ainsi à se réaliser doublement : dans l'Union centrale, qui englobe tout le pays, et dans le réseau des Unions régionales pour chaque région ou province. Ces deux groupements ayant une utilité très distincte, tout syndicat aurait avantage à s'affilier, à la fois, à l'Union centrale et à l'Union régionale de sa circonscription. Cette organisation assurerait une grande puissance et une grande harmonie au mouvement syndical agricole.

Dans un petit congrès de délégués des Unions régionales tenu à Nice, chez M. le comte de Chambrun, au commencement de 1897, une commission spéciale s'occupa de rechercher et de déterminer exactement les circonscriptions des diverses Unions régionales alors existantes et de signaler les régions qui en étaient encore dépourvues. Le rapporteur de cette commission, M. H. de Gailhard-Bancel, constatait qu'en faisant abstraction du département de la Seine, on trouvait alors soixante et un départements compris dans le périmètre des neuf Unions régionales (celle du Midi n'était pas encore fondée) et vingt-quatre départements ne se rattachant à aucune des neuf Unions.

Ces vingt-quatre départements se décomposaient en deux groupes compactes, le premier, au nord-est de la France, comprenant sept départements ; le deuxième, plus important, au centre et au sud, comprenant dix-sept départements. Et le rapporteur concluait, à titre purement indicatif d'ailleurs, qu'il semblerait naturel d'engager les départements du premier groupe à se réunir pour former l'Union du Nord-Est, ou l'Union de Champagne et de Lorraine, et les départements du deuxième groupe à se fractionner en deux nouvelles Unions régionales, l'Union du Limousin et de l'Auvergne, au centre, et l'Union du Roussillon et du Languedoc, au sud. L'organisation de ces trois dernières Unions compléterait la délimitation de la France rurale en douze circonscriptions d'Unions régionales de syndicats agricoles.

Le troisième congrès national des syndicats agricoles, réuni à Orléans au mois de mai 1897, a également considéré comme désirable que le réseau des Unions régionales soit complété, dans l'intérêt du progrès et de la bonne direction du mouvement syndical agricole, auquel l'activité sociale s'impose de plus en plus. Il a adopté, à cet égard, le vœu suivant :

« Que les syndicats agricoles s'affilient en plus grand nombre aux Unions, surtout aux Unions régionales qui doivent être, pour les syndicats de leur groupement, des centres de direction et de propagande, des appuis précieux dans l'organisation de leurs services, des foyers d'action sociale ;

« Que, dans les départements qui ne sont pas encore rattachés aux Unions régionales, il se crée des Unions nouvelles selon les affinités de races, de relations et d'intérêts, afin que l'organisation de la France en Unions régionales de syndicats agricoles soit complétée. »

Ce vœu n'a été rempli que partiellement. L'Union du Midi s'est créée à Toulouse ; mais les autres lacunes constatées sur la carte de France subsistent toujours. Outre le petit îlot de l'Ile-de-France, de la Brie, etc., formé des départements de la Seine, Seine-et-Oise et Seine-et-Marne, que leurs intérêts et habitudes de culture rapprocheraient plutôt de l'Union du Nord, un groupe de six départements du nord-est et un groupe de cinq départements du plateau central, ainsi qu'un département isolé, la Lozère, demeurent en dehors du périmètre des Unions régionales. Des efforts ont été tentés pour établir le centre d'un nouveau groupement,

celui du Nord-Est, soit à Reims, soit à Nancy;
Clermont-Ferrand paraît bien convenir, d'autre
part, pour être le point de rencontre des syndicats
de l'Auvergne, du Bourbonnais et du Limousin.
Mais ces projets et démarches n'ont pas encore
abouti, malgré les concours obtenus dans le personnel dirigeant des syndicats locaux et l'appui
sympathique de l'Union centrale.

A la date du 1er janvier 1900, les dix Unions
régionales de syndicats agricoles embrassaient
soixante-douze départements de la France et en
laissaient quinze en dehors de leur action. Ces dix
Unions représentaient, en bloc, environ 224 000 cultivateurs répartis entre 615 syndicats affiliés :
leur influence s'exerçait donc, si l'on admet une
proportion moyenne de cinq membres par famille
rurale, sur 1 120 000 personnes vivant de l'exploitation du sol.

On peut encore considérer comme une sorte
d'Union régionale la Chambre syndicale agricole
du Dauphiné, fondée en 1897 à Grenoble et qui, à
la fin de 1898, groupait quarante syndicats agricoles de la Drôme, de l'Isère et des Hautes-Alpes :
mais son existence n'est guère que nominale.

On trouvera à la fin du volume la carte de la
France divisée en Unions régionales de syndicats
agricoles. Les départements teintés sont ceux qui
ne se rattachent à aucune des unions actuellement
existantes.

Tel est cet intéressant essai de reconstitution
de la vie provinciale dans les classes agricoles qui

s'est manifesté par le mouvement des Unions régionales. La formule était heureusement conçue, l'organisme était bon et le programme des services moraux et sociaux à rendre aux paysans semblait présager le rapide succès de ces Unions. Il a été cependant moindre qu'on devait l'espérer. A quelques exceptions près, les Unions régionales de syndicats agricoles sont des édifices dont l'aménagement intérieur n'est pas en rapport avec les belles lignes architecturales de la façade. L'organisation est incomplète, elle n'a pas encore revêtu le caractère d'utilité vraiment pratique qui devait marquer le groupement régional des syndicats, assurer sa puissance et sa fécondité. Cette situation n'est pas imputable aux Unions, mais aux syndicats eux-mêmes qui, jusqu'à ce jour, n'ont pas suffisamment compris les avantages de la fédération régionale et ont négligé de lui donner par leur affiliation la force numérique, les ressources et le prestige nécessaires à son développement. Un syndicat fonctionnant isolément ne peut généralement, surtout quand il s'agit des petits syndicats locaux, que rendre à ses adhérents des services d'ordre élémentaire, tels que les achats en commun, l'utilisation collective de quelques instruments de culture, etc.; il se sent impuissant à rechercher la solution des problèmes économiques et sociaux qui se rattachent à l'amélioration des conditions d'existence de la famille rurale. Ce rôle est, au contraire, naturellement dévolu aux Unions qui, pourvues de moyens d'étude et d'action suffisants, propageraient

ensuite l'organisation d'institutions appropriées
parmi les syndicats unis, usant, à cet effet, de l'influence que leur assure une sorte de direction
morale librement acceptée.

Malheureusement, dans un certain nombre de
syndicats semble s'être réfugié l'esprit particulariste
qui animait autrefois les cultivateurs et qui les
rendait rebelles à toute association. Ces syndicats
fonctionnent dans leur petite sphère, étrangers au
grand mouvement auquel ils appartiennent ; ils ne
semblent pas comprendre l'utilité de se mettre en
rapport avec leurs voisins, quelque avantage que ce
lien leur offre au point de vue des opérations maté-
rielles comme des services économiques et sociaux.
Parfois, il faut le dire, cette abstention résulte uniquement de la mauvaise volonté du secrétaire ou
du directeur salarié qui est la cheville ouvrière du
syndicat, et qui redoute de voir son indépendance
et son influence diminuées par le fait de l'affiliation
à une Union.

Ces syndicats ont été spirituellement dénommés
syndicats *sauvages*. Ils s'apprivoiseront peu à peu,
se disciplineront et finiront par renoncer à un isolement préjudiciable à leurs sociétaires : car, de
même que tout le monde est plus intelligent que
Voltaire, un groupe nombreux de syndicats sera
toujours plus habile, plus éclairé, plus conscient
des réformes utiles à entreprendre, qu'un syndicat
livré à ses propres forces. L'esprit de coterie peut
se réfugier dans certains groupements du premier
degré, tandis que dans le groupement du deuxième

degré réside, à coup sûr, le véritable esprit d'association.

Les Unions régionales ne pourront donc exercer une influence marquée sur le développement et la coordination du mouvement syndical agricole tout entier que lorsqu'elles auront obtenu l'affiliation d'un nombre relativement considérable des syndicats fonctionnant dans leur circonscription.

Il en est deux, l'Union du Sud-Est et l'Union des Alpes et de Provence, qui ont déjà réalisé ce desideratum, la première surtout : aussi leur action est-elle profonde et leur œuvre hors de pair. Les autres Unions régionales ont créé l'organisme fédératif et marcheront, à leur tour, dans la même voie, dès que la confiance des syndicats de leur ressort les y invitera. On a proposé d'organiser la représentation des intérêts agricoles sur la base des Unions régionales qui deviendraient, en fait, des chambres consultatives libres d'agriculture. Cette idée soulève une objection de même nature. Sans doute, les syndicats agricoles sont assez répandus dans toutes les parties de la France pour constituer une représentation spontanée et officieuse des intérêts des populations rurales. Mais pour que les Unions régionales puissent intervenir comme mandataires autorisés des syndicats agricoles, il faudra que chacune d'elles se soit affilié la grande majorité des syndicats de sa circonscription. Nous avons vu que ce résultat est bien loin d'être atteint. Il le sera, d'ailleurs, difficilement : car ce n'est pas seulement l'inertie, l'esprit individualiste, l'amour-propre rebelle aux conseils, qui empêche de nombreux syndicats de s'affilier aux Unions régionales ; il s'y mêle, comme dans toutes choses humaines, des questions personnelles et locales, des préjugés, des passions politiques, et là n'est pas le moindre obstacle que rencontre l'heureux développement de la fédération agricole dans les groupements régionaux.

LES UNIONS DÉPARTEMENTALES ET AUTRES. — Outre l'Union centrale et les Unions régionales, il existe, nous l'avons dit, une troisième catégorie d'Unions de syndicats agricoles : ce sont les Unions départementales et autres petites Unions, de circonscription moins étendue.

Préalablement à la création des Unions régionales, la circonscription départementale fut le premier foyer des Unions secondaires de syndicats agricoles. Dans plusieurs départements, des syndicats plus ou moins nombreux, plus ou moins fortement organisés, se sont constitués en Union départementale. Cette tendance a été surtout marquée pour certains départements qui ne possédaient que de petits syndicats locaux pourvus de faibles moyens d'action ; elle a permis de donner à leur agrégation, par la création d'une Union, la plupart des avantages pratiques acquis aux grands syndicats départementaux qui comptent des milliers de membres.

Dès l'année 1887, se constituaient trois Unions départementales : l'Union des syndicats des agriculteurs de la Drôme, l'Union des syndicats agricoles de la Côte-d'Or et l'Union des syndicats agricoles du Jura. Ces Unions ont subsisté, malgré la création ultérieure d'Unions régionales qui ont englobé dans leur circonscription le département où elles fonctionnent.

L'existence des grandes Unions régionales n'a, d'ailleurs, pas mis obstacle aux groupements départementaux formés entre les syndicats agricoles. Dans bien des cas, la base départementale a paru convenir pour l'établissement d'un lien solide entre les associations, comme pour l'exécution d'un programme susceptible de concentrer leurs efforts.

Les Unions départementales n'ont pas toujours constitué, à l'égard de l'Union régionale de leur ressort, des groupements dissidents ; l'Union du Sud-Est et l'Union de Bourgogne et Franche-Comté en ont patronné plusieurs, estimant que les fédérations intermédiaires ne pouvaient que fortifier l'action syndicale, sans apporter d'entrave à leur propre développement.

Il suffira de passer rapidement en revue les principales Unions départementales ; car elles ne se distinguent guère des Unions régionales que par une vie moins intense, des aspirations et des ressources plus limitées. Le cadre a paru généralement médiocre ; car l'élément de succès, inhérent aux tendances de décentralisation provinciale, lui fait défaut.

L'Union de la Drôme, dirigée, depuis l'origine,

par M. Anatole de Fontgalland, président du Syndicat des agriculteurs de Die, a groupé la majorité des syndicats agricoles de ce département. au nombre de 25. La défense des intérêts économiques et agricoles a fait l'objet de nombreuses délibérations et démarches de l'Union, surtout en ce qui concerne les besoins spéciaux de la sériciculture. Elle a provoqué la création de beaucoup de nouveaux syndicats.

L'Union des syndicats agricoles de la Côte-d'Or, formée à Dijon, se distingue peu de l'Union régionale de Bourgogne et de Franche-Comté et a le même président. L'Union des syndicats agricoles du Jura, qui ne compte que trois syndicats d'arrondissement, s'occupe des intérêts de l'élevage, du régime des fruitières et de l'écoulement de la production fromagère : elle publie un bulletin mensuel. L'Union des syndicats agricoles régionaux de l'Ardèche, présidée par M. Perrin, député, est une transformation de l'ancienne Société ardéchoise d'encouragement à l'agriculture, qui a estimé devoir ainsi fortifier l'action des syndicats du département. Elle subventionne les syndicats, organise des concours, conférences, champs d'expériences, cours de taille et de greffage, encourage l'amélioration des races de bétail. Elle publie un organe mensuel, *l'Avenir agricole de l'Ardèche*. L'Union des syndicats agricoles du Morbihan, présidée par M. Charles Riou, a son siège à Vannes ; elle facilite aux syndicats affiliés leurs achats collectifs et concourt, avec l'Union des syndicats bretons, à répandre l'enseignement agricole dans les écoles primaires.

L'Union des syndicats agricoles de la Loire, présidée par M. A. Roux, s'est fondée pour grouper les petits syndicats communaux qui échappaient à l'action du Syndicat des agriculteurs de France du département de la Loire ; elle s'occupe particulièrement de l'enseignement agricole. L'Union des syndicats agricoles du Doubs, présidée par M. René Caron, s'est aussi substituée à un syndicat départemental peu actif pour prendre la direction du mouvement syndical très intense dans ce département. Les petits syndicats communaux qu'elle a groupés, au nombre d'environ 75, s'attachent, par une conception fort heureuse, à combiner au profit de leurs adhérents les services de l'outillage collectif, de l'assurance du bétail et du crédit agricole. Le bulletin périodique de l'Union publie les cours des diverses denrées ou marchandises, met en garde les syndicats disséminés contre les sollicitations des intermédiaires et les surprises de tous genres, enregistre leurs offres et demandes, les tient au courant du développement des associations similaires, stimule leur vitalité et leur bon fonctionnement. La Coopérative agricole du Doubs et 68 caisses rurales complètent très utilement l'action de ces syndicats.

L'Union des syndicats agricoles de l'Hérault, fondée à Montpellier par la Société départementale d'encouragement à l'agriculture, a pour président M. A. Laurent. Ce groupement a eu pour objet principal l'organisation du crédit agricole : l'Union a créé une société de crédit agricole qui met ses services à la disposition des syndicats affiliés.

L'Union des syndicats agricoles du Pas-de-Calais, présidée par M. Georges Graux, député, président du Syndicat agricole de l'arrondissement de Saint-Pol, a son siège à Arras et son but statutaire est de « propager parmi les syndicats unis les caisses de crédit agricole, les assurances agricoles et, en général, toutes les œuvres de prévoyance agricole ». Elle se propose aussi d'organiser la participation des syndicats aux adjudications publiques et d'assurer à l'agriculture un utile instrument de crédit par la pratique des warrants agricoles. L'Union des syndicats agricoles de la Sarthe, présidée par M. de Sarrauton, président du Syndicat agricole du canton de Bonnétable, a étudié et propagé un bon système d'assurance du bétail par la mutualité fonctionnant à deux degrés. L'Union des syndicats agricoles de la Mayenne a son siège à Laval et groupe une quinzaine de petits syndicats.

L'Union des syndicats agricoles des Alpes-Maritimes, fondée avec le concours très actif de la Banque populaire de Menton et du professeur départemental d'agriculture, M. Belle, est présidée par M. Victor de Cessole. Elle a rapidement recueilli les adhésions de 38 syndicats. Elle publie un bulletin mensuel très pratiquement rédigé et se propose d'encourager et aider les nombreux syndicats du département dans l'organisation du crédit agricole, de l'enseignement professionnel, des assurances agricoles, de la coopération de production et de consommation, de l'assistance mutuelle, etc., notamment en leur fournissant des statuts modèles; elle a activement coopéré à l'organisation de la Caisse régionale de crédit agricole des Alpes-Maritimes établie à Menton.

Nous pouvons encore citer, parmi les Unions départementales, l'Union des syndicats agricoles des Hautes-Alpes, à Gap, l'Union des syndicats agricoles communaux de la Haute-Saône, groupant 63 syndicats, auprès desquels sont placées 42 caisses rurales, l'Union des syndicats agricoles de Saône-et-Loire, l'Union des syndicats agricoles de Seine-et-Oise, le Syndicat général des comices et syndicats agricoles de la Charente-Inférieure, qui est, en fait, une Union départementale de syndicats, etc.

Nous avons enfin, pour compléter le tableau de la fédération agricole, à signaler quelques petites Unions constituées en dehors du cadre départemental; les unes sont tout à fait locales, les autres affectent une circonscription plus étendue et délimitée parfois d'une façon un peu vague.

On peut considérer comme un type d'Union restreinte, l'Union Beaujolaise des syndicats agricoles, dont le siège est à Villefranche-sur-Saône (Rhône). Elle s'est créée dès l'année 1888 entre quatre syndicats (1), englobant le territoire du Beaujolais, soit une partie de l'arrondissement de

---

1 Ces quatre syndicats sont ceux de Belleville-sur-Saône, du Bois d'Oingt, du Haut-Beaujolais et des cantons de Villefranche et d'Anse. Réunis, ils réalisent un chiffre annuel d'affaires supérieur à 800 000 francs.

Villefranche. Ces quatre syndicats se placent, pour leur activité et le nombre de leurs adhérents, à la tête des syndicats agricoles cantonaux ou inter-cantonaux ; ils réunissent ensemble environ 8 000 membres qui forment l'effectif de l'Union Beaujolaise.

L'Union, présidée par M. Émile Duport, a joué un rôle considérable dans la reconstitution des vignobles du Beaujolais, facilitant aux syndicats unis l'achat des bois de greffage et de toutes les marchandises nécessaires à la viticulture. Elle a tenté d'améliorer la vente des vins du Beaujolais par l'ouverture de marchés aux vins qui n'ont malheureusement pas fourni les résultats espérés. Par ses conférences, ses concours, ses enquêtes, etc., elle a guidé la culture locale dans la voie du progrès en lui communiquant la plus féconde impulsion. Cette œuvre professionnelle, si complète qu'elle peut être proposée comme modèle, n'a pas été obtenue au préjudice des services de l'ordre économique et social : car, grâce à la propagande de l'Union, tous les syndicats du Beaujolais ont organisé au profit de leurs adhérents le crédit agricole, l'enseignement agricole, l'assurance contre la mortalité du bétail et contre les accidents, une caisse d'aide mutuelle, une bibliothèque, un tribunal arbitral et un comité de jurisprudence. L'Union publie un bulletin mensuel dont une partie de la rédaction est commune aux quatre syndicats unis et l'autre demeure spéciale à chacun d'eux.

Il faut encore citer l'Union des syndicats agricoles de l'arrondissement de Lorient, dont le siège est à Hennebont, l'Union des syndicats agricoles du Comtat, à Carpentras, qui a organisé l'exportation des primeurs de la région et travaille à étendre les bienfaits de l'irrigation au profit des producteurs agricoles, l'Union poitevine des syndicats agricoles, petit groupement dont le siège est à Poitiers, l'Union des syndicats agricoles des Alpes dauphinoises, comprenant quelques syndicats de l'Isère et des Hautes-Alpes et présidée par M. l'abbé Barret, à Quet-en-Beaumont, l'Union des syndicats agricoles de Lorraine, à Verdun, qui groupe de nombreux petits syndicats locaux du département de la Meuse, l'Union des syndicats agricoles des Dombes, dans le département de l'Ain, l'Union des syndicats agricoles de l'arrondissement de Guingamp, etc.

CHAPITRE IV

La plupart des syndicats agricoles groupent les
cultivateurs de leur circonscription et s'efforcent,
autant que le leur permettent les moyens d'action
dont ils disposent, de donner satisfaction à l'ensemble des besoins professionnels de la collectivité.
C'est pour cette raison que leur œuvre apparaît si
complexe et si variée. Mais pour prendre une connaissance exacte du mouvement syndical agricole,
il est nécessaire d'étudier à part certains groupements de caractère bien déterminé, qui se distinguent nettement des autres. Tantôt, c'est une
application particulière de l'idée d'association professionnelle agricole qui leur a donné naissance,
tantôt c'est dans leur base, leur recrutement, leurs
tendances, qu'il faut chercher le trait distinctif par
lequel ils se séparent de la masse des associations.

Il existe aussi quelques syndicats généraux,
fonctionnant pour la France entière, dont le rôle
est trop important pour n'être pas mentionné.

Nous allons essayer de présenter un classement

de ces diverses associations, qui forment des types un peu exceptionnels dans l'ensemble du mouvement que nous étudions.

Nous passerons d'abord en revue les syndicats généraux.

Les syndicats généraux. — Le Syndicat central des agriculteurs de France, fondé en 1886, comme l'Union centrale, sous le patronage de la Société des agriculteurs de France, a pour objet principal de rendre, non seulement à ses adhérents individuels, mais aussi aux membres des syndicats unis, les services d'ordre matériel que l'Union, ne possédant pas la personnalité civile, était, par là même, impuissante à leur offrir. Dans ce but, il a établi, à Paris, un office de renseignement et d'entremise qui se charge, sans responsabilité : 1° de favoriser la vente des produits agricoles ; 2° de centraliser les demandes d'achat de machines, engrais, semences, etc., émanant soit des membres du Syndicat central, soit des membres des syndicats unis, de manière à les faire profiter des remises concédées par les fournisseurs, en raison de l'importance des commandes. — L'expérience démontre, en effet, que la concentration des commandes, poussée à ses extrêmes limites, permet de procurer aux agriculteurs des rabais supérieurs à ceux qu'ils pourraient obtenir par l'entremise de leurs syndicats locaux. Le syndicat central ne prélève, dans ces négociations, qu'une commission destinée à le couvrir de ses frais généraux.

Le Syndicat central, dont le siège est à Paris,

19, rue Louis-le-Grand, possède aujourd'hui
10 110 adhérents, répartis dans toute la France. Il
est présidé par M. Charles Welche, ancien ministre, et a pour directeur M. Ch. Brillaud-Laujar-
dière. Son office comporte les six services suivants :
engrais, génie rural, semences, produits divers,
bétail et librairie agricole. En ce qui concerne les
fournitures de matières premières et marchandises
nécessaires à l'exploitation du sol, les opérations
du Syndicat central sont très considérables. Il a
moins bien réussi dans la tâche difficile qu'il s'était
proposée de favoriser la vente des produits agricoles
en leur ouvrant de nouveaux débouchés et en rapprochant le producteur du consommateur pour les
ventes amiables directes sur échantillon. Cependant, par suite de la publicité qu'il a créée et du
mouvement d'échanges qu'il a su organiser dans sa
clientèle, il parvient à trouver le placement de
quantités assez importantes de semences et plants,
vins, cidres, fruits, fourrages, pailles, bois de
chauffage, etc. Il a aussi organisé un service spécial
pour la vente des animaux gras sur le marché de
la Villette, qui fonctionne depuis l'année 1886. Le
bétail expédié par les clients du Syndicat central
est vendu, sous le contrôle d'un de ses employés,
par un commissionnaire attitré : l'expéditeur bénéficie d'une surveillance rigoureuse des transactions,
de la réduction des frais de vente au minimum et
d'une sécurité absolue dans les envois de fonds.

Depuis 1886, année de sa création, jusqu'au
1er janvier 1900, le Syndicat central a réalisé un

chiffre global d'affaires de plus de 64 millions de francs. Pour l'exercice 1899 seul, l'importance de ses opérations a atteint environ 6 millions (1). Le taux des prélèvements nécessaires pour rémunérer un nombreux personnel d'employés et faire face à tous les frais généraux a été maintenu inférieur à 2 p. 100. En vue d'assurer la parfaite sécurité de son fonctionnement, il s'est constitué une réserve qui, à la fin de l'année 1899, atteignait le chiffre de 279175 francs, compris le fonds de roulement.

Le Syndicat central publie un bulletin bi-hebdomadaire qui fait connaître à ses adhérents le prix des marchandises nécessaires à l'exploitation agricole dans les diverses régions de la France et présente un précieux ensemble de renseignements pratiques.

En dehors de ses services de vente, il a organisé un laboratoire d'essai de semences et un bureau de placement gratuit pour le personnel agricole. En outre, dès que le développement de ses opérations lui a permis d'envisager sans crainte l'avenir de son œuvre, il a voulu se conformer à ses statuts en élargissant ses services. Réalisant peu à peu un programme soigneusement étudié, il emploie ses ressources à des créations d'ordre divers dont il assume tous les frais. C'est ainsi qu'il a constitué un comité de jurisconsultes fournissant gratuitement des consultations sur les questions de droit rural qui lui sont soumises.

1) Ces chiffres comprennent les ventes de produits agricoles ; elles se sont élevées à 765 000 francs, en 1899, et, depuis l'origine, à environ 9 650 000 francs.

Il s'est attaché, à titre de conseil technique, une des plus hautes personnalités de la science agronomique, M. Dehérain, membre de l'Académie des sciences ; un comité de savants et d'agronomes, formé sous la présidence de celui-ci, est chargé de fournir des consultations en matière de pratique agricole.

Le Syndicat central a entrepris dans toute la France, avec le concours d'adhérents de bonne volonté, et en leur fournissant gratuitement les engrais et semences, des expériences destinées à faire ressortir quels sont les fertilisants les mieux appropriés aux divers sols et quelles sont, parmi les semences encore peu connues, les variétés les plus avantageuses à cultiver.

Il fait œuvre de vulgarisation en insérant, dans son bulletin, des études techniques dues aux plumes les plus autorisées ; il a commencé la publication d'une série de brochures rédigées par M. Dehérain et ayant pour objet d'enseigner les meilleurs procédés de culture.

Enfin le Syndicat central fournit tous les renseignements et avis utiles pour la création des syndicats locaux : un grand nombre se sont organisés avec son concours.

Tout autre est le rôle du Syndicat économique agricole de France, fondé et présidé par M. Kergall, directeur du journal *la Démocratie rurale*. Ce syndicat ne s'occupe ni d'achats, ni de ventes, ne traite aucun marché ; il se contente de mener en faveur des mesures économiques que peut exiger l'intérêt de l'agriculture une active propagande, de formuler des programmes de revendications et de préparer leur succès en battant le rappel des contingents ruraux pour soutenir énergiquement, devant l'opinion et devant les pouvoirs publics, les droits et les besoins de la démocratie des campagnes. En communion d'idées avec l'ensemble de nos syndicats agricoles, dont son bureau et sa chambre syndicale comptent beaucoup de présidents ou de personnalités éminentes, il organise l'action, d'une façon méthodique et graduelle, pour faire prévaloir, les unes après les autres, les réformes reconnues les plus urgentes. Sans porter ombrage à aucune autre association, il s'est fait ainsi une place à part dans le groupement syndical et rend à l'agriculture d'incontestables services.

Le Syndicat économique agricole, créé en 1889, a pour circonscription la France entière et a son siège à Paris (30, rue de Provence) ; il recrute ses adhérents parmi les membres les plus actifs des syndicats des départements.

La propagande du Syndicat économique agricole s'exerce sous les formes les plus variées : distribution d'imprimés, journaux, almanachs et brochures, réunions et conférences publiques, envoi de circulaires et formules de pétitions, vœux et délibérations aux associations et aux corps représentatifs, etc.

« L'exemple d'une nation voisine, disait une des premières circulaires du syndicat, nous a montré deux choses : la première, c'est que les grands mouvements d'opinion ne se produisent pas tout seuls ; la seconde, c'est comment l'action d'un groupe, même petit, d'hommes résolus arrive à les produire. Il n'est peut-être pas une seule grande réforme anglaise qui n'ait été précédée d'une campagne d'agitation pacifique et légale dans le pays, campagne de presse, campagne de conférences et de discours surtout, qui, après avoir éclairé l'opinion, a fini par l'entraîner et lui faire briser tous les obstacles. A plus forte raison, des campagnes de ce genre sont-elles assurées du succès dans notre pays où tout citoyen dispose de la sanction souveraine du bulletin de vote. »

Ces lignes font très clairement comprendre la raison d'être, le but et l'action du Syndicat économique agricole. Les besoins de l'agriculture étant déterminés par les associations qui la représentent, ce syndicat intervient pour leur conquérir la sympathie, l'appui moral de l'opinion publique, afin que satisfaction leur soit donnée par le Parlement ou les administrations compétentes. Il stimule aussi l'ardeur des intéressés pour la poursuite des revendications agricoles, leur démontre que le succès final dépend de leur énergie, de leur entente, de leur esprit de discipline. Comme initiateur, vulgarisateur d'idées, organisateur de l'action collective, il remplit un rôle précieux, à l'avant-garde des forces de la Fédération agricole.

L'activité du Syndicat économique agricole s'est

manifestée, dans la sphère qu'il a choisie, par de nombreuses et brillantes campagnes.

A la veille du renouvellement de la Chambre des députés, en 1889, un programme des revendications agricoles, visant la revision du tarif général des douanes, la réduction des charges fiscales qui pèsent sur les agriculteurs au niveau de celles qui sont imposées aux autres catégories de contribuables, l'abaissement des tarifs de transport, le maintien et le développement de la loi sur les syndicats professionnels, etc., avait été discuté et voté par le congrès des syndicats agricoles réuni à Paris, puis adopté par l'assemblée générale de la Société des agriculteurs de France.

Le Syndicat économique agricole eut l'idée hardie de soumettre à tous les candidats à la députation ce programme, présenté comme l'expression des besoins et des vœux de l'agriculture française tout entière, et de les inviter par lettre à y adhérer s'ils voulaient obtenir les suffrages des cultivateurs. La plupart des candidats répondirent à cette mise en demeure en contresignant le programme agricole : il en résulta que, dans la Chambre élue en 1889, plus de 300 députés, c'est-à-dire la majorité, s'étaient formellement engagés par avance à défendre l'agriculture comme elle entendait être défendue.

Telle a été l'origine de la formation du groupe agricole de la Chambre, composé de députés de tous les partis unis, malgré leurs dissentiments politiques, pour rechercher les moyens de donner satisfaction aux intérêts de l'agriculture. Il est intéressant de rappeler que ce groupe se constitua, en dehors de la Chambre, dans une réunion tenue à l'hôtel Continental, sur la convocation et sous la présidence de M. Kergall.

Pareille initiative fut prise lors des renouvellements de la Chambre des députés en 1893 et 1898. Voici comment le Syndicat économique agricole résumait en quelques points principaux les cahiers de l'agriculture française dans le programme agricole de 1898 :

« 1° Maintien du tarif des douanes ;

« 2° Compléter le dégrèvement de 25 millions qui vient d'être voté jusqu'à extinction du principal de l'impôt sur la terre, par l'application du produit de la conversion ;

« 3° Suppression de l'impôt sur les boissons hygiéniques, et des droits d'octroi sur les objets d'alimentation ;

« 4° Représentation de l'agriculture. — Constitution du corps électoral dans des conditions analogues à celles établies pour la représentation du commerce et de l'industrie ;

« 5° Organisation de l'assistance dans les campagnes avec le concours des associations professionnelles, et réforme des lois et règlements administratifs qui entravent l'action de l'initiative privée ;

« 6° Abrogation des dispositions législatives qui entravent la création des sociétés coopératives, des caisses agricoles d'assurances, de crédit, de retraites, de secours mutuels, etc. ; et vote de la loi coopérative ;

« 7° Modification des programmes d'enseignement des écoles rurales, afin de donner aux enfants des campagnes des notions, à la fois théoriques et pratiques, d'agriculture ;

« 8° Réglementation du droit d'initiative parlementaire de façon à enrayer les abus de propositions de dépenses ;

« 9° *S'opposer à l'introduction dans nos lois de tout système d'impôt progressif ou dégressif, quelle que soit la forme sous laquelle il se présente et quel que soit l'impôt pour lequel on cherche à l'introduire ;*

« 10° Entrer résolument dans la voie de la décentralisation administrative ; à cette fin, provoquer et voter toutes mesures de nature, soit à développer l'autonomie des conseils municipaux et généraux, soit à favoriser l'action féconde de l'initiative privée. »

Le Syndicat économique agricole ne s'est pas contenté de formuler les revendications rurales dans des programmes présentés à l'adhésion des candidats au Parlement. Afin de les faire définitivement aboutir, il a entrepris des campagnes d'opinion qu'il a conduites avec une rare vigueur. Ainsi, pour obtenir la réduction des charges fiscales, pesant sur les agriculteurs, au niveau de celles qui sont imposées aux autres catégories de contribuables, les associations rurales s'étaient accordées à réclamer la suppression du principal de l'impôt oncier sur les propriétés non bâties : le Syndicat économique agricole se fit l'organisateur d'une agitation légale destinée à rendre cette réforme populaire. La polémique fut menée par son journal hebdomadaire, *la Démocratie rurale*, et son *Almanach de la Démocratie rurale*, tiré chaque année à plus d'un million d'exemplaires, ainsi que par la publication de brochures spéciales largement répandues; dans le même temps, de nombreuses réunions publiques, organisées à travers la France par les associations agricoles, fournissaient à M. Kergall, ainsi qu'aux deux vice-présidents du syndicat, MM. Flourens et le vicomte Charles de Lorgeril, députés, l'occasion de soutenir éloquemment la cause du dégrèvement de la terre devant les cultivateurs invités à la prendre en main comme leur propre cause. Une pétition réclamant la suppression du principal de l'impôt foncier sur la propriété non bâtie recueillit rapidement un million de signatures. 10 000 municipalités rurales votèrent une délibération analogue, tandis que 38 conseils généraux s'associaient à cette revendication et qu'une proposition de loi destinée à la réaliser réunissait les signatures de 215 députés. Les fruits de ce mouvement d'opinion, si habilement provoqué, ont été le premier dégrèvement, d'environ 16 millions, et le second, de 25 millions, apportés à l'impôt foncier par les lois du 10 août 1890 et du 21 juillet 1897.

D'autres campagnes ont suivi, conduites avec une égale énergie, notamment pour obtenir la réduction des tarifs de transport par voie ferrée en faveur des produits du sol et des marchandises nécessaires à son exploitation, pour combattre le projet d'impôt progressif sur le revenu et l'introduction de la progressivité dans l'impôt successoral, pour supprimer l'initiative parlementaire en matière de dépenses publiques (1), pour établir des rapports d'affaires entre les syndicats agricoles et les sociétés coopératives de consommation, etc.

Le Syndicat économique agricole ne se contente pas de régler l'action des forces rurales dans les rapports de l'agriculture avec les pouvoirs publics; il a encore pris à tâche de constituer une ligue de défense sociale opposée à la propagande socialiste-collectiviste dans les campagnes. Le journal *la Démocratie rurale* s'emploie vaillamment à combattre ce bon combat; l'*Almanach de la Démocratie rurale* s'applique à réfuter les menteuses promesses que les congrès socialistes adressent aux paysans, à leur démontrer que c'est l'association professionnelle, le syndicat agricole, qui leur apporte, en ce qui les concerne, la véritable solution pratique de la question sociale. M. Kergall poursuit même, sur le terrain solide de l'organisation de la vie à bon marché par le contact direct du producteur et du consommateur, le principe d'une entente permanente entre les syndicats agricoles et les syndicats ouvriers de l'industrie, ces deux moitiés de la démocratie française, qui, réalisée, assurerait mieux que tout autre mode d'action la défaite du

---

1 M. Kergall a fondé, à cet effet, la « Fédération des contribuables », présidée par M. de Marcère, sénateur.

socialisme et la pacification nationale. Sur son initiative, a été organisée, pour fortifier cette entente, la commission mixte des syndicats agricoles et sociétés coopératives de consommation, qui siège à Paris, 30, rue de Provence.

Le programme anti-socialiste du Syndicat économique agricole consiste à prendre le contrepied du courant socialiste. Aux doctrines socialistes de la suppression de la propriété, de l'intervention abusive de l'État, de la centralisation à outrance, de la guerre des classes, de l'élimination de la bourgeoisie, il oppose les solutions contraires : l'extension de la propriété, l'action de l'État réduite au minimum, la décentralisation, l'union des classes, la bourgeoisie formant l'état-major des associations libres. Il entend surtout réfuter les théories collectivistes par les faits, prouver le mouvement en marchant lui-même. C'est pourquoi il recommande l'action par l'association libre et sous les formes les plus variées : coopération, crédit populaire, syndicats, mutualité, assurances, etc.

Rappelons enfin que M. Kergall a eu le mérite de trouver l'heureuse formule qui est devenue la devise des syndicats agricoles, « l'Union pour la vie », et que M. Paul Deschanel, dans son discours sur le socialisme agraire prononcé le 10 juillet 1897, en réponse à M. Jaurès, a éloquemment paraphrasée dans les termes suivants :

« A la formule aride de l'ancienne économie politique, « la lutte pour la vie », à la formule odieuse qu'on est venu apporter à cette tribune, « la guerre des classes », l'association libre répond : « l'union pour la vie » (1).

En 1895, le gouvernement reconnut l'importance du Syndicat économique agricole de France en appelant M. Kergall à faire partie de la commission extra-parlementaire chargée de préparer la réforme de l'impôt sur les revenus.

Le Syndicat pomologique de France s'est fondé, en 1891, à Rennes (3 rue de Bordeaux). Il avait d'abord adopté le titre de « Syndicat pomologique de l'Ouest », qu'il a abandonné pour une dénomination plus générale, par cette considération que l'industrie du cidre et de ses dérivés ne se localise plus à nos provinces de l'Ouest, mais qu'elle intéresse 65 départements où l'on plante le pommier à cidre. Il est ouvert à tous propriétaires, fermiers, colons, ouvriers agricoles, jardiniers, pépiniéristes, industriels, commerçants, constructeurs, etc., à toutes personnes, en un mot, s'occupant de la culture des arbres fruitiers, de la fabrication des liquides en dérivant, de la construction de machines ou instruments nécessaires à cette culture, enfin de tout ce qui concerne l'industrie et le commerce cidriers. Le Syndicat pomologique a pour objet l'étude et la vulgarisation des progrès techniques

(1) Depuis 1890, *la Démocratie rurale* porte sur sa manchette le cliché suivant : « Les économistes disent : *La Lutte pour la vie;* les collectivistes disent : *La Guerre des classes ;* nous disons : *L'Union pour la vie* »

et améliorations pratiques relatifs à la culture et la protection des arbres, à la fabrication des cidres, poirés et eaux-de-vie ; il distribue gratuitement à ses membres des greffons des variétés de pommiers les plus estimables, recherche des débouchés, organise des concours et congrès pomologiques, défend les intérêts économiques de cette importante branche de la production agricole.

Il a pour président M. Paul Le Breton, ancien sénateur de la Mayenne, et pour secrétaire général M. Boby de la Chapelle, ancien préfet, à Saint-Servan. Lorsque le syndicat compte 50 adhérents dans un département, il y établit une section départementale administrée par un bureau spécial. Les sections d'Ille-et-Vilaine, du Morbihan, de la Somme, des Côtes-du-Nord, de Maine-et-Loire, de la Sarthe, du Finistère et de l'Aisne ont été ainsi constituées. Chaque année, le syndicat organise un concours général de fruits de pressoir, fruits de table, cidres, poirés, eaux-de-vie, arbres, et une exposition d'instruments agricoles, ainsi qu'un congrès pomologique, dans l'un des départements où il possède une section. Ces expositions et ces congrès donnent une vive impulsion aux progrès de la tenue des vergers et de la fabrication du cidre, et l'on peut affirmer que l'amélioration des débouchés de l'industrie cidricole résultera, tôt ou tard, de l'excellente doctrine et pratique pomologiques répandues par le syndicat. Celui-ci a pour organe le journal trimestriel, *la Pomologie agricole*.

On appréciera l'intérêt des travaux du syndicat par le programme suivant des questions mises à l'ordre du jour du Congrès pomologique de Vervins (5, 6, 7 et 8 octobre 1899) :

A. — Culture des arbres à cidre et à poiré. — Choix des sujets. — Pépinières. — Plantation. — Engrais. — Greffage. — Soins à donner. — Choix des variétés. — Espèces à recommander dans chaque région.

B. — Maladies et ennemis des arbres à cidre. — Remèdes et moyens efficaces pour les combattre et les détruire. — Protection des oiseaux insectivores.

C. — Récolte, conservation, emballage et transport des fruits. — Précautions à prendre. — Dessiccation.

D. — Fabrication du cidre. — Moûts. — Filtrage. — Levures. — Fermentation. — Entretien et avinage des fûts. — Soutirage. — Dosage du cidre fermenté. — Conservation du cidre. — Ses maladies. — Sucre. — Tanin. — Acidité. — Alcool. — Distillation.

E. — Rôle du syndicat auprès des consommateurs, des coopératives et des sociétés d'alimentation, pour la vente des fruits, cidres, poirés, eaux-de-vie. — Achats, etc.

F. — Cidreries. — Aménagement. — Matériel. — Appareils et instruments. — Citernes, etc.

Le Syndicat général des sériciculteurs de France, qui a son siège à Avignon (92, rue Joseph-Vernet), centre des départements séricicoles, s'est fondé en 1887. Il admet comme adhérents les propriétaires et cultivateurs de la région intéressée, élevant ou pouvant élever des vers à soie, et toutes personnes exerçant des professions connexes, telles que graineurs, mouliniers, filateurs, courtiers en cocons ou en soie, etc. Les sociétés d'agriculture, comices, syndicats agricoles, etc., peuvent s'inscrire comme membres fondateurs ou donateurs. Le syndicat a pour objet l'étude et la défense des intérêts séricicoles, et « spécialement le relèvement du prix des cocons indigènes dans des conditions qui permettent la reprise de l'élevage des vers à soie, que la baisse excessive des prix tend à faire disparaître ». Son action intéresse une vingtaine de départements. Le Syndicat général des sériciculteurs de France est présidé par M. Bérenger, sénateur, et placé sous le patronage des députés et sénateurs de la région séricicole. Il a mené une active propagande, par pétitionnement, réunions publiques, etc., pour soutenir, dans la discussion du tarif des douanes, les intérêts de la production des cocons indigènes contre les prétentions de l'industrie lyonnaise. S'il n'a pas obtenu gain de cause quant aux droits de douane, le régime des primes accordées à la production des cocons indigènes par les lois des 11 janvier 1892 et 9 avril 1898 est dû, pour une large part, à l'agitation légale entretenue par le syndicat.

La sériciculture possède aussi un syndicat général des graineurs de France, également établi à Avignon, et présidé par M. Maurice Faure, député.

On trouve encore un certain nombre de syndicats généraux, plus ou moins importants, plus ou moins actifs, qui groupent, dans un intérêt limitativement déterminé, des producteurs agricoles disséminés sur divers points du pays. Ces grands syndicats ont leur siège à Paris. Il suffira de mentionner le Syndicat général des bouilleurs de cru et des producteurs d'alcool naturel (3, rue de Bourgogne), présidé par M. Albert Christophle, député de l'Orne ; le Syndicat des distillateurs agricoles ; le Syndicat des éleveurs de Durham français, présidé par M. L. de Clercq, ancien député ; le Syndicat des éleveurs de chevaux en France (8, rue d'Athènes), présidé par M. le comte de Juigné ; le Syndicat des propriétaires forestiers de France (19, rue Louis-le-Grand); le Syndicat central des forestiers et des sylviculteurs de France et des colonies (10, rue Cauchois) ; le Syndicat agricole des colons français en Tunisie (19, rue Louis-le-Grand), présidé par M. Georges Picot, secrétaire perpétuel de l'Académie des sciences morales et politiques; le Syndicat central des horticulteurs de France ; la Chambre syndicale centrale des horticulteurs de France (20, rue Chalgrin) ; le Syndicat des primeuristes français ; le Syndicat des producteurs de graines de betteraves de France, etc.

Les syndicats locaux a objet spécial. — Bon nombre de syndicats agricoles doivent être envisagés à part, en raison de l'application spéciale qu'ils ont faite du groupement professionnel à un besoin quelconque des populations agricoles de leur circonscription. Ces syndicats locaux, négligeant les services d'ordre général, visent uniquement un objet restreint, une production déterminée, qui est d'intérêt capital pour leurs sociétaires.

Les syndicats viticoles forment une importante catégorie de syndicats spéciaux. Sans doute un très grand nombre de syndicats sont en même temps agricoles et viticoles ; mais il en existe beaucoup qui sont purement viticoles : ils se sont créés pour faciliter à leurs adhérents la reconstitution des vignobles et la défense de la vigne contre les parasites et les maladies. Nous examinerons plus loin leurs procédés. D'autres syndicats de viticulteurs ont pour but de réprimer la concurrence des vins falsifiés et de rechercher des débouchés au profit de la production locale.

L'horticulture, la production des fruits, fleurs et légumes, l'arboriculture pépiniériste, ont leurs syndicats spéciaux d'horticulteurs, maraîchers, fleuristes et pépiniéristes : ces syndicats horticoles, très répandus dans la banlieue des grandes villes et dans toutes les régions de production des primeurs, pratiquent souvent l'achat collectif des marchandises nécessaires à la culture de leurs adhérents : mais ils s'occupent plus généralement de la défense de leurs intérêts économiques, de la vente des produits, de la recherche des débouchés, de l'abaissement des tarifs de transport, du régime des halles et marchés, etc. L'horticulture formant une branche de l'agriculture générale ou de l'exploitation du sol, les syndicats horticoles appartiennent évidemment au mouvement syndical agricole : ils se sont d'ailleurs constitués à l'exemple des syndicats agricoles, et plusieurs se sont affiliés à leurs Unions. C'est pourquoi on s'explique mal que l'*Annuaire des syndicats professionnels*, publié par le ministère du commerce, ne les fasse pas figurer sur la statistique des syndicats agricoles, mais les comprenne parmi les syndicats industriels et commerciaux en les classant comme patronaux, ouvriers ou mixtes, selon les cas. Au concours entre les syndicats agricoles qui eut lieu, en 1897, au Musée social, des prix ou médailles furent décernés à trois syndicats horticoles, l'Association professionnelle de Saint-Fiacre, à Paris, le Syndicat professionnel mixte des jardiniers de Nantes et le Syndicat horticole de Seine-et-Oise, à Versailles.

L'Association professionnelle de Saint-Fiacre de Paris (34, rue de la Montagne-Sainte-Geneviève), mérite d'être mentionnée comme type des services que peut rendre un syndicat horticole à ses adhérents. Ce syndicat spécial d'horticulteurs et jardiniers de Paris et de sa banlieue s'est donné pour but de reconstituer, autant que le permettent les transformations sociales, l'ancienne et puissante corporation des jardiniers de Paris. Essentiellement mixte, il compte environ 2000 membres, propriétaires, patrons-horticulteurs, jardiniers, ouvriers-jardiniers et apprentis. Son président est M. Paul Blanchemain, vice-président de la Société des agriculteurs de France. Il a organisé douze sections dans la banlieue de Paris. Il possède un office

commercial qui a traité avec un certain nombre de
fournisseurs et obtenu d'eux au profit des syndiqués
une remise sur les prix ordinaires. Pour en profiter,
ceux-ci font individuellement leurs achats au
comptant, retirent une facture à leur nom et
l'envoient au secrétariat du syndicat qui encaisse
la remise. Un service des assurances a été aussi
organisé. Mais l'enseignement et l'action sociale du
syndicat ont surtout de l'importance.

Par ses conférences et ses cours donnés soit au
siège social, soit dans les sections, ses concours
et examens, son bulletin périodique, il réalise un
véritable enseignement horticole théorique et
pratique. Il possède à son siège social, la « Maison
des jardiniers », une bibliothèque horticole très
complète. Il a depuis longtemps établi, pour l'usage
de ses membres, un bureau de placement gratuit
qui place, chaque année, un nombre considérable
de jardiniers et garçons jardiniers chez des propriétaires ou chez des horticulteurs (264 placements en 1896). L'association fournit à ses
membres des renseignements et conseils sur les
questions contentieuses ; elle s'interpose pour
régler par voie d'arbitrage les difficultés pendantes
entre les propriétaires ou patrons et les jardiniers
ou ouvriers, s'employant ainsi à maintenir la
concorde dans le monde du travail. Elle s'attache
à développer entre ses membres des rapports de
fraternité et d'aide mutuelle. Ses fêtes patronales
annuelles de Saint-Fiacre, dans lesquelles revivent
quelques-uns des usages de l'antique corporation

des jardiniers de Paris, tels que la présentation du chef-d'œuvre corporatif, sont marquées par la distribution des récompenses de divers concours, concours de bonne tenue des jardins, concours d'instruction professionnelle, prix de moralité et de longs services, etc.

Des syndicats de Saint-Fiacre ou syndicats de jardiniers se sont fondés sur le même modèle dans plusieurs grandes villes, au Mans, à Nantes, Pau, Laval, Angers, Blois, Rennes, etc.

On a donné le nom de « Syndicat d'industrie agricole » à des syndicats formés dans le but spécial de faciliter aux petits cultivateurs l'exécution des travaux agricoles, par l'achat d'instruments ou machines destinés à leur usage exclusif. Nous aurons l'occasion de revenir sur le fonctionnement de ces associations.

Les syndicats d'élevage sont peu nombreux en France et leurs procédés sont encore assez rudimentaires. C'est en étudiant les syndicats d'élevage de la Suisse et de la Belgique qu'on peut apprécier l'heureuse influence de la coopération d'élevage sur l'amélioration des races animales et la vente plus avantageuse des produits.

Les syndicats betteraviers se sont développés dans la région où se cultive la betterave à sucre : ils ont pour objet de grouper les producteurs afin de leur permettre de mieux discuter leurs intérêts avec les fabricants de sucre qui leur achètent leur récolte et, lorsqu'ils ont traité par voie de négociation collective, d'obtenir la stricte exécution des marchés. Dans les départements du nord de la France et en Provence, les syndicats betteraviers ont souvent rendu des services aux planteurs, soit pour la fixation des prix de vente, soit pour le contrôle des livraisons. Ainsi, en 1899, le syndicat de Framerville a vendu à une sucrerie de l'Aisne la récolte de ses adhérents, comportant plus de 200 hectares de betteraves, pour 6 300 000 francs. Parmi les syndicats betteraviers les plus importants on doit mentionner ceux de Framerville, Le Quesnel, Vrély, Hangest-en-Santerre, Bray-sur-Somme, Chaulnes, Gamaches, Woincourt, Acheux, dans le département de la Somme, et ceux du Calaisis, d'Audruick et de Bapaume dans le Pas-de-Calais.

L'industrie laitière offre aussi quelques syndicats spéciaux s'occupant plus ou moins exclusivement de ses intérêts et cherchant même à organiser la vente des produits sur des bases meilleures : tels sont l'Association fromagère vosgienne, à Révillon-Saint-Étienne (Vosges), le Syndicat agricole et laitier de la Villeneuve-en-Chevrie (Seine-et-Oise), le Syndicat des propriétaires laitiers du Nord-Est, à Hirson, la Société syndicale fromagère de Damrémont (Haute-Marne), le Syndicat agricole et fromager de Laguiole (Aveyron), le Syndicat d'industrie laitière de Luz-Saint-Sauveur (Hautes-Pyrénées), etc. Mais les syndicats les plus intéressants de cette branche de la production agricole sont ceux créés entre les institutions coopératives elles-mêmes qui, à titre de personnes morales, peuvent se syndiquer aussi bien que les individus. L'amélioration du régime des fruitières ou fromageries de la Franche-Comté, l'écoulement des fromages de Gruyère et la défense des intérêts économiques des producteurs justifiaient bien la formation de syndicats spéciaux. Le Syndicat des fruitières de Comté et des agriculteurs du Doubs, à Besançon, joue ce rôle, beaucoup moins exclusivement toutefois que le Syndicat des fruitières du Jura fondé, à Salins, par le Syndicat agricole de l'arrondissement de Poligny. Ce syndicat, présidé par M. le marquis de Froissard, est une véritable association professionnelle de fromageries, ayant pour but : 1° de défendre les intérêts communs à tous les producteurs de fromage de Gruyère; 2° de prendre des mesures nécessaires pour la formation et le choix de bons fromagers; 3° de veiller à l'exécution stricte et loyale des marchés conclus avec les acheteurs de fromages qui, en cas de baisse, élèvent trop souvent des difficultés pour éviter de prendre livraison ; 4° d'organiser l'inspection des chalets afin d'éprouver le lait au moyen du lacto-densimètre et du lacto-butyromètre, constater et poursuivre les fraudes, surveiller la fabrication, les soins donnés aux fromages et à la cave, vérifier la comptabilité des fromagers, etc.

Le Syndicat des fruitières du Jura avait groupé 75 fruitières, comptant chacune 30 à 60 sociétaires, qui lui payaient une cotisation annuelle de 2 francs par 1 000 kilogrammes de fromage fabriqué. Il était en mesure de fournir, à des conditions avanta-

geuses, les instruments, ustensiles et produits divers
nécessaires aux fruitières syndiquées. Malheureusement le syndicat a, pour ainsi dire, cessé de
fonctionner, les fruitières n'ayant pas su apprécier
les services qu'il leur rendait en facilitant les ventes
et assurant une plus-value aux produits, en défen-
dant les intérêts communs des producteurs sans
entraver l'administration autonome des fruitières.

Quant aux laiteries ou beurreries coopératives,
elles ont aussi formé divers syndicats dans l'Aisne,
dans la Meuse et surtout dans la région des Charentes. Le plus important est l'Association centrale
des laiteries coopératives des Charentes et du Poitou, fondée en 1893 et présidée par M. Paul Rou-
vier, conseiller général de la Charente-Inférieure ;
il a obtenu l'adhésion de 75 à 80 des laiteries coopératives, remarquablement organisées et outillées,
qui existent, au nombre d'une centaine, dans les
quatre départements des Charentes, des Deux-
Sèvres et de la Vendée.

« L'Association centrale a pour mission, d'après
ses statuts, de s'occuper des intérêts des associations adhérentes, de leur faciliter les relations
industrielles et commerciales, de centraliser tous
les renseignements pouvant leur être utiles, d'ap-
puyer leurs réclamations auprès des pouvoirs
publics ou des grandes administrations publiques
ou privées, de patronner la création d'offices de
renseignements, d'entremise et de surveillance pour
la vente des produits, l'acquisition des machines et
de toutes choses utiles à l'industrie laitière. »

Elle a pris l'initiative d'une campagne de pétitions en vue d'activer le vote de la loi du 16 avril 1897 réprimant la falsification des beurres, pratiquée au moyen de la margarine, qui ruine les producteurs et trompe les consommateurs. Elle poursuit aussi l'abaissement des tarifs de transport, des taxes d'octroi, des frais de vente publique sur les marchés, etc. C'est afin de rechercher des débouchés nouveaux pour le beurre des laiteries adhérentes qu'elle organise leur participation collective aux expositions de produits agricoles, et notamment au concours général agricole de Paris. A diverses reprises, elle a mis à l'étude les moyens pratiques d'exporter en Angleterre les beurres charentais qui, pour la plus forte part, se vendent à la criée des Halles centrales de Paris. Elle a obtenu du ministère de l'agriculture la création d'un service d'inspection technique des laiteries coopératives, confié à un professeur de l'École nationale d'industrie laitière de Mamirolle (Doubs). Enfin elle offre aux laiteries adhérentes les avantages pratiques d'un véritable syndicat professionnel en les faisant bénéficier, facultativement pour elles, de marchés en gros passés pour la fourniture des charbons, calicots d'emballage et autres marchandises nécessaires à leur fabrication.

Parmi les syndicats agricoles ayant pour objet les intérêts de producteurs spéciaux, on trouve encore des syndicats d'apiculteurs, de cultivateurs de chicorée, de cultivateurs herboristes, comme celui

de Milly (Seine-et-Oise) pour la vente des plantes
médicinales, de planteurs de tabac, de producteurs
de câpres, etc.

Une importante série de syndicats spéciaux s'est
servie du groupement professionnel pour organiser
la défense collective des récoltes à l'encontre des
diverses causes de destruction ou de dépréciation.
L'idée très juste qui a présidé à la formation de ces
syndicats est qu'une action commune peut se montrer efficace pour préserver les produits de la culture,
là où les efforts isolés demeureraient impuissants.

Les syndicats de hannetonnage ont pour but
d'exercer une action générale et énergique dans les
communes syndiquées afin d'atténuer, dans la plus
large mesure possible, les dégâts causés par le
hanneton et sa larve, le ver blanc. La cotisation
payée par les membres d'un syndicat de hannetonnage est ordinairement proportionnelle à l'étendue
de leur exploitation ; des subventions obtenues des
conseils généraux, des conseils municipaux et même
des particuliers viennent compléter les ressources
affectées à l'œuvre méthodique de destruction. Le
syndicat reçoit et paie, sur le produit des cotisations, dons et subventions, d'après une base fixée
par le conseil d'administration, tous les hannetons ou vers blancs recueillis dans les communes
syndiquées. Il dirige aussi, aux époques propices,
des équipes d'ouvriers à sa solde pour faire des
recherches sur les terrains infestés. Enfin il prête,
sans indemnité de location, des extirpateurs, herses,

injecteurs, etc., aux cultivateurs et fermiers syndiqués afin de les aider à détruire les vers blancs dans le sol.

On peut citer comme type de ce genre de syndicat le Syndicat de hannetonnage du canton de Château-Gontier (Mayenne), présidé par M. Duboys-Fresney, sénateur, et le Syndicat de hannetonnage de Céaucé (Orne), présidé par M. Albert Christophle, député. Les invasions de hannetons étant triennales, ces associations sont intermittentes et ne fonctionnent guère que tous les trois ans. Elles sont surtout répandues dans les départements de l'Aisne, de l'Oise, de Seine-et-Marne, de l'Orne, de la Mayenne, etc.

Les syndicats de défense des vignes contre les gelées de printemps sont tout à fait du même ordre. Ils ont pour but de grouper les vignerons intéressés pour tenter de combattre le danger auquel les gelées printanières exposent le vignoble, surtout dans certaines régions de l'Est et du Sud-Ouest. Le moyen employé est la production de nuages artificiels, obtenue par l'allumage de foyers Lestout ou par d'autres procédés, lorsque la température vient à s'abaisser, pendant la nuit, de façon inquiétante, dans la période du départ de la végétation. Dans ce cas, on allume, sur divers points du vignoble, des foyers alimentés par des matières combustibles qui dégagent d'épaisses fumées, telles que le brai, le goudron, la naphtaline, etc. Par un temps calme, le nuage compact qui en résulte se maintient longtemps au-dessus des vignes : il intercepte le rayon-

nement nocturne et ménage la transition entre la
température de la nuit et celle des premiers rayons
solaires. Les frais de ce traitement, qui sauve souvent la récolte d'une ruine complète, sont couverts
par une cotisation proportionnelle au nombre
d'hectares de vignes possédé par chaque vigneron.
Il importe à sa réussite que le vignoble soit
aggloméré. Ces syndicats s'étaient beaucoup multipliés dans les départements de Meurthe-et-Moselle,
des Vosges et de la Meuse surtout ; mais ils ont,
pour la plupart, disparu, soit qu'il y ait eu des
échecs, soit que les frais de préservation aient pris
trop d'extension et que le concours des intéressés
ait fait défaut (1).

Le même principe a motivé l'organisation de
quelques syndicats locaux de protection contre les
déprédations et dommages de toute nature causés
aux récoltes, maraudages, dégâts du gibier, etc.;
ces syndicats poursuivent la réparation des
dommages à l'amiable ou, au besoin, par voie
judiciaire (2).

Enfin, relativement aux événements fortuits que
la vigilance humaine est impuissante à conjurer,
l'idée de prévoyance et de mutualité a été la base

(1) On lira avec intérêt dans l'*Annuaire des syndicats agricoles*
de M. Hautefeuille (édition de 1894-1895), le règlement du service
de protection contre la gelée adopté par le Syndicat des propriétaires de vignes de Thiaucourt (Meurthe-et-Moselle) (page 80 des
annexes).

(2) On a essayé de constituer, dans le département de l'Oise,
des syndicats spéciaux pour la destruction des corbeaux, qui rava-
gent les ensemencements.

d'un certain nombre de groupements syndicaux. Tels sont les syndicats de prévoyance contre la mortalité du bétail et les syndicats de prévoyance pour l'organisation de secours et de retraites, que nous retrouverons dans une autre partie de cette étude.

Les syndicats locaux a tendances spéciales. — Nous avons noté que certains syndicats agricoles affectent une base de recrutement ou des tendances qui doivent les faire distinguer dans l'ensemble du mouvement. Un groupe très important par le nombre et la vitalité est celui des syndicats qu'on désigne souvent du nom de « syndicats catholiques », parce qu'ils ont été fondés sous l'inspiration du clergé ou se rattachent à l'Œuvre des Cercles catholiques d'ouvriers. Ces syndicats ne se spécialisent pas dans leur objet, car leurs opérations professionnelles sont à peu près celles de la généralité des syndicats agricoles, mais dans l'esprit qui préside à la direction. Leurs fondateurs se sont efforcés d'organiser le patronage rural et ont fait prédominer le caractère social de l'institution sur son caractère économique. Ces syndicats ne sont pas conçus d'après un type uniforme; mais ils prennent un soin particulier d'établir une solidarité professionnelle effective entre leurs adhérents. Comme tous les syndicats mixtes créés dans le monde industriel par l'Œuvre des Cercles catholiques, ils visent à reconstituer, en le modernisant, l'ancien régime des corporations. Ils ont adopté une commune devise : *Cruce et aratro*, et célèbrent

généralement, à la façon des confréries, une fête
patronale, celle de saint Isidore, laboureur, pour
les syndicats d'agriculteurs, celle de saint Vincent,
vigneron, pour les syndicats viticoles, celle de
saint Fiacre, jardinier, pour les syndicats horticoles : d'autres se placent sous le patronage de saint
Joseph, saint Sébastien, saint Martin ou de Notre-
Dame des Champs. Ils se distinguent par de sérieux
efforts pour faire régner l'union et la fraternité
entre leurs membres, améliorer les rapports entre
patrons et ouvriers, développer le bien-être matériel
et moral par la prévoyance, l'assistance et la coopération. Ils ont organisé des secours mutuels et
des soins médicaux gratuits en cas de maladie.
Beaucoup d'entre eux ont rendu obligatoires l'arbitrage dans les contestations sur les intérêts agricoles, le repos du dimanche, l'assistance aux funérailles des adhérents, etc. Syndicats professionnels
de nature essentiellement mixte, ils reconnaissent
souvent trois catégories de membres, les fondateurs
ou bienfaiteurs, les titulaires qui sont les propriétaires ou chefs d'exploitation, et les simples associés qui comprennent les fils de cultivateurs et les
ouvriers agricoles. Ils se subdivisent ordinairement
en sections communales ou paroissiales.

La plupart des syndicats de ce groupe sont, d'ailleurs, des syndicats communaux ou des syndicats
à circonscription restreinte, à l'exception de quelques grandes associations telles que le Syndicat
agricole d'Anjou, le Syndicat des agriculteurs de la
Manche, le Syndicat agricole Pyrénéen, l'Associa-

tion syndicale des agriculteurs et viticulteurs du Gers, etc. Les syndicats agricoles de ce groupe sont surtout répandus dans les départements du Doubs, de la Haute-Saône, de la Drôme, de la Vienne, de l'Isère, de la Sarthe, de la Mayenne, de l'Orne, des Côtes-du-Nord, du Finistère, du Lot-et-Garonne, de la Meuse, de la Savoie, etc. Le clergé paroissial en a fondé directement un certain nombre, souvent en connexion avec le mouvement des caisses rurales de forme Raiffeisen : on trouve même quelques prêtres à la tête de ces syndicats ou dans leurs bureaux.

M. l'abbé Lemire, député du Nord, a fondé dans l'arrondissement d'Hazebrouck une quarantaine de petites associations professionnelles agricoles communales, qui ne s'occupent pas des intérêts matériels des cultivateurs, mais qui visent à réaliser leur union, leur représentation même, et à constituer un instrument de progrès intellectuel et moral. Ces associations, qui paraissent inspirées par les « Ligues des paysans » de la Belgique, ne s'adressent pas aux grands agriculteurs, mais aux petits propriétaires, fermiers et ouvriers de ferme, qui tirent de la culture leurs moyens d'existence. La cotisation y est uniformément de 25 centimes par an. Les associations tiennent chaque année deux assemblées générales régulières, dans lesquelles sont discutées et votées des pétitions sur toutes les réformes législatives et mesures économiques jugées utiles. Ces pétitions ont pour objet les besoins de l'agriculture en général, le régime douanier, les tarifs de chemin de fer, les mesures de police, les impôts, etc. Un bureau central des associations professionnelles, établi à Hazebrouck, fonctionne à leur égard comme une sorte d'Union de syndicats agricoles; il organise des congrès dans lesquels, outre les revendications économiques, sont traitées les principales questions qui intéressent les populations rurales : représentation de l'agriculture, assurances agricoles, crédit agricole, enseignement agricole, etc. Un almanach spécial publié à Hazebrouck, l'*Almanach des 4 cantons*, est l'organe des associations professionnelles agricoles et les met en relation entre elles.

Un dernier type de syndicat agricole, aux tendances très différentes, sollicite notre attention. Il s'agit des syndicats agricoles purement ouvriers, formés pour débattre les salaires et les conditions du travail avec les patrons ou entrepreneurs de culture qui emploient leurs membres. Ces syndicats ont pris naissance, il y a quelques années, en 1891, parmi les bûcherons de nos départements forestiers du centre de la France et avaient pour but le relèvement des salaires, généralement avilis par suite d'une crise de l'exploitation des bois. Une puissante organisation syndicale ouvrière s'est créée dans les départements du Cher, de la Nièvre et du Loiret. Des grèves de bûcherons en furent la conséquence et elles furent souvent marquées par des atteintes à la liberté du travail, à l'encontre des bûcherons non syndiqués. Mais les circonstances qui avaient motivé ce mouvement ne tardèrent pas à se modifier, les salaires reprirent leur taux normal, et les diverses chambres syndicales de bûcherons et ouvriers agricoles de la région forestière du Centre ont peu fait parler d'elles depuis quelques années ; elles ne se sont pourtant pas dissoutes. La Chambre syndicale des ouvriers bûcherons et travaux similaires du département du Cher, qui compte plusieurs sections locales, a transporté son siège de Meillant à la Bourse du travail de Bourges. Les bûcherons n'ont pas seulement à débattre leurs intérêts avec les marchands de bois qui achètent des coupes à exploiter ; la plupart d'entre eux se livrent aussi, pendant une partie de l'année, aux travaux des champs. L'élévation progressive du prix de la main-d'œuvre agricole qui se produit dans la région, et qui oblige les propriétaires et fermiers à recourir, de plus en plus, à l'emploi des machines pour la moisson, est due, sans aucun doute, au lien fédératif soigneusement entretenu entre ces syndicats ouvriers (1). Dans la Nièvre, les syndicats de bûcherons sont encore plus nombreux ; mais ils ne sont pas fédérés comme dans le Cher. Le « Syndicat des ouvriers agricoles, bûcherons et travaux similaires de la Nièvre », créé en 1898, a son siège à la Bourse du travail de Nevers ; il n'est pas, d'ailleurs, le plus important de

(1) Une intéressante étude sur la « Fédération des bûcherons et travaux similaires du département du Cher », a paru dans l'ouvrage *les Associations professionnelles ouvrières*, publication de l'Office du travail, t. I, p. 286 (Paris, Impr. Nationale, 1899).

ces groupements existant dans le département.

En d'autres parties de la France, surtout dans les départements du Midi et du Sud-Ouest, il s'est formé quelques syndicats d'ouvriers agricoles ou viticoles pour obtenir des patrons ruraux, des améliorations de salaires ou des réductions de la durée du travail, parfois aussi pour protester contre l'emploi des machines agricoles réduisant la main-d'œuvre nécessaire à la moisson. Les départements de l'Aude, de l'Hérault, de la Gironde, de la Côte-d'Or, des Pyrénées-Orientales, etc., comptent quelques syndicats d'ouvriers agricoles ou travailleurs de la terre. D'après la statistique de l'Office du travail, le 31 décembre 1897, ces syndicats étaient au nombre de 13 et possédaient, en bloc, 973 membres. Quant aux syndicats de bûcherons et travaux similaires, l'enquête officielle en avait révélé 38. La Chambre syndicale des travailleurs de terre de la ville de Perpignan, fondée en 1892 et siégeant à la Bourse du travail, avait pour objet de « faire respecter, par tous les moyens légaux, les droits des travailleurs de la terre et d'établir une entente entre ouvriers et propriétaires » ; elle a cessé de fonctionner à la fin de 1898. Il existe aussi, dans la banlieue des villes, un assez grand nombre de syndicats d'ouvriers jardiniers, mais ces syndicats sont ordinairement peu actifs et ne semblent pas se propager. Le parti collectiviste se flattait d'organiser le prolétariat rural pour la guerre des classes en constituant dans chaque commune un syndicat agricole ouvrier qui, d'accord avec le conseil municipal, fixerait le minimum de salaire, tant pour les ouvriers à la journée que pour les loués à l'année (1). Les travailleurs agricoles ne se sont pas, en général, laissé séduire par cette perspective; habitués à débattre librement, et dans un esprit d'équité réciproque, avec les patrons ruraux, les conditions de la main-d'œuvre, ils savent que la grève des travaux des champs ne leur apporterait que la misère : ils préfèrent prendre place dans les syndicats mixtes où la solidarité professionnelle, si puissante chez les agriculteurs, s'efforce de réaliser l'amélioration progressive de leurs conditions d'existence.

Il ne faut cependant pas méconnaître, dans quelques petits syndicats agricoles ou viticoles de la Bourgogne, du Morbihan, de la Corrèze et du midi de la France, organisés en opposition complète d'idées et de tendances avec d'autres syndicats existant dans les mêmes localités (et qui ne sont pas des syndicats ouvriers proprement dits, puisqu'ils font place à la petite propriété), certains éléments socialistes plus ou moins accusés.

Plusieurs poursuivent ouvertement l'accroissement des gages et salaires des domestiques, tâcherons et journaliers occupés aux travaux de la terre, et l'union de ceux-ci avec les travailleurs de l'industrie. Ils n'admettent dans leur sein que les petits propriétaires travaillant eux-mêmes de leurs

---

1) Article 1er du programme du socialisme agraire adopté en 1892 par le Congrès socialiste de Marseille. Voir notre ouvrage, *les Syndicats agricoles et le socialisme agraire*, p. 139 et suiv.

mains et représentent surtout une organisation du prolétariat rural cherchant à s'allier à la petite propriété pour entrer en lutte contre les intérêts de la grande et de la moyenne propriété. L'union que préconisent ces syndicats, dont on peut citer comme type le Syndicat des petits vignerons Tonnerrois et des travailleurs des champs de l'arrondissement de Tonnerre, fondé en 1897, n'est pas l'union professionnelle réalisée entre toutes les catégories du monde agricole; c'est une union de classes prêtes à marcher contre d'autres classes sous la bannière du socialisme agraire. De tels syndicats peuvent créer de grands périls dans les campagnes : le meilleur moyen de faire obstacle à leur développement, c'est, nous ne saurions trop le redire, que nos syndicats agricoles se fassent les propagateurs d'un état économique et social supérieur, au bénéfice de l'ensemble de la population des campagnes.

LIVRE II

LE FONCTIONNEMENT DES SYNDICATS AGRICOLES

Après avoir étudié l'organisation du mouvement syndical agricole, il nous faut rechercher comment fonctionne l'association professionnelle au profit des agriculteurs et passer en revue les services qu'elle leur rend. Ces services peuvent se décomposer en deux catégories bien distinctes :

1° Les services d'ordre matériel rendus à l'exploitation du sol ;

2° Les services économiques et sociaux rendus aux populations rurales.

Les services du premier groupe sont ceux par lesquels l'activité du syndicat agricole s'est manifestée tout d'abord : c'est par eux qu'il a affirmé son efficacité, qu'il a conquis et qu'il maintient la fidélité de ses adhérents.

« Le paysan, a dit M. Georges Bord, est un individualiste invétéré ; les avantages moraux et économiques de l'association lui échappent. Pour l'atteindre, il fallait lui offrir des avantages matériels et palpables. C'est à quoi s'appliquèrent immédiatement les syndicats (1). »

Il est incontestable que le besoin le plus urgent des cultivateurs était de trouver un concours et un appui qui leur permissent de vaincre les difficultés de leur profession. Leur fournir ce concours effectif constituait le meilleur, le seul moyen de faire pénétrer rapidement l'idée syndicale au sein des masses rurales, tandis que les promoteurs des syndicats agricoles n'auraient pas été compris s'ils avaient voulu, de prime abord, leur donner pour objet l'organisation de services d'un ordre supérieur. Les fonctions diverses abordées successivement par les syndicats agricoles, et que nous allons décrire, marqueront bien la gradation que la logique des choses a imposée au développement du rôle de l'association professionnelle.

Les populations agricoles ont des intérêts et des besoins de nature différente. Assurer l'existence du cultivateur, le mettre à même de mieux « gagner sa vie », comme le dit le peuple en son expressif langage, de mieux acheter et de mieux vendre, c'est évidemment le premier service à lui rendre, le service essentiel sans lequel les autres risqueraient d'être médiocrement appréciés. *Primo vivere.*

Puis, le cultivateur demande à être instruit, éclairé, mis au courant des découvertes de la science agronomique et des perfectionnements introduits par l'expérience dans les procédés d'exploitation du

(1) *Le Mouvement syndical et coopératif agricole dans le Sud-Ouest.* Bordeaux, 1896, brochure.

sol. Pour qu'il puisse acheter économiquement les marchandises qui lui sont nécessaires, produire à peu de frais, vendre avantageusement ses produits, il y a beaucoup à lui apprendre, il y a beaucoup à l'aider : c'est un second ordre de services qui se lie étroitement au premier et que l'association professionnelle est bien qualifiée à rendre aux individualités qu'elle groupe.

La sollicitude de l'association doit s'étendre non seulement aux besoins matériels du moment, mais à ceux de l'avenir ; elle doit prévoir et chercher à améliorer les conditions générales dans lesquelles s'exerce la profession. A ce titre, il y a lieu de considérer les rapports de l'agriculture avec les autres professions, avec l'État ou les administrations publiques et enfin avec la production agricole étrangère. Ce rôle économique, qui incombe à l'association professionnelle, dans notre société moderne où tous les intérêts divers se défendent énergiquement et savent au besoin se coaliser, est d'une grande importance : car une profession dont les intérêts économiques n'ont pas reçu satisfaction et ont été sacrifiés à d'autres, ne saurait, malgré des prodiges d'intelligence et d'activité, jouir d'une véritable prospérité dans l'État.

Enfin l'association doit s'élever à une conception plus haute encore : le rapprochement des catégories sociales, l'amélioration du sort des petits poursuivie sans relâche par ceux qui occupent un rang supérieur dans la hiérarchie professionnelle. Elle doit mettre à profit l'union qu'elle organise, au nom des intérêts communs, pour travailler dans sa sphère à rétablir ou à consolider la paix sociale, ce grand *desideratum* de notre époque.

Tel est le cycle des fonctions que spontanément, sans plan préconçu, poussés par cette force latente que possède l'association professionnelle, nous verrons les syndicats agricoles aborder successivement.

SERVICES D'ORDRE MATÉRIEL RENDUS
A L'EXPLOITATION DU SOL

CHAPITRE V

ACHATS EN COMMUN.

C'est par les achats collectifs de marchandises d'utilité professionnelle que les syndicats agricoles ont commencé à fonctionner, et parmi ces marchandises, les engrais commerciaux ont été visés tout d'abord. Nous avons exposé quelle était, à l'époque où fut votée la loi du 21 mars 1884, la situation d'infériorité subie par la moyenne et la petite culture relativement à leurs approvisionnements d'engrais azotés, phosphatés et potassiques, dont l'emploi commençait à se vulgariser, au grand bénéfice du développement de la production. Pratiquer dans de bonnes conditions l'achat de ces substances fertilisantes, c'était pour le cultivateur une affaire de capitale importance ; mais il se trouvait inhabile à la traiter, par suite de son ignorance qui l'exposait à être victime de majorations de prix exagérées et de fraudes dans les livraisons. Les syndicats agricoles, qui ont pris ses intérêts en main, ont résolu le problème avec une merveilleuse simplicité.

Voici comment ils procèdent ordinairement :

Le bureau du syndicat provoque l'envoi des commandes de ses membres par une circulaire ou par un avis publié dans son bulletin périodique : elles doivent être remises à date fixe, et le plus souvent deux fois par an, pour les besoins de la campagne de printemps et pour ceux de la campagne d'automne. On conçoit que, ces commandes étant groupées et totalisées, et ce total monte parfois à plusieurs millions de kilogrammes d'engrais phosphatés, azotés ou potassiques, le syndicat constitue un acheteur très important qui peut traiter aux prix du commerce du gros, car le négoce recherche sa clientèle, et répartir ensuite les marchandises entre ses membres, en majorant légèrement les prix afin de se couvrir de ses frais.

Tel est le principe : dans la pratique, les syndicats agricoles ne procèdent pas tous de façon uniforme. Quelques-uns traitent de gré à gré avec des fournisseurs de leur choix. Beaucoup d'entre eux établissent un concours entre les fournisseurs sous forme d'une sorte d'adjudication au rabais, sur soumissions cachetées, à laquelle participent les marchands qui briguent l'honneur et le profit de les servir. Ces adjudications se font sur un cahier des charges qui est ordinairement assez rigoureux pour le fournisseur. Le moindre retard dans la livraison donne lieu à des dommages et intérêts dont le taux est prévu ; la moindre insuffisance de dosage dans là teneur des engrais motive, sous le nom de *réfaction*, le paiement d'une indemnité double ou triple de la valeur des éléments manquants.

Le syndicat se charge de prendre livraison des marchandises, d'en vérifier les dosages, au moyen de prises d'échantillons et d'analyses, et enfin d'en opérer la distribution aux acheteurs qui trouvent dans son intervention toutes les garanties désirables. Il assure à ses adhérents le minimum de prix et le maximum de qualité dans l'achat de leurs engrais. Il est à remarquer, d'ailleurs, que c'est le petit acheteur d'un ou deux sacs d'engrais qui est le principal bénéficiaire des avantages de l'achat collectif: car il profite, non seulement du prix du gros substitué à celui de la vente au détail, mais encore de l'économie considérable de frais de transport résultant de l'expédition par wagon complet.

Généralement, les syndicats ne se rendent pas responsables des engagements contractés par leurs membres et du paiement des commandes qu'ils ont transmises. Un petit nombre d'entre eux seulement a admis cette solidarité. Il en résulte que presque toujours, pour le paiement des marchandises qu'il a livrées, le fournisseur est obligé de faire traite sur chaque acheteur individuellement, et cela pour des sommes très minimes. Les factures doivent être, au préalable, vérifiées et visées par le bureau du syndicat qui intervient là encore pour sauvegarder les intérêts des syndiqués et les couvrir de sa protection. Les traites sont payables au domicile des acheteurs et à l'échéance, fixée par le cahier des charges, d'un, deux ou trois mois du jour de la livraison. Dans tous les syndicats qui fonctionnent régulièrement, il est presque sans exemple qu'une traite lancée par un fournisseur revienne protestée, faute de paiement à l'échéance : un membre qui faillirait ainsi à ses engagements serait rayé de la liste du syndicat. Ce fait est très important à relever ; car il démontre bien que les cultivateurs ont acquis ce qui leur a si longtemps fait défaut, les habitudes commerciales et la religion de l'échéance ; les populations agricoles, grâce à l'action des syndicats professionnels et à la propagande qu'ils ont exercée autour d'eux, sont devenues mûres pour l'organisation du crédit agricole.

La méthode que nous venons d'exposer est celle qui a été appliquée, à l'origine, et qui est encore suivie par de nombreux syndicats agricoles. Mais la variété des formes, qui est un trait si marqué du mouvement syndical, a fait aussi adopter d'autres pratiques.

Comme il est très difficile d'obtenir des cultivateurs qu'ils remettent au syndicat leurs commandes quelque temps d'avance, en faisant l'appréciation des quantités qui leur seront nécessaires au moment de l'emploi des engrais, on a cherché un moyen de les en dispenser. Certains syndicats mettent en adjudication, non des quantités à livrer résultant des commandes qu'ils ont recueillies, mais des prix de vente applicables aux diverses catégories selon les demandes des membres du syndicat. Ce mode de procéder, dans lequel le négociant se trouve seul engagé, lui est évidemment très défavorable.

Le syndicat ne garantit aucun chiffre d'affaires et se contente d'indiquer, à titre de renseignement, l'importance des commandes transmises par ses membres, au cours des dernières campagnes.

Un système plus équitable est suivi par d'importants syndicats de la région de Paris. Pour tenir compte des besoins des retardataires qui n'ont pas encore remis leur commande au moment de l'adjudication, ces syndicats se réservent le droit, dans un délai déterminé, d'augmenter d'une certaine proportion, également prévue au contrat, les fournitures dont chaque adjudicataire aura été déclaré entrepreneur.

Mais il est un grand nombre de syndicats qui, pour assurer pleine satisfaction aux besoins de leurs adhérents, ont pris le parti de traiter des achats de prévision, c'est-à-dire d'acheter ferme, en l'absence de commandes correspondantes, des marchandises qu'ils emmagasinent dans leurs magasins ou dépôts, où elles se trouvent à la disposition des consommateurs. Ce procédé comporte peu de risques pour le syndicat, qui possède des données assez précises pour pouvoir estimer avec une assez grande approximation quelle sera la consommation de ses adhérents. En droit, il a été l'objet de quelques critiques qui nous semblent peu fondées.

Un syndicat ne doit pas, a-t-on dit, opérer pour son propre compte, mais pour le compte de ses membres. Or, en achetant des marchandises qui ne lui sont pas demandées, il s'oblige lui-même comme personne civile et acquiert la propriété d'objets qu'il revend ensuite à ses membres, au fur et à mesure de leurs besoins. Cela constitue un acte de commerce qui lui est interdit. Il en serait ainsi, en effet, si le syndicat achetait pour revendre ; ce n'est pas là l'opération qu'il pratique. Dans les achats de prévision, comme dans les achats sur commandes totalisées, où son rôle a été comparé à celui d' « une simple *Boîte aux lettres* interposée entre l'acheteur et le vendeur » (1), le syndicat n'agit jamais que comme mandataire. Le mandat est tacite dans le premier cas, tandis qu'il est formellement exprimé par la commande dans le second. Dans celui-ci, la distribution est immédiate ; dans celui-là, elle est retardée jusqu'au moment où l'adhérent se présente pour se faire délivrer la marchandise, fournissant ainsi la preuve qu'il a donné mandat à l'association d'agir pour son compte. Dans l'un et l'autre cas, c'est bien d'un achat collectif qu'il s'agit.

Les syndicats à circonscription étendue cherchent à multiplier les dépôts, afin de faciliter les approvisionnements de leurs adhérents. Ces dépôts sont alimentés de marchandises achetées par l'association ou remises en consignation par les fournisseurs, d'après les conventions faites avec ces

(1) Élie Goulet, *le Mouvement syndical et coopératif dans l'agriculture française.* In-8, Paris, Masson et Cie, éditeurs, 1898.

derniers. Le Syndicat des agriculteurs de la Vienne, qui pendant longtemps a été le plus nombreux syndicat agricole de France et est demeuré l'un des plus importants, possédait, en 1898, 70 dépositaires dans le département; le Syndicat des agriculteurs de la Sarthe en a 68, etc. Dans les syndicats qui ont organisé des sections locales, les dépôts se trouvent annexés à ces sections dont leur fonctionnement accroît l'activité. Le Syndicat des agriculteurs de l'Orne a constitué 44 groupes locaux, appelés « Cercles agricoles », qui ont pour but de centraliser les commandes et de les faire expédier par wagons complets.

Les syndicats importants fabriquent eux-mêmes, dans leurs magasins, les engrais composés demandés par leurs adhérents. Il va de soi qu'à leur siège social, comme dans leurs dépôts, les syndicats tiennent à la disposition de leurs membres, avec les substances fertilisantes, les meilleurs conseils pratiques relatifs à leur emploi, pour chaque culture, selon la nature du sol. Ce fait que le paysan peut venir prendre, au dépôt de son syndicat, les quelques sacs qui lui sont nécessaires, au fur et à mesure de ses besoins, et les paie à peine plus cher que le grand cultivateur dont la commande arrive par wagon complet, ne constitue-t-il pas une véritable révolution économique dans la culture de notre pays, si on se reporte aux prix usuraires payés par les petits cultivateurs lorsqu'ils s'approvisionnaient autrefois chez le charron ou l'épicier du bourg, dépositaire pour le compte du marchand d'engrais de la ville voisine, qui lui-même n'était qu'un détaillant !

Nous ne pouvons nous étendre sur les modalités variées de l'action des syndicats agricoles en ce qui touche l'achat collectif et la répartition des engrais. Une pratique déjà longue y a fait introduire bien des progrès et améliorations. Au début, il était facile de constater certaines tendances des syndicats agricoles à soumettre leurs fournisseurs à de multiples formalités gênantes et onéreuses. Était-ce ressentiment des méfaits reprochés à l'ancien commerce des engrais ou inclination naturelle chez une institution naissante à abuser de sa puissance, peu importe? Cette situation s'est heureusement modifiée : car on n'a pas tardé à se rendre compte que toute charge imposée sans nécessité aux négociants se traduit fatalement par l'élévation des prix de vente. C'est pourquoi les syndicats, désireux d'offrir à leurs adhérents la quintessence du bon marché, auquel permet de prétendre l'achat collectif, se sont appliqués à faciliter au commerce toutes les économies de frais généraux aisément réalisables, notamment sur les frais de transport, réception et distribution des engrais, réexpédition des petites commandes, correspondance, analyse, envoi de factures et recouvrement. La pratique des achats fermes, opérés et réglés par le syndicat lui-même, s'est répandue. Ainsi que l'a fait remarquer M. Georges Bord (1). une expérience de plusieurs

(1) Brochure citée.

années fournit des éléments d'appréciation suffisants pour qu'un syndicat puisse éviter de demeurer chargé de gros stocks en fin d'exercice, et la vente au comptant strict permet de faire un important chiffre d'affaires avec un capital très restreint. Les syndicats qui persistent à se renfermer dans le rôle de simples intermédiaires entre l'acheteur et le vendeur interviennent eux-mêmes utilement pour réduire les frais de recouvrement des factures. Tantôt les traites, au lieu d'être adressées individuellement aux acheteurs, sont remises en bloc au trésorier du syndicat qui se charge de les recouvrer, avec le concours de ses dépositaires ou représentants; tantôt les factures sont payables entre les mains du trésorier sur lequel le négociant fait traite pour se couvrir de l'ensemble de ses fournitures.

Ces dispositions et bien d'autres encore, dans lesquelles l'expérience a fait prévaloir des vues de conciliation et d'équité, très conformes, d'ailleurs, à l'intérêt bien compris des agriculteurs syndiqués, n'ont pas manqué de faciliter les relations entre les syndicats agricoles et les négociants. Ces relations ont été fortement tendues, à l'origine, car le commerce des engrais n'a pas accepté sans lutte l'intervention des syndicats agricoles entre lui et les consommateurs ruraux : il a cherché, à l'aide de divers moyens, à défendre ses bénéfices, menacés par les conditions nouvelles qui lui étaient imposées, et il a soutenu notamment, avec l'appui de la Chambre de commerce de Paris, que la loi du 21 mars 1884 n'autorise pas les syndicats agricoles à faire un genre d'opération qui confine au commerce, et pour lequel ils devraient, tout au moins, être assujettis à la patente. Mais le ministre du commerce, qui était alors M. Pierre Legrand, d'accord avec le ministre des finances, a répondu, le 27 avril 1888, au président de la Chambre de commerce de Paris, qu'il est impossible de reconnaître le caractère d'acte de commerce aux achats de marchandises utiles à l'agriculture, faits par les syndicats, sans aucun bénéfice, au profit de leurs membres. Le ministre admet que l'esprit de la loi sur les syndicats professionnels autorise les agriculteurs à « trouver dans cette forme d'association les moyens de défendre leurs intérêts par une action utile effective ».

« On peut dire, ajoutait M. Pierre Legrand, que la loi de 1884, si elle ne conférait pas le droit de faire des opérations semblables, ne pourrait être, pour les agriculteurs, l'objet d'aucune application vraiment pratique. »

Cette interprétation a été confirmée par MM. Méline, ministre de l'agriculture, et Henry Boucher, ministre du commerce, dans la discussion de l'interpellation de M. le comte d'Hugues sur l'imposition du Syndicat agricole de l'arrondissement de Sisteron à la patente, qui a eu lieu à la Chambre des députés le 19 décembre 1897.

C'est, d'ailleurs, bien à tort qu'on a parfois accusé les syndicats agricoles de vouloir supprimer le commerce des engrais et de lui avoir créé une situation fâcheuse. Ils se sont contentés de réagir

contre des abus intolérables, que la législation
elle-même a cru devoir atteindre par la loi du
4 février 1888 sur la répression des fraudes dans le
commerce des engrais ; ils protègent les cultivateurs contre ces abus et contre l'exagération des
cours, en se substituant à la bande des courtiers
parasites qui écumait autrefois les campagnes et
qui n'a pas encore entièrement disparu. Mais le
commerce sérieux et honnête n'a jamais eu de
meilleure clientèle que celle des syndicats agricoles.
Il s'est créé, depuis quelques années, une grande
industrie et un puissant commerce des engrais chimiques qui ont trouvé dans le développement considérable de la consommation de ces engrais, dû à
l'action des syndicats, une compensation à la limi-
tation de leurs bénéfices. Pour n'en citer qu'un
exemple, les syndicats agricoles de la Côte-d'Or
adressent leurs commandes à deux usines locales
et forment la clientèle presque exclusive de ces
usines. « Sur 15 millions de kilogrammes d'engrais,
3 millions seulement vont à des acheteurs non
syndiqués » (1). Une industrie qui trouve ainsi sur
place l'écoulement aisé de sa production peut supprimer bien des frais généraux très lourds, tels
que voyageurs, publicité, etc., et réaliser des profits satisfaisants en vendant à prix modéré.

Sans doute le point d'appui très réel que le
commerce des engrais a trouvé dans l'intervention
des syndicats agricoles ne l'empêche pas de se

____

(1) G. Gruère, *les Associations agricoles du département de la
Côte-d'Or*. In-8, Dijon, librairie L. Venot, 1899.

défendre, à l'occasion, contre les tentatives de pression qu'il peut craindre de la part de ceux-ci s'ils voulaient lui imposer de nouveaux rabais, et il se défend même très habilement, soit en organisant des ententes (*consortium*) entre producteurs qui s'engagent à ne pas vendre au-dessous d'un cours déterminé, soit en traitant avec les agriculteurs non syndiqués aux mêmes conditions qu'avec les syndicats, dans le but d'ébranler le crédit de ces derniers. Mais ces faits, dûs au libre jeu des intérêts en présence, ne démontrent-ils pas que la situation du commerce, travaillant, comme c'est son droit, à tirer de la vente de ses marchandises une rémunération convenable, n'a rien d'anormal ni de fâcheux et, en tous cas, qu'il n'est ni exploité ni opprimé par les consommateurs syndiqués ?

L'action des syndicats agricoles a eu pour effet de faire baisser dans des proportions considérables, 40 à 50 p. 100 pour les engrais phosphatés par exemple, les cours de la plupart des matières fertilisantes. Par suite de la publicité que recevaient les prix de leurs contrats et de la concurrence créée entre les négociants, cette baisse n'est pas demeurée le privilège des membres des syndicats, mais elle a été acquise, dans une large mesure, à l'agriculture française tout entière. Les prix auxquels traitaient, par des adjudications publiques, à chaque campagne d'automne ou de printemps, les grands syndicats de Meaux, Provins, Chartres, etc., étaient considérés comme régulateurs du cours des engrais pour la région de Paris, et il en était de même, dans les autres régions, pour les prix acceptés par les syndicats les plus importants. Aujourd'hui le système des adjudications a été abandonné par de nombreux syndicats qui apprécient dans les marchés de gré à gré l'avantage d'une plus grande liberté du choix de leurs fournisseurs. Mais il est bon de rappeler les services qu'il a rendus, à l'origine, pour déterminer et sanctionner l'abaissement des cours. De plus, ces cahiers des charges, qui semblaient si rigoureux, qui exigeaient des vendeurs, sous des pénalités prévues, tant de garanties diverses, qui ont introduit l'analyse chimique comme base du contrôle, ont réellement moralisé la vente des engrais et fait disparaître le commerce interlope en mettant en lumière l'indignité de ses procédés (1).

Les syndicats agricoles ont, pour ainsi dire, démocratisé l'emploi des engrais commerciaux qui, avant leur apparition, étaient presque inconnus des moyens et des petits cultivateurs. Depuis 1885, la consommation de ces engrais semble avoir au moins doublé en valeur et triplé en quantité, par suite de l'abaissement des cours.

Les achats collectifs d'engrais traités par les syndicats agricoles sont naturellement proportionnels au chiffre de leurs membres, aux besoins des sols et aussi aux conditions très variables de la culture locale. Dans les régions de culture inten-

---

(1) Nous avons exposé les diverses pratiques suivies par les syndicats agricoles dans une brochure spéciale, *les Syndicats agricoles et leurs adjudications d'engrais* (épuisée).

sive, de petits syndicats, gros acheteurs de nitrate de soude, tels que le Syndicat des agriculteurs du Calaisis (Pas-de-Calais), le Syndicat agricole de Bourbourg (Nord), etc., ont souvent des chiffres d'affaires annuels supérieurs à ceux de bien des syndicats départementaux.

Le procédé de l'achat en commun ayant pleinement réussi pour les engrais commerciaux, il était naturel de penser que les syndicats agricoles voudraient l'étendre à la plupart des marchandises et produits fabriqués employés dans l'exploitation agricole ou viticole. C'est ce qui arriva, en effet : peu à peu les syndicats se chargèrent de fournir à leurs adhérents, dans des conditions analogues de qualité et de bon marché, les semences, tourteaux et autres matières propres à l'alimentation du bétail, outils et instruments agricoles, sels dénaturés, sucres pour vendanges, soufre, sulfate de cuivre, produits divers insecticides et antiparasitaires, plants américains et les nombreux produits qui, dans les régions viticoles, sont employés à la culture de la vigne ou à la vinification.

Sur certaines de ces marchandises, les instruments et machines agricoles par exemple, les achats des syndicats déterminèrent des abaissements de prix considérables et souvent, pour faciliter les approvisionnements, les constructeurs consentirent à placer du matériel agricole en consignation dans les magasins et dépôts des syndicats.

Syndicats agricoles réalisant annuellement les plus gros chiffres d'affaires comme achats collectifs.

NOM DU SYNDICAT.	NOMBRE de membres.	CHIFFRE d'affaires.
Syndicat central des agriculteurs de France	10.100	5.200.000
— agricole de Lunéville	2.200	1.350.000
— agricole du Gard	2.000	1.200.000
— des agriculteurs de la Vienne.	9.000	1.100.000
— agricole Vauclusien	4.900	1.070.000
— des agriculteurs de la Sarthe..	14.000	1.060.000
— des agriculteurs de la Loire-Inférieure	6.450	950.000
— professionnel agricole de Narbonne	759	925.000
— des agriculteurs du Loiret	7.500	748.000
— des agriculteurs des Ardennes.	5.000	733.000
— agricole d'Anjou	7.000	728.000
— agricole de l'Aveyron	5.230	700.000
— agricole de la Haute-Garonne..	2.750	700.000
— agricole de l'arr. de Provins...	800	695.000
— agricole et viticole de Châlon-sur-Saône	7.000	676.000
— des agriculteurs de l'Indre	3.750	672.000
— des agriculteurs de Loir-et-Cher.	3.850	600.000
— agricole du Calaisis	500	570.000
— agricole de l'arr. de Chartres..	3.300	550.000
— agricole de l'arr. de Bourg	4.800	520.000
— des agriculteurs de la Vendée	2.770	510.000
— des agriculteurs de l'Orne	6.550	430.000
— des agriculteurs du Cher	1.900	420.000
— agricole de la Seine-Inférieure	1.000	410.000
— professionnel agricole des Deux-Sèvres	5.550	400.000

Ces 25 syndicats agricoles font en bloc un chiffre annuel d'affaires d'environ 23 millions de francs.

Toutes ces marchandises, utilisées par l'agriculture ou la viticulture, ont incontestablement le caractère professionnel qui autorise les syndicats à les acheter pour le compte de leurs membres ou à en approvisionner leurs magasins, afin de satisfaire aux demandes, dès qu'elles se produisent. Certains syndicats ont voulu aller plus loin et n'ont pas craint d'étendre leurs opérations aux objets d'épicerie, d'habillement, etc., afin de faire bénéficier leurs adhérents, jusque dans les dépenses courantes de leur ménage, des réductions de prix et avantages divers que permet l'achat en commun. Ces achats portent principalement sur les pétroles, bougies, savons, sucres, cafés, huiles, vinaigres, riz, pâtes alimentaires, etc., et ce sont souvent les agriculteurs qui insistent pour que le syndicat leur fournisse ces produits.

Les syndicats agricoles doivent avoir la sagesse de résister à cet entraînement. L'intérêt professionnel est absent de ces opérations qui sont du ressort des sociétés coopératives de consommation. Il faut les leur laisser et ne pas prêter le flanc à ce qu'une confusion regrettable s'accrédite entre ces institutions, qui ont assurément leur utilité propre, et les syndicats agricoles dont la portée et les services sont bien supérieurs. Le « Syndicat-épicier », comme on l'a nommé, c'est-à-dire le syndicat se transformant plus ou moins en magasin coopératif, dans le but de poursuivre quelques avantages douteux, manque à sa mission et fait œuvre impolitique : créé pour être un instrument de paix sociale, il entre en concurrence avec le commerce local et sème ainsi des ferments de division et de discorde. S'il se maintient sur le terrain strictement professionnel, il est inattaquable et ne peut susciter d'animosité rationnelle.

Par contre, un moyen très légitime et très pratique de réserver aux agriculteurs syndiqués, même pour les marchandises de consommation courante, une partie notable de ces avantages que l'association a su conquérir pour les achats professionnels, consiste à organiser dans la localité un service de fournisseurs privilégiés du syndicat. Ces fournisseurs sont des commerçants qui s'engagent envers le bureau de l'association à accorder un escompte déterminé, sur les prix courants ordinaires de leurs marchandises, à tout agriculteur syndiqué venant faire un achat dans leurs magasins. L'escompte varie ordinairement de 5 à 15 p. 100, et comme il est possible d'avoir des fournisseurs privilégiés dans de nombreuses branches du commerce, le résultat tend à réaliser la vie à meilleur marché. Ce système est, d'ailleurs, pratiqué, relativement à certains articles, par d'assez nombreuses sociétés coopératives de consommation. Il est excellent comme moyen de contribuer au recrutement des syndicats parmi les ouvriers agricoles, qui ne trouveraient pas dans les avantages professionnels de l'association un intérêt suffisant pour lui donner leur adhésion.

Le Syndicat viticole de la côte dijonnaise, à Dijon, le Syndicat fraternel agricole d'Aiserey

(Côte-d'Or), le Syndicat agricole des Pinchinats, à Aix (Bouches-du-Rhône), plusieurs syndicats horticoles de Saint-Fiacre, etc., ont institué un service de fournisseurs privilégiés. Ordinairement les remises accordées par ces fournisseurs sont encaissées en bloc, et périodiquement, par le trésorier du syndicat qui en tient compte aux acheteurs.

Pour les syndicats, de jour en jour plus nombreux, qui se préoccupent d'organiser efficacement l'assistance rurale en dotant la mutualité à l'aide des bénéfices de la coopération, il pourrait être stipulé, ainsi que l'a proposé M. Cheysson (1), que les rabais consentis par les fournisseurs locaux, au lieu d'être remis en espèces aux acheteurs, fussent affectés à payer leurs cotisations comme membres des sociétés de secours mutuels et des caisses de retraites. Le caractère si hautement moral de l'intervention du syndicat agricole s'accentuerait par cette combinaison qui rendrait insensibles aux mutualistes les charges de la prévoyance.

Quelle peut être l'importance globale des achats collectifs de toute nature traités annuellement par les syndicats agricoles? Il est difficile de la préciser. Plusieurs grands syndicats atteignent et dépassent même le chiffre d'un million de francs. Dans les syndicats communaux, les résultats sont naturellement modestes. Toutefois, si l'on considère qu'à la valeur d'achat des engrais chimiques, qui formait autrefois l'élément absolument prépondérant, il

(1) *Coopération et mutualité*, Conférence faite par M. Cheysson au Musée social (*Circulaire du Musée social*, octobre 1899).

faut ajouter actuellement les sommes énormes dépensées pour la reconstitution et l'entretien des vignobles, ainsi que pour la vinification, on peut estimer que le mouvement d'affaires des syndicats agricoles doit approcher du chiffre de 200 millions par an.

CHAPITRE VI

VENTE ET TRANSFORMATION INDUSTRIELLE DES PRODUITS
AGRICOLES.

Une production agricole abondante et peu coûteuse doit se combiner avec l'écoulement facile des
denrées et leur vente à prix rémunérateur, puisque
le profit net est le but de toute industrie. Or l'industrie agricole rencontre bien des obstacles à la
réalisation avantageuse de ses produits. La mévente
ou la baisse exagérée des cours des denrées agricoles a des causes économiques très variées ; mais
il en est une, permanente et générale, qui pèse
lourdement sur les agriculteurs : c'est la multipli-
cation abusive des intermédiaires qui, s'échelon-
nant entre le producteur et le consommateur, les
rançonnent l'un et l'autre, faisant payer cher au
second les produits que le premier a dû vendre
trop bon marché. La falsification des denrées, qui
discrédite leur valeur, et les manœuvres de la spéculation, qui faussent le cours des marchés, sont
elles-mêmes deux faces du problème des intermédiaires.

Il était naturel qu'après avoir si heureusement

soutenu les intérêts de leurs membres, dans l'achat
des engrais et autres marchandises d'utilité professionnelle, les syndicats agricoles cherchassent
à leur rendre un service analogue en facilitant et
améliorant la vente des produits de l'exploitation
rurale. L'idée d'affranchir le consommateur du tri-
but onéreux payé aux intermédiaires inutiles était
déjà ancienne et avait trouvé son expression dans
les sociétés coopératives de consommation. Ne
devait-elle pas avoir sa contrepartie dans l'affran-
chissement des producteurs, et le syndicat agricole
n'était-il pas désigné pour devenir l'agent efficace
de cette profonde évolution économique qui réali-
serait l'idéal de la mise en contact du producteur
et du consommateur dans leurs associations res-
pectives? Offrir directement aux populations des
villes les produits obtenus par les cultivateurs des
campagnes, et qui sont actuellement grevés par le
commerce de majorations successives, ce serait
assurer, du même coup, au consommateur la vie à
bon marché et au producteur un bénéfice convenable tiré de son industrie.

De grandes espérances se sont attachées à la solution de ce problème économique qui affecte de
si près la question sociale ; mais il a fallu en ra-
battre. Après quelques tentatives où beaucoup
d'inexpérience se mêla à beaucoup de bonne volonté, on dut reconnaître que, si le syndicat agricole
est admirablement organisé pour l'achat collectif,
il n'en est pas de même pour la vente des produits.
Grouper les offres de ses adhérents, de même qu'il

groupe leurs commandes pour l'achat, n'apparaît pas une méthode pratique : car il n'a jamais réellement à sa disposition les denrées dont on lui demande de chercher le placement, les agriculteurs ne pouvant ou ne voulant renoncer, en même temps, à user de leurs moyens d'écoulement ordinaires. Le plus difficile pour un syndicat n'est donc pas de trouver des acheteurs, mais d'assurer les livraisons. Souvent alors les disponibilités sur lesquelles il comptait se sont évanouies. En admettant même qu'il puisse réunir les quantités demandées par le client, soit en bloc, soit en fournitures échelonnées, d'autres difficultés surgissent. Il faut répartir entre les membres du syndicat les ordres reçus, grouper les marchandises si l'expédition doit être collective, vérifier la qualité, qui doit répondre à un type constant, le soin de l'emballage, etc., organiser, en un mot, la livraison. De plus, et c'est là l'obstacle capital, le syndicat ne peut offrir aux acheteurs avec lesquels il traite qu'une garantie morale, insuffisante à assurer leur recours en cas de livraison défectueuse. Il connaît mal les marchandises qu'il offre, ne les a pas en main et même, il faut bien l'avouer, il court le risque de voir sa bonne foi surprise : car le paysan possède une tendance un peu naïve à croire que le syndicat doit lui servir à écouler les produits de qualité inférieure rebutés par les commerçants, ses acheteurs ordinaires.

L'expérience a donc conduit la plupart des syndicats agricoles qui se sont occupés de vendre les

produits de leurs adhérents à reconnaître qu'en
principe le succès exige une organisation se rapprochant le plus possible des usages du commerce.
De même qu'ils traitent souvent des achats fermes
de matières fertilisantes, il faudrait, pour assurer
dans de bonnes conditions le placement des récoltes
de leurs membres, qu'ils pussent traiter aussi des
ventes fermes de produits, avec les responsabilités
qui en découlent. Or, leur constitution y répugne
et l'aléa serait considérable. Il semble préférable
de recourir à un organisme intermédiaire spécial
qui peut être soit un courtier, soit une société coopérative de production et de vente.

Cette réserve étant faite quant à l'action des syndicats agricoles en pareille matière, on doit cependant constater qu'ils ont, en certains cas, concouru
d'une façon appréciable à faciliter l'écoulement des
récoltes de leurs adhérents. Ils s'y sont ingéniés à
l'aide de divers procédés directs ou indirects, qui
ne sont pas sans valeur.

L'établissement de relations directes avec le consommateur a fourni de bons résultats pour quelques
produits, surtout lorsqu'il s'agit de productions locales, ne rencontrant qu'une concurrence restreinte,
parce qu'elles n'ont pas de similaires en d'autres
régions. Les syndicats provoquent les demandes
des acheteurs par un système de publicité plus ou
moins étendue, et lorsqu'elles se produisent, ils les
transmettent aux vendeurs, fonctionnant à la façon
d'un bureau de renseignements ou d'un courtier

désintéressé qui ne prélève que le remboursement de ses frais spéciaux. Ainsi beaucoup de syndicats viticoles ont tenté de vendre les vins de la récolte de leurs adhérents. Dans l'Hérault, l'Aude, les Pyrénées-Orientales notamment, il existe des syndicats qui placent des vins garantis naturels, en envoyant des échantillons, suivant un roulement déterminé entre les syndiqués par le sort; ils se chargent de l'expédition et délivrent à l'acheteur un certificat d'origine. Plusieurs syndicats bretons et normands vendent des cidres, eaux-de-vie de cidre et pommes à cidre. Le Syndicat agricole du Calvados, à Caen, a placé en France, et même à l'étranger, de grandes quantités de cidres et pommes à cidre provenant de la vallée d'Auge. En certaines années, il a expédié plus de 600 wagons de pommes à cidre. Un certain nombre de syndicats du Var, des Bouches-du-Rhône, de Vaucluse, de la Drôme, etc., se sont créé une clientèle de consommateurs pour la vente des huiles d'olive garanties pures de tout mélange. Les reproducteurs et animaux de service sont fournis par divers syndicats de contrées renommées pour le mérite et la pureté des races. Le Syndicat agricole du Calvados vend des chevaux de la plaine de Caen et des animaux de race cotentine, le Syndicat de la race limousine, à Limoges, des animaux limousins, plusieurs syndicats bretons, des vaches bretonnes, le Syndicat agricole du Boulonnais, des chevaux de race boulonnaise, le Syndicat agricole d'Athée (Mayenne), des porcelets de race craonnaise, etc.

La vente des beurres et fromages est assez importante ; elle est favorisée par la pratique. de plus en plus répandue, des colis postaux, dont le poids maximum a été porté à 10 kilos, qui permet aux syndicats de fournir un débouché à la production locale par l'organisation d'un service régulier d'abonnement avec des consommateurs ou avec certaines collectivités de consommateurs tels que pensionnats, hôtels, etc. Ce sont surtout des syndicats de Bretagne et de Normandie qui se livrent à ce mode de transaction pour les beurres de table et les fromages de Camembert, Pont-l'Évêque, Livarot, etc.

On appréciera l'importance des ventes de produits agricoles traitées par certains syndicats, d'après les chiffres suivants : le Syndicat agricole du Calvados a vendu, en 1898, pour 364 000 francs de chevaux et poulains, bestiaux cotentins, pommes, cidres et eaux-de-vie de cidre, pailles et foins, gros légumes, beurre et fromage ; le Syndicat des agriculteurs de la Manche place des bestiaux, pailles, cidres, grains, etc., pour environ 150 000 francs par an, etc.

Mais la recherche individuelle du consommateur est, en général, très difficile pour un syndicat agricole, tandis qu'en se mettant en rapport avec un groupement déjà établi, il peut acquérir une clientèle collective plus ou moins importante. A cet égard, l'un des meilleurs débouchés des syndicats agricoles réside dans les syndicats eux-mêmes. Les besoins des agriculteurs, comme leurs productions, diffèrent selon les régions, et un syndicat, recevant les offres d'un autre syndicat, leur donnant la publicité de son bulletin, sert souvent d'intermédiaire au placement des produits. Il en est ainsi pour ceux que nous venons d'énumérer et, de plus, pour les semences, les raisins frais de vendange, les légumes, les avoines et fourrages, les plants, etc. La vente des semences se négocie aussi, en quelque sorte par voie d'échange, entre membres d'un même syndicat : le Syndicat des agriculteurs du Loiret organise, à cet effet, des expositions périodiques de semences qui facilitent la mise en rapport du vendeur et de l'acheteur. La vente a lieu sur échantillon, le syndicat garantissant la pureté et la faculté germinative des semences. De nombreuses ventes de semences se font de syndicat à syndicat, l'offre collective d'une association, dont les membres produisent spécialement certains plants ou semences, rencontrant sa contre-partie dans la demande collective d'une autre association à laquelle ils font défaut. Il en est de même des raisins frais de vendange, vendus par des syndicats du Midi à des syndicats d'autres régions, des avoines fournies par les syndicats bretons à des syndicats viticoles, des fourrages expédiés, pendant les années de sécheresse, aux syndicats qui en manquent par les syndicats producteurs. Ces diverses transactions se font entre le producteur et le consommateur, par le seul intermédiaire des syndicats auxquels l'un et l'autre appartiennent.

Parmi les collectivités de consommateurs dont

les syndicats agricoles ont recherché la clientèle, les
sociétés coopératives de consommation semblaient
les plus faciles à conquérir. Elles rendent aux
consommateurs une partie des services que les
syndicats rendent eux-mêmes aux producteurs
agricoles ; les sympathies sont vives entre les deux
catégories d'institutions et, d'autre part, s'approvisionner directement aux sources de la production,
en écartant le plus possible les intermédiaires
onéreux, est le principe de la coopération de consommation.

L'idée de voir les syndicats agricoles devenir, en
quelque mesure, les fournisseurs des coopératives
urbaines avait été très goûtée dans les milieux
intéressés ; elle fut, dès l'année 1893, acclamée dans
les congrès coopératifs comme dans les congrès
syndicaux. Afin d'aviser aux moyens pratiques
d'établir des relations destinées à faire bénéficier
les consommateurs et les producteurs de la rémunération prélevée par les intermédiaires, une commission mixte de 20 membres, recrutés en nombre
égal parmi les représentants des syndicats et ceux
des coopératives, fut désignée par le congrès coopératif réuni à Grenoble en 1893. Cette commission,
qui choisit comme président M. Fitsch, président
du comité central de l'Union coopérative des sociétés
françaises de consommation, et pour vice-présidents
MM. le baron de Larnage, secrétaire général de
l'Union des syndicats agricoles du Centre, et Kergall,
président du Syndicat économique agricole de
France, travailla de son mieux à aplanir les

obstacles. Elle n'y a malheureusement pas encore réussi : malgré la conclusion de quelques marchés isolés, les sociétés coopératives de consommation n'ont pas renoncé à leur habitude de traiter avec les courtiers et commissionnaires du commerce qui les sollicitent directement. Là même où, pour satisfaire à leur exigence de trouver, en face d'elles, des sociétés coopératives de production, agencées commercialement, responsables des livraisons et centralisant les offres des producteurs d'un rayon déterminé, les syndicats ou leurs Unions ont organisé ces coopératives ou des offices de vente présentant des garanties sérieuses, les relations n'ont pu encore s'établir. Ce n'est pas à dire qu'il faille renoncer à cette espérance pour le jour où la coopération agricole, ayant encore perfectionné son organisme de vente, offrira aux coopérateurs de la consommation des avantages indéniables, sans leur imposer des pertes de temps ou fausses démarches incompatibles avec les rares loisirs dont peuvent disposer les administrateurs des sociétés coopératives pour la négociation de leurs marchés.

Une autre fourniture collective recherchée par les syndicats agricoles a été celle des administrations publiques. Des adjudications considérables de denrées agricoles ont lieu pour le compte de l'armée, de la marine, de l'Assistance publique, etc., et plusieurs syndicats conçurent l'idée de grouper les produits de leurs adhérents afin d'y participer. Le Syndicat des agriculteurs de l'Indre, à Châteauroux,

se rendit, en 1887, adjudicataire d'une fourniture
de 500 quintaux de blé pour l'administration de la
guerre, après avoir, au préalable, fait signer par
ceux des membres du syndicat qui désiraient
concourir à la fourniture, l'engagement de livrer
une quantité déterminée de blé, en se conformant
aux clauses du cahier des charges. L'exécution du
marché se fit de la façon la plus satisfaisante. En
1889, le Syndicat agricole de l'arrondissement de
Meaux traita, de gré à gré, avec le colonel du
8e régiment de dragons pour la fourniture de toutes
les pailles nécessaires à ce régiment pendant une
période d'un an, et l'exécution de ce marché, qui
comportait la livraison de 5 700 quintaux de paille,
ne donna lieu à aucune difficulté soit entre l'autorité
militaire et le bureau du syndicat, soit entre celui-
ci et ses membres. D'autres essais pratiqués heureusement à Lunéville, Rennes, etc. démontrèrent
que les syndicats agricoles sont aptes à prendre la
responsabilité d'importantes fournitures à répartir
ensuite entre leurs membres pour l'exécution des
livraisons. Mais le débouché collectif qui semblait
ainsi ouvert à la production des agriculteurs syndiqués s'est fermé par suite d'un avis du Conseil
d'État, en date du 11 février 1890, qui a dénié aux
syndicats agricoles le droit de concourir aux adjudications publiques (1). Il n'en demeure pas moins

(1) Consulté par le ministre de la guerre, le Conseil d'État s'est
prononcé contre l'admission des syndicats agricoles aux adjudications, « tant que la jurisprudence ne sera pas fixée sur la nature
et l'étendue du rôle qu'ils peuvent jouer dans la vie civile et com-

que, là où l'administration militaire autorise le système d'achat direct des grains et fourrages, comme elle le fait parfois, à titre d'essai, et actuellement dans les places de Tarbes, Épinal et Rennes, les syndicats agricoles peuvent entreprendre ces fournitures pour le compte de leurs adhérents en groupant les échantillons de produits et en les faisant accepter, pour des prix et quantités déterminés, par la commission militaire d'achat.

Enfin les syndicats agricoles, qui représentent d'importants groupements de producteurs, peuvent encore intervenir utilement pour offrir au commerce des lots de produits, de type uniforme, que celui-ci a intérêt à trouver réunis, sans avoir à supporter des frais de déplacement et de courtage. Il en est ainsi pour les céréales, les vins, les laines, les huiles d'olive, les semences, les fourrages, les légumes, etc. Il leur est loisible de jouer le même rôle auprès de l'industrie en lui fournissant les matières premières qu'elle emploie. Les syndicats betteraviers, nous l'avons déjà noté, se forment pour régler les conditions de la vente des betteraves aux fabricants de sucre. Il s'était fondé, dans la Côte-d'Or, un syndicat des houblons de Bourgogne, à Dijon, et un syndicat des laines du Châtillonnais, à Châtillon, dans le but d'organiser la vente des

merciale ». On peut penser qu'il appartenait au Conseil d'Etat de contribuer, dans cette occasion, à fixer la jurisprudence en se prononçant en faveur des syndicats, dans le double intérêt des producteurs agricoles et d'un grand service public.

houblons et des laines en gros, sans avoir à subir les variations de cours imputables aux manœuvres de la spéculation : mais diverses circonstances regrettables les ont empêchés de fonctionner longtemps. Le Syndicat des agriculteurs de Die a aussi pratiqué la vente collective des cocons (1).

Les syndicats agricoles peuvent encore traiter avec le commerce de détail en s'engageant à faire, par abonnement, des expéditions de denrées quotidiennes : c'est de cette façon qu'agissent les syndicats de producteurs de fleurs du littoral méditerranéen, qui ont des marchés avec certains fleuristes des grandes villes, les syndicats de producteurs de beurres et fromages ou de légumes qui approvisionnent, de même, certains fruitiers détaillants, le Syndicat agricole et laitier de la Villeneuve-en-Chevrie (Seine-et-Oise), et quelques autres, qui ont organisé la vente collective du lait de leurs adhérents, à la façon des laitiers en gros, etc.

Les syndicats agricoles ont également abordé les marchés publics, groupant les produits récoltés par leurs membres en vue de l'expédition et de la vente en commun : ils y ont obtenu quelques succès, surtout pour les produits de la culture fruitière ou maraîchère. Assez souvent, ils organisent ainsi la vente des légumes de primeur, des fruits frais ou secs, etc. Beaucoup vendent aussi des gros légumes.

---

(1) On doit rattacher au même ordre d'opérations celles des syndicats de producteurs de cédrats de la Corse, qui n'ont eu qu'une existence éphémère, et des syndicats de producteurs de câpres de Provence, dont nous aurons à parler plus loin.

Le Syndicat des agriculteurs d'Ampuis (Rhône) vend des fruits et légumes sur le marché de Lyon ; le Syndicat agricole d'Appoigny (Yonne) vend à Paris des produits maraîchers et légumes de primeur, asperges, petits pois, pommes de terre nouvelles, etc. ; le Syndicat de la Tranche-sur-Mer (Vendée) vend des oignons, pommes de terre, etc., à Paris et Bordeaux ; le Syndicat des maraîchers de Dunkerque vend en gros les légumes récoltés par ses membres ; quelques syndicats du Var et des Alpes-Maritimes expédient à Paris des oranges, citrons et primeurs ; divers syndicats du Loir-et-Cher, de la Sarthe, des Côtes-du-Nord, du Maine-et-Loire, de la Loire-Inférieure, des Vosges, etc., font vendre, sur les marchés des grandes villes, de fortes quantités de pommes de terre. Le Syndicat horticole d'Hyères a obtenu, aux Halles de Paris, la cession d'un pavillon pour la vente des fleurs coupées, expédiées par ses adhérents. L'agent assermenté chargé de ce pavillon leur fournit gratuitement le matériel d'emballage et supporte les frais de vente, moyennant une commission de 5 p. 100.

L'organisation d'expédition et de vente collective créée par quelques syndicats est intéressante, en ce qu'elle se rapproche des procédés coopératifs : nous allons en fournir un exemple.

Depuis 1890, le Syndicat agricole et viticole de l'arrondissement de Romorantin a entrepris la vente en commun des légumes, haricots verts et secs, asperges, pommes de terre, etc., récoltés par

ses adhérents, et il l'a fait en établissant entre eux
pour cet objet le lien d'une solidarité véritable. Les
asperges et les haricots verts, cultivés en grandes
quantités par les vignerons des environs de Romorantin, étaient, avant que se produisît l'intervention
du syndicat, achetés, tous les jours, sur le marché
de la ville, par une vingtaine de commissionnaires
qui, à leurs risques et périls, les expédiaient aux
Halles de Paris.

Afin d'accroître les bénéfices des producteurs en
les exonérant du prélèvement des intermédiaires, le
syndicat a imaginé l'organisation suivante. Les
denrées sont apportées par les cultivateurs au bureau du syndicat ou chez des collecteurs de quar-
tier, qui les groupent avant de les remettre au siège
social. Chaque jour, la réception et le classement
sont faits par un membre d'une commission, dite
commission des ventes, nommée en assemblée
générale du syndicat. Les produits sont répartis en
plusieurs catégories selon les différences de qualité, de façon que le cultivateur qui livre la plus
belle marchandise bénéficie des prix de vente les
plus élevés. Le délégué doit aussi vérifier si, pour
les marchés fixes, les denrées sont bien conformes
aux conditions acceptées par le syndicat ; une rétribution lui est allouée sur les fonds de la caisse des
ventes. Ces fonctions sont remplies tous les jours
par un membre différent de la commission, et sans
que le tour de chacun puisse revenir périodiquement. Les marchés fixes sont passés avec le concours de la commission des ventes et c'est elle qui

établit les prix : elle a la surveillance et la responsabilité des livraisons, de sorte qu'en cas de réclamation au sujet de produits qu'elle a acceptés, elle couvre le vendeur. Ce système assure des livraisons irréprochables de la part des membres de l'association, et c'est un point important.

Les produits sont expédiés et vendus en commun aux Halles de Paris, pour la plus forte part : du prix de vente on défalque les frais généraux, et le surplus est réparti entre les expéditeurs, au prorata de leurs apports en catégories diverses ; une fois par semaine, le jour du marché, chacun vient toucher la somme qui lui revient. Les ventes d'asperges et de haricots verts se sont élevées jusqu'à 25 000 francs dans la même année, les expéditions quotidiennes d'asperges atteignant 1 800 à 2 000 kilos pendant la saison. Il a été constaté, au début de ces opérations, que l'organisation de vente collective due au syndicat avait valu aux producteurs d'asperges un bénéfice de 30 p. 100 sur les cours des années précédentes. La concurrence qu'il a établie a eu sa répercussion sur le marché de Romorantin où les intermédiaires se sont vus contraints de relever leurs prix d'achat et de faire des sacrifices sérieux afin de n'être pas abandonnés par leur clientèle : les grands écarts sont d'ailleurs devenus impossibles, le syndicat affichant chaque jour le prix de vente des produits aux Halles.

Le syndicat de Romorantin a également passé des marchés, fidèlement exécutés, avec un fabricant de conserves, avec une société parisienne fondée pour livrer des produits agricoles aux petits revendeurs et avec une société coopérative de consommation.

Cet exemple nous a paru utile à étudier, car il démontre à quels importants résultats peut aboutir, en matière de vente collective des produits, le simple groupement professionnel. Mais le plus souvent, dans la pratique des syndicats agricoles, si l'expédition est collective, la vente ne l'est pas ; les lots, groupés pour être expédiés en commun, demeurent individuels et sont vendus pour le compte de chaque producteur.

Quelques syndicats agricoles ont cherché à favoriser la vente du bétail gras en faisant abattre les animaux de boucherie fournis par leurs adhérents et débiter ensuite la viande à la consommation sur le marché local : ces tentatives ont eu généralement peu de succès. D'autres syndicats se chargent de faire expédier et vendre les animaux sur les marchés de Paris ou de Lyon.

Les syndicats agricoles ne se sont pas contentés de chercher à organiser la vente des produits agricoles sur les marchés publics : ils ont eu la pensée d'améliorer l'écoulement de ces produits par l'ouverture de nouveaux marchés. C'est surtout la mévente des vins qui a motivé l'organisation de marchés aux vins ou de foires aux vins, destinés à mettre en présence l'offre et la demande devant les échantillons de la production locale. Grâce à l'initiative des syndicats, des marchés aux vins furent créés, en Beaujolais, en Bourgogne, dans les Pyrénées-Orientales, l'Hérault, etc. Le succès ne répondit pas à l'attente, les consommateurs, de même que les négociants, s'étant généralement abstenus de fréquenter ces marchés, en dépit des avantages que leur offrait le groupement des échantillons de la production locale. Cependant quelques-uns de ces marchés aux vins ont subsisté dans les départements de l'Yonne et de la Côte-d'Or, notamment le marché hebdomadaire de Dijon, créé par le Syndicat viticole de la côte dijonnaise qui, en outre, publie un catalogue périodique des vins récoltés par ses adhérents et en envoie des échantillons, sur demande. Un important marché aux cidres a été ouvert à Cherbourg en 1896, par suite d'une entente entre la municipalité de cette ville et le Syndicat des agriculteurs de la Manche ; le 1er novembre 1899, les ventes de cidre traitées sur ce marché s'élevaient à 660 tonneaux. Le Syndicat agricole d'Eyguières (Bouches-du-Rhône) a créé un marché aux fruits.

Beaucoup de syndicats agricoles usent encore d'un moyen indirect de faciliter la vente des récoltes de leurs membres : il consiste à organiser dans les divers concours, tels que les concours régionaux, le concours général agricole de Paris, ou dans les grandes expositions soit françaises, soit étrangères, des groupements de produits dont la vue et, au besoin, la dégustation sont aptes à provoquer les commandes des consommateurs et des négociants. On remarque, depuis quelques années, au concours général agricole de Paris, les expositions collectives très importantes et habilement présentées des principaux syndicats de nos régions viticoles, notamment de l'Hérault, du Beaujolais, de la Gironde, de la Touraine, de la Bourgogne, etc. ; souvent même les associations forment, en vue de ces expositions, des fédérations spéciales telles que l'Union des sociétés viticoles de la Côte-d'Or comprenant neuf syndicats de ce département. Ces expositions collectives donnent lieu à un certain mouvement d'affaires, traitées ou engagées sur place, et facilitent à la production la conquête de nouveaux débouchés.

D'autres produits agricoles, les cidres, eaux-de-vie, beurres, fromages, légumes, céréales, etc., donnent lieu à des expositions analogues.

Le Syndicat pomologique de France a fait, en 1894, à l'Exposition internationale de culture fruitière et d'arboriculture de Saint-Pétersbourg, un envoi collectif de cidres, eaux-de-vie de cidre et fruits à cidre. Le Syndicat de Saint-Fiacre de Paris, association professionnelle d'horticulteurs et jardiniers, et plusieurs syndicats agricoles du département de Seine-et-Oise ont figuré avec honneur à la même exposition pour leurs envois de fruits frais.

Quelques syndicats ont même pris l'initiative d'organiser des expositions locales de vins et produits de la vigne, de volailles, de semences, etc. Le succès de ces manifestations d'entente collective entre les producteurs a généralement démontré que leur participation aux divers concours et expositions constitue un moyen appréciable de faciliter l'écoulement des denrées et produits agricoles.

Un autre débouché qui devait naturellement solliciter les entreprises de l'association professionnelle est l'exportation des produits agricoles. Certains de nos produits ne pénètrent pas encore sur les marchés étrangers; il y a un intérêt national à les y faire admettre. Ceux qui y possèdent une clientèle n'y parviennent que grevés de frais considérables, par suite des prélèvements que se réservent les intermédiaires, commissionnaires et agents de toute nature. Les associations de producteurs se créant des relations commerciales et prenant en main, avec les moyens d'action nécessaires, l'organisation de la vente à l'étranger, en ce qui touche un grand nombre de produits dont la consommation est courante, tels que légumes et fruits, beurres, fromages, œufs, fleurs, etc., elles y trouveraient à réaliser pour leurs membres d'importants bénéfices. C'est ce qu'ont apprécié quelques syndicats agricoles qui ont obtenu d'assez beaux succès dans cette branche d'opérations.

Le Syndicat des propriétaires et fermiers de Toulon, Ollioules et environ, à Ollioules (Var), a pour unique objet la production et la vente collective des oignons à fleurs, spécialité de la culture du pays. Les membres du syndicat, réunis en assemblée générale, déclarent les quantités d'oi-

gnons de tulipes, jacinthes, lis, etc., qu'ils ont
récoltées ou récolteront, ce qui permet d'établir
l'importance de la production et de fixer les prix
moyens de vente. Les ventes ont lieu à l'étranger,
surtout en Angleterre et en Allemagne. Les acheteurs sont des maisons de gros et de détail qui
envoient sur place des représentants pour traiter.
Les produits sont apportés par les syndiqués au siège
social : ils forment masse commune dans chaque
variété et sont expédiés par les soins du syndicat.
Chaque variété obtient un prix différent et le montant
de la vente annuelle est réparti entre les syndiqués,
au prorata de leur apport, en trois paiements, au
fur et à mesure que la rentrée des fonds s'effectue :
les frais sont prélevés sur le dernier paiement.

Le Syndicat des producteurs agricoles et horticoles de la région d'Hyères et plusieurs syndicats
de producteurs de fleurs du littoral de la Méditer-
ranée ont commencé à exporter directement les
fleurs coupées en Angleterre, en Allemagne, en
Russie, etc., s'affiliant des commissionnaires spéciaux dans tous les grands centres européens.

Le Syndicat professionnel mixte des jardiniers
de Nantes, par l'intermédiaire d'une société en
participation créée dans son sein, fait en Angleterre d'importantes expéditions de fruits et légumes, qui sont, pour la plus grande partie, vendus par
commissionnaire sur le marché de Covent-Garden,
à Londres. En 1893, il a ainsi fait vendre
1 400 000 poires sur les marchés de Londres,
Manchester et Liverpool, pour la somme de

130 000 francs, et 91 000 douzaines de bottes de radis.

Le Syndicat agricole de Paimpol (Côtes-du-Nord), ayant reçu de Londres des demandes à prix très avantageux, tenta d'organiser l'expédition et la vente collectives, en Angleterre, des pommes de terre de primeur récoltées par ses adhérents. Malgré la facilité et le profit de l'opération, celle-ci ne put être continuée par suite des mauvaises livraisons des syndiqués. Il en a été autrement pour le Syndicat agricole de Pont-l'Abbé qui exporte des pommes de terre sur le marché anglais.

Les producteurs de fraises de Plougastel-Daoulas, dans la rade de Brest, se sont syndiqués pour échapper à l'exploitation des intermédiaires. Ils affrètent un vapeur pour le transport des fraises en Angleterre : un membre délégué du syndicat part avec le navire afin de surveiller la réception et la vente des fruits à Londres. Cinq expéditions ont eu lieu de cette façon en 1896, et les producteurs ont vu leurs bénéfices doublés.

L'exportation des fraises a été organisée, de manière remarquable, par le Syndicat agricole du Comtat, dont le siège est à Carpentras. Les fraisiculteurs de la vaste plaine du Comtat ne connaissaient que la vente aux Halles centrales de Paris comme débouché à leur énorme production. Ils n'ignoraient pas que la vente sur la place de Londres serait beaucoup plus rémunératrice ; mais les commissionnaires exportateurs des Halles de Paris profitaient entièrement de la différence des cours, s'étant fait un monopole du triage et de la revente

des fraises de la région sur les places étrangères.
C'est contre cette situation défavorable au producteur que le syndicat agricole voulut réagir, à
l'instigation de M. Georges Maurin qui se chargea
d'entreprendre les démarches nécessaires. Elles
furent longues et difficiles : il s'agissait d'abord de
démontrer aux compagnies de chemin de fer intéressées, la compagnie P.-L.-M. et la compagnie du
Nord, l'importance et la progression constante de la
culture des fraises dans la région, afin d'obtenir
l'organisation d'un service de transport aussi rapide que possible, permettant l'exportation directe;
puis il fallait trouver une maison de commerce qui
pût représenter à Londres le syndicat et les producteurs. Ces négociations aboutirent enfin : la
compagnie P.-L.-M. dut reconnaître que l'exportation des fraises du Comtat serait pour elle un
élément de bénéfice très appréciable, et le syndicat
trouva une maison anglaise, l'importante maison
Draper and son, disposée à le représenter pour la
vente et qui accrédita, à cet effet, un agent spécial
à Carpentras. En mai 1897, l'envoi d'un premier
wagon de fraises eut lieu, à titre d'essai, au moyen
d'une souscription ouverte entre les syndiqués,
ceux qui ne pouvaient souscrire une somme d'argent s'engageant à livrer une certaine quantité de
marchandises. La vente réussit et un nouveau
courant commercial fut ainsi créé, qui s'étendit
même aux autres primeurs de la région. Les expéditions de fraises sur Londres ont atteint en 1898
le chiffre de 350 000 kilos. Le Syndicat agricole du

Comtat est membre correspondant de la chambre de commerce française à Londres, par l'intermédiaire de laquelle il peut, dans l'intérêt de ses adhérents expéditeurs de fraises, contrôler les mouvements du marché anglais. L'Union des syndicats agricoles du Comtat, présidée par M. Georges Maurin, s'intéresse au développement de ces opérations en étudiant les améliorations qu'il y aurait lieu d'apporter à l'horaire des trains, au matériel d'emballage, etc., et en négociant pour les faire prévaloir. Le zèle intelligent des associations agricoles a ouvert un débouché fort avantageux à la production des fraisiculteurs du Comtat, et le danger de la surproduction a été évité. Grâce à l'active collaboration de deux agents commerciaux de la compagnie P.-L.-M., d'autres essais ont eu lieu pour exporter les fraises du Comtat en Allemagne et en Suisse.

Le rôle très remarquable joué, à cette occasion, par le syndicat du Comtat a consisté à nouer les affaires sans les entreprendre pour son propre compte. Il a donné et recueilli des informations et préparé le terrain ; il a attiré sur ses produits l'attention des maisons de commission étrangères, en même temps qu'il obtenait l'amélioration des tarifs et conditions de transport. Cela fait, il a organisé lui-même une première expédition pour donner l'exemple et décider les producteurs à modifier leurs habitudes (1).

1. Quelques autres syndicats se sont également mis en rapport avec la maison Draper and son, de Londres, pour la vente des

Un autre petit syndicat agricole spécial a créé un commerce d'exportation qui mérite d'être noté : c'est le Syndicat des cultivateurs-herboristes du canton de Milly (Seine-et-Oise), qui vend annuellement environ 200 000 kilos de plantes médicinales sèches, cultivées par ses membres, et exporte ses produits en Angleterre, en Italie, en Russie et en Amérique. Ce syndicat fonctionne à la façon d'une société coopérative de production ; tous les membres doivent vendre leur récolte par l'intermédiaire du syndicat, les prix de vente étant établis en assemblée générale.

Parmi les syndicats agricoles pratiquant l'exportation des produits de leurs membres figurent encore les syndicats de producteurs de câpres que nous retrouverons un peu plus loin.

Dans certains cas, les syndicats agricoles, se rendant pleinement compte de l'insuffisance de leurs moyens d'action pour organiser eux-mêmes, collectivement ou non, la vente des produits de leurs adhérents, ont songé à y pourvoir indirectement à l'aide d'organismes spéciaux. Parfois ces organismes, fondés par les syndicats ou Unions de syndicats, tout au moins patronnés par eux, possèdent une autonomie propre : ce sont de véritables sociétés coopératives de production et de vente ;

fruits et primeurs récoltés par leurs adhérents, notamment le Syndicat des agriculteurs de Saint-Genis-Laval (Rhône), pour l'exportation des pêches. La commission prélevée par la maison anglaise est de 5 p. 100, et les producteurs réalisent un bénéfice très appréciable sur les prix pratiqués à Lyon.

nous aurons à les étudier plus tard. Mais, souvent aussi, de simples offices de vente, avec dépôts d'échantillons, sont établis sous la haute direction et le contrôle du syndicat. Ces offices sont des bureaux de renseignements et d'entremise, qui centralisent les offres de produits faites par les syndiqués et leur cherchent des contreparties dans la clientèle du commerce ou celle de la consommation, à la faveur de la garantie morale que fournit l'intervention du syndicat relativement à la sincérité et à la qualité des produits. L'office est géré par un agent responsable ou courtier, accrédité par le bureau du syndicat. On peut considérer comme un des types de cette organisation l'office de vente et d'expédition créé, à Fleurie (Rhône), par le Syndicat agricole et viticole du Haut-Beaujolais pour le placement des vins naturels récoltés par les membres des quatre syndicats formant l'Union beaujolaise et comptant près de 6000 viticulteurs. Les ordres de la clientèle transmis à l'office sont exécutés à la propriété, où le vin est soutiré sous le contrôle du syndicat qui garantit l'origine en apposant sa marque sur le fût. L'agent intéressé placé à la tête de l'office de vente veille à la bonne exécution des commandes et surveille l'expédition. Ce service est donc utile au consommateur comme au producteur. Le syndicat publie des prix courants et organise des expositions collectives des vins de ses adhérents. Quelques syndicats viticoles ont créé des offices de vente opérant dans des conditions analogues. D'autres, tels que ceux de Meursault et

Gevrey-Chambertin (Côte-d'Or), ont des courtiers spéciaux pour la vente des vins fins et ordinaires. Le Syndicat agricole de Montagnac (Hérault) a voulu faire plus en ouvrant à Paris, à ses frais et sous sa garantie, un dépôt de vins de consommation courante pour la fourniture directe de la clientèle bourgeoise ; mais l'entreprise n'a pas réussi et n'a pu être continuée.

L'Union du Sud-Est, l'Union des Alpes et de Provence, l'Union Beaujolaise, etc., ont des courtiers attitrés qui se chargent de traiter la vente des divers produits agricoles pour le compte des membres des syndicats unis, disposés à recourir à leurs services. Enfin bon nombre de syndicats agricoles, sollicités par leurs adhérents de leur faciliter la vente de certains produits agricoles, s'adressent, à cet effet, soit à l'office du Syndicat central des agriculteurs de France, soit à un établissement spécial, l'*Union agricole de France* (30, rue des Halles, Paris) (1), qui cherche à réaliser, dans la mesure possible, la suppression des intermédiaires parasites sur le marché de la consommation parisienne et qui reçoit certains produits agricoles pour les vendre au commerce de détail, en prélevant une simple commission.

Afin de compléter les renseignements qui précèdent sur l'intervention des syndicats dans la

(1) L'*Union agricole de France* a pour directeur M. E. Boutin qui possède d'excellentes relations dans le personnel des syndicats agricoles.

vente des produits agricoles, nous avons à faire remarquer que, pour faciliter cette vente ou la rendre plus rémunératrice, d'assez nombreuses associations se sont vues amenées à soumettre, tout d'abord, les denrées à une manipulation ou transformation primaire destinée à accroître leur valeur marchande. Quelques syndicats y ont procédé par eux-mêmes ou indirectement, mais sans emprunter le rouage d'une société coopérative de production.

Ainsi, pour améliorer la fabrication de l'huile d'olive et en organiser plus avantageusement la vente en garantissant sa pureté, plusieurs syndicats des Bouches-du-Rhône et du Var, à Istres, Solliès-Toucas, Callas, Lorgues, etc., ont loué des moulins à huile où les olives peuvent être pressées en commun ; mais plus souvent, il faut bien le dire, malgré le progrès qui en résulterait, l'insuffisance de l'esprit de solidarité parmi les syndiqués fait obstacle à ce que la fabrication soit collective, et chacun d'eux vient, à tour de rôle, presser ses olives au moulin syndical, de sorte que l'opération intéresse surtout le perfectionnement de l'outillage agricole.

Mais il existe en Provence quelques syndicats qui fournissent le frappant exemple d'une action quasi-coopérative appliquée à la manipulation industrielle et à la vente des produits agricoles : ce sont les syndicats de Roquevaire, Lascours, Cuges et Solliès-Toucas, qui se livrent à la préparation, comme conserve, et à la vente collective des câpres récoltées par leurs adhérents. Les producteurs,

qui vendaient autrefois à des négociants spéciaux
les câpres fraîches, au fur et à mesure de la cueillette, ont été amenés à créer cette organisation
pour lutter contre la baisse continue des offres qui
leur étaient faites. De plus, afin de s'emparer de la
clientèle étrangère en vendant bon marché, le commerce local mélangeait aux câpres achetées dans le
pays, des câpres inférieures tirées d'Algérie et d'Espagne, ce qui était de nature à compromettre la
vieille réputation des câpres de Provence. Voici
comment procèdent, à Roquevaire (Bouches-du-
Rhône), les producteurs syndiqués et comment ils
ont réussi à se substituer au commerce local dans
la préparation industrielle et la vente des câpres.

Les membres du syndicat cueillent ou font
cueillir leur récolte. Le bouton floral du câprier
doit être cueilli très petit : car alors la câpre est
plus fine de qualité et rapporte plus d'argent que si
on la laisse grossir. Les câpres sont ordinairement
cueillies par des femmes, avec les soins nécessaires
pour ne pas endommager la récolte future, et on
leur recommande de les cueillir aussi fines que possible. La cueillette a lieu, tous les cinq ou six jours,
pendant la saison qui dure de la fin de mai au commencement de septembre. Aussitôt cueillies, les
câpres sont jetées dans un tonneau défoncé d'un
côté, ou dans une jarre, où elles baignent dans du
vinaigre de vin à 6 degrés, de façon à en être à
peine recouvertes. Ce vinaigre est fourni par le
syndicat à ses adhérents, au prix de revient. Après
deux ou trois mois de macération, le producteur

porte ses câpres au syndicat qui en prend livraison, les fait cribler et les remet ensuite au vinaigre dans ses caves : elles se conservent ainsi en tonneaux jusqu'à la vente qui a lieu de la fin d'août à la saison suivante.

Le producteur est crédité du montant en poids des quantités de câpres fournies, mais suivant qualités déterminées par le criblage auquel il assiste s'il ne s'en rapporte à la bonne foi du syndicat. Le criblage des câpres est exécuté à la main, à l'aide de toiles métalliques, par des ouvrières qui sont ordinairement des femmes ou filles de membres du syndicat. Pendant environ six mois, il y a une vingtaine de femmes employées à ce travail au siège social. Les câpres sont classées en six qualités, selon leur grosseur : *non-pareilles*, *surfines*, *capucines*, *capotes*, *fines* et *mi-fines*. Ces qualités diverses obtiennent, à la vente, des prix très différents.

Le produit net des ventes, déduction faite des frais généraux du syndicat, est réparti entre les membres au prorata de leurs livraisons et suivant qualité, ce qui constitue une prime à l'habileté de la cueillette ou à la bonne exploitation des câprières. Ainsi, les sommes provenant de la vente des *non-pareilles* sont distribuées exclusivement aux livreurs de cette qualité, et il en est de même pour les autres.

Le syndicat consent même à ceux de ses adhérents qui ne pourraient attendre l'époque éloignée de la réalisation des produits, et au taux d'intérêt

de 4 p. 100, des avances susceptibles de s'élever
aux trois quarts de la valeur présumée de l'apport.
Il vend les câpres en gros, par fûts de 5 à 300 kilos, et s'est créé un importante clientèle d'acheteurs directs en Allemagne, Russie, Suède et Nor-
vège, Angleterre et Amérique. Il fait aussi placer
ses produits, en France et à l'étranger, par des
agents rémunérés à la commission. Son chiffre
d'affaires s'est élevé jusqu'à 200000 francs par an.

Le succès de cette entreprise a décidé les syndicats de Roquevaire et de Lascours à utiliser leur
énorme production d'abricots, dont la vente, en
certaines années, payait à peine les frais de récolte,
pour en préparer des conserves auxquelles un
débouché meilleur était assuré.

Dans une usine installée à Roquevaire sous un
simple hangar, une véritable fabrication industrielle
s'est organisée. Les abricots sont cueillis et apportés
au siège social où ils sont pesés, de manière que le
compte de chaque syndiqué soit crédité de son apport
en vue de la répartition proportionnelle des bénéfices
nets de la vente en conserve. Les fruits sont alors
livrés à des femmes ou enfants, appartenant aux
familles des membres du syndicat, qui les coupent
en deux afin d'enlever le noyau. L'amande se vend
6 à 10 francs les 100 kilos à des confiseurs et
fabricants de sirops. Il en a été vendu pour près
de 2000 francs en 1895. Au fort de la saison, les
livraisons d'abricots s'élèvent jusqu'à 25000 kilos
par jour et 150 femmes, jeunes filles ou enfants
sont occupés au *dénoyautage*. Après le dénoyau

tage, la pulpe d'abricot subit l'opération du *blanchiment* dans des bassines percées en tôle, qu'on plonge, deux ou trois minutes au plus, dans des chaudières remplies d'eau en ébullition; puis elle est mise en boîtes de fer blanc, de forme cylindrique, qui doivent être exactement remplies pour contenir 5 kilos et être ensuite hermétiquement fermées au moyen d'un couvercle soudé à l'étain. Le fournisseur des boîtes, qui en livre au syndicat pour une valeur d'environ 30 000 francs par an, est tenu de les faire souder par un personnel spécial qui travaille à ses frais. Les boîtes de conserves retournent alors à l'étuve : logées dans des cylindres à claire-voie, elles sont descendues dans de grands chaudrons pleins d'eau bouillante où elles séjournent une demi-heure pour assurer la destruction des ferments de décomposition et la stérilisation complète de la pulpe. Il ne reste ensuite qu'à les mettre en magasin où elles attendent l'époque de la vente.

Le Syndicat des agriculteurs de Roquevaire a ainsi préparé, en 1895, près de 400 000 kilos de pulpe d'abricot, qui est vendue aux épiciers en gros, pâtissiers, confiseurs, etc. La plus grande partie de la production est exportée en Belgique, en Hollande, en Angleterre, aux États-Unis et au Brésil. Le syndicat vend en gros, par courtiers spéciaux auxquels il réserve une commission de 3 p. 100.

Les frais de fabrication s'élèvent à environ 14 francs les 100 kilos et le produit se vend ordinairement de 24 à 26 francs. Le syndicat paie plus de 10 000 francs de salaires qui profitent, pour la plus forte part, aux familles de ses membres. Pendant un mois, il occupe près de 200 femmes et jeunes filles qui gagnent en moyenne 2 francs par jour.

Lorsque la saison des ventes est terminée, les frais généraux sont prélevés sur les recettes, et le reliquat est distribué, sans aucune réserve, entre les syndiqués fournisseurs d'abricots, au prorata de leurs livraisons. On estime que le bénéfice qui en résulte constitue une augmentation de 30 à 40 p. 100 sur le prix d'achat des abricots par les négociants en pulpes. Afin de permettre de régler chaque jour les frais de fabrication et, de plus, de faire des avances, sur la valeur des abricots livrés, aux cultivateurs qui en ont besoin, quelques membres du syndicat ont mis à sa disposition une somme de 30 000 à 35 000 francs, portant intérêt à 4 p. 100, qui constitue pour l'entreprise un fonds de roulement suffisant.

Il était intéressant de faire connaître ces expériences qui représentent, à peu près, le maximum de succès obtenu par l'association professionnelle agricole dans l'écoulement des produits de ses membres. Elles confirment une loi qui semble se dégager de l'ensemble des observations qui précèdent : c'est que l'influence des syndicats agricoles pour faciliter la vente des produits du sol a été d'autant plus favorable que leurs procédés se sont rapprochés de ceux de la coopération de production.

Tels sont les services assurément bien modestes que les syndicats agricoles s'efforcent de rendre à leurs adhérents pour l'écoulement des produits du sol. Certes, ils sont susceptibles de se développer et de s'améliorer : mais, ni dans le présent, ni dans l'avenir, ils ne sauraient, à aucun degré, justifier le cri d'alarme poussé par l'auteur d'une récente étude sur les syndicats agricoles (1). M. Élie Coulet a tracé du mouvement syndical agricole, de son organisation et de ses tendances, un tableau fantaisiste que M. Gustave Rouanet, député, s'est empressé de prendre pour thème d'un article de la *Revue socialiste* (2). En ce qui touche la vente des produits, M. Coulet voit dans les tentatives faites par les syndicats pour rapprocher le producteur du consommateur, le commencement d'une évolution économique générale de l'agriculture vers la concentration, l'accaparement et le monopole des produits du sol ou denrées d'alimentation de première nécessité.

C'est au moyen d'*Ententes* entre les associations de producteurs que sera constitué ce monopole, et il imposera des prix auxquels, bon gré, mal gré, la consommation devra se soumettre.

« Nous doutons, prédit M. Coulet, que le consommateur puisse échapper bien longtemps encore à la rapacité des agriculteurs ; ceux-ci, en effet, ont travaillé incessamment à s'unir, à se fortifier, à devenir, par leurs syndicats de producteurs, les maîtres tout-

---

(1) *Le Mouvement syndical et coopératif dans l'agriculture française*, Op. cit.

(2) *Du danger et de l'avenir des syndicats agricoles* (*Revue socialiste*, février 1899).

puissants du marché national, et le jour est proche
où le résultat définitif de la politique agricole ac-
tuelle apparaîtra sous la forme d'un monopole des
produits du sol national, pour le seul profit des
propriétaires ruraux. »

Cette surprenante découverte, qui apparaît à
M. Coulet comme « un danger menaçant pour les
autres classes de la nation », ne saurait manquer
d'être agréable à M. Rouanet : il croit pouvoir en
induire que les syndicats agricoles, condamnant le
système actuel de production, le mode de répartition individuel, et organisant le mode de répartition
collectif, la production sociale, se font bénévolement
les fourriers du socialisme dans les campagnes : il
ne lui déplaît aucunement, d'ailleurs, de voir les
propriétaires ruraux travailler à leur propre perte.
Aussi n'en veut-il pas douter : « Le monopole des
produits de la terre entre les mains des syndicats,
tel est, dit-il, ni plus ni moins, le système nettement formulé, à l'avènement duquel travaillent les
directeurs du parti agrarien français. »

Les modestes syndicats agricoles qui, par des
moyens divers mais généralement bien insuffisants,
si on en juge par les résultats, s'ingénient à faciliter
aux cultivateurs la réalisation de leurs produits, ne
se savaient pas l'âme si noire d' « aider à l'extension du socialisme collectiviste ». Mais ils pourront, fort heureusement, tranquilliser leur conscience en opposant à ce jugement de M. Rouanet
celui de M. Paul Deschanel : « L'association libre
est le contre-poison du collectivisme. »

CHAPITRE VII

PROGRÈS DE L'OUTILLAGE AGRICOLE.

Les syndicats agricoles ont exercé une très heureuse influence sur les progrès de l'outillage agricole. Faire connaître de leurs adhérents les machines et instruments qui permettent de pratiquer une culture perfectionnée, une exploitation plus rémunératrice, et leur en faciliter l'emploi par des combinaisons variées, tel a été en cette matière leur principe directeur, analogue à celui qui les a inspirés dans l'organisation de l'achat des engrais. Toujours il s'agit de faire participer le plus possible les petits cultivateurs aux avantages de la grande culture, et cela grâce aux ressources de l'association.

Pour propager les machines ou instruments qui conviennent particulièrement aux besoins de la culture locale, les syndicats ont divers moyens d'action : les concours spéciaux, les essais publics, le dépôt dans leurs magasins ou entrepôts, etc. L'industrie des constructeurs de machines agricoles a reçu, du fait de leur propagande, une vigoureuse impulsion. Tel de nos grands syndicats agricoles ou viticoles, en mettant hors de pair, dans l'un de ses

concours spéciaux, le mérite d'une marque déterminée, a valu à son constructeur une importante
clientèle. Les essais pratiques de machines nouvelles
ou peu connues, exécutés devant une nombreuse assistance de membres du syndicat, réunis à cet effet,
disposent favorablement les cultivateurs aux transformations que réclame leur matériel suranné : car
ils leur rendent évidents les avantages d'un outillage perfectionné. L'acquisition est facilitée par
les remises dont le constructeur s'empresse de
faire bénéficier le syndicat. Parfois même, celui-ci,
voulant encourager la prompte transformation de
l'outillage, accorde à ses membres, se rendant acquéreurs des instruments perfectionnés les plus
usuels, une subvention ou prime proportionnelle à
leur valeur, ce qui réduit d'autant le prix d'achat.
On voit aussi des syndicats, à la suite d'un concours
ou d'un essai public d'instruments, organiser une
vente aux enchères, en supportant la charge d'un
abaissement de la mise à prix au-dessous du prix
fixé par le fabricant. D'autres stimulent l'exécution d'améliorations fixes dans les corps d'exploitation, telles que l'établissement de fosses à purin
par exemple, en remboursant une partie de la
dépense totale dûment constatée. Généralement
aussi, dans les concours organisés par les syndicats,
des primes et récompenses sont attribuées aux
meilleurs conducteurs de charrues perfectionnées,
faucheuses, moissonneuses et de toutes les ingénieuses machines qui ont pour objet de donner
au sol des façons soignées ou d'assurer la

prompte et économique réalisation des récoltes.

Mais il ne pouvait suffire aux syndicats agricoles de remplir ce rôle d'encouragement à l'égard de ceux de leurs adhérents qu'ils trouvaient disposés à apporter à leur outillage les transformations nécessaires : tous les cultivateurs ne se laissent pas convaincre aisément d'accomplir un progrès qui leur impose tout d'abord un sacrifice important ; tous ne sont pas en situation de supporter la dépense et même, dans les petites exploitations, ils n'y ont pas un réel intérêt. Un moyen existe pourtant de faire bénéficier les petits cultivateurs des avantages d'un outillage perfectionné, réservés jusqu'alors à la grande culture : c'est, après avoir appliqué l'idée coopérative à l'achat des engrais, de l'appliquer encore à cet autre facteur de la production, le travail agricole. Les syndicats agricoles l'ont fait et ils ont utilisé le groupement professionnel en acquérant, pour un usage commun successif, le matériel que son prix élevé ou son emploi trop rare dans l'exploitation rend inaccessible aux petits cultivateurs. Indépendamment de l'aide efficace ainsi prêtée à ceux de ses membres qui en ont le plus grand besoin, l'association remplit une fonction économique importante en contribuant par son intervention à réduire la valeur du capital-machines nécessaire à la culture, en épargnant aux petits exploitants la dépense première d'acquisition de plusieurs outillages, lorsqu'un seul peut suffire aux besoins d'un certain nombre de cultivateurs associés.

Beaucoup de syndicats ont donc acquis, sur leurs ressources disponibles, un certain nombre d'instruments choisis parmi ceux qui se prêtent le mieux à un emploi successif pendant une période assez prolongée des travaux agricoles, tels que charrues ordinaires et défonceuses, distributeurs d'engrais, faucheuses et moissonneuses, semoirs, houes à cheval, scarificateurs, alambics, presses à fourrage, bascules, rouleaux, trieurs à grains, hache-paille, coupe-racines, moulins à farine, pulvérisateurs, pressoirs mobiles à vendange, filtres, égrappoirs et fouloirs, etc. Ces instruments, placés dans les dépôts organisés par le syndicat pour le service des engrais, y sont loués moyennant une faible redevance, ou même quelquefois prêtés gratuitement aux adhérents qui désirent les utiliser. Ceux-ci doivent s'inscrire afin de déterminer le roulement suivant lequel ils sont admis à disposer des machines ; leur entretien et leur réparation, en cas d'accident survenu dans le travail, demeurent naturellement à la charge de celui qui les emploie.

Cette pratique très simple, et qui ne réclame des membres du syndicat aucune initiative personnelle, aucun engagement préalable, s'est propagée rapidement et les services qu'elle rend à la petite culture sont incontestables. Parfois, comme dans le Syndicat des agriculteurs de la Manche, les instruments mis en location sont répartis en deux catégories ; instruments ambulants et instruments stationnaires dans les dépôts ou sections, où les syndiqués peuvent les utiliser sans déplacement.

Les trieurs à grains, que de nombreux syndicats, même de très petits syndicats, tiennent à la disposition de leurs adhérents, sont pour ceux-ci l'occasion d'un bénéfice considérable par la plus-value que le nettoyage donne aux céréales, soit pour la semence, soit pour la vente. Le Syndicat agricole du canton de Delle (Haut-Rhin) possède 19 trieurs placés en dépôt chez les administrateurs ou simples sociétaires, et tous les membres du syndicat peuvent en user gratuitement, mais sans déplacement. Ailleurs le syndicat se fait, par ses agents, entrepreneur de triage, prélevant une redevance proportionnelle aux quantités de grains nettoyées.

Les charrues défonceuses possédées par les syndicats permettent à leurs membres l'exécution économique des travaux de reconstitution des vignes, défrichement des landes, etc. Un grand nombre de machines ou instruments de l'exploitation agricole ou viticole conviennent à cette utilisation collective, parce que leur emploi est peu fréquent ou que la dépense d'acquisition n'est pas en rapport avec les bénéfices résultant de cet emploi pour la petite et la moyenne culture.

Ainsi, pour affranchir leurs adhérents de la nécessité de faire battre leurs récoltes par les entrepreneurs de battage, dont les tarifs sont généralement élevés, quelques syndicats ont eux-mêmes acquis des matériels de battage perfectionnés, dont le prix s'élève parfois jusqu'à 10 000 francs. On peut citer, à cet égard, les syndicats agricoles de Jallanges et

Trugny (Côte-d'Or), Livron (Drôme), Béligneux (Ain), Cazaubon (Gers), Pazy-Chaumot (Nièvre), Die (Drôme), Herblay (Seine-et-Oise), le groupe cantonal de Valençay du Syndicat des agriculteurs de l'Indre, etc. Le plus souvent, les fonds nécessaires à l'acquisition sont fournis par un emprunt souscrit parmi les membres du syndicat ou réalisé au dehors : le service des intérêts et de l'amortissement est assuré à l'aide des redevances payées par les syndiqués proportionnellement à la quantité de grains qu'ils font battre, et la batteuse syndicale fonctionne dans des conditions déterminées par un règlement spécial. L'organisation de ces entreprises de battage désintéressées offre des combinaisons ingénieuses et variées qui font grand honneur à l'esprit d'association professionnelle (1).

Les syndicats agricoles qui possèdent un patrimoine ou des réserves de quelque importance ont à leur disposition les ressources nécessaires à l'acquisition d'un outillage collectif. Ceux qui ne se trouvent pas dans cette favorable situation peuvent recourir à un emprunt spécial : parfois aussi, et c'est là un procédé bien coopératif, qui n'est applicable que pour un groupement très restreint, on demande aux syndiqués une contribution proportionnelle à leur intérêt : c'est ainsi que, le Syndicat

(1) On trouvera notamment dans le *Bulletin* de l'Union centrale des syndicats des agriculteurs de France, du 1er juillet 1899, le règlement très étudié qui a été adopté par le Syndicat des agriculteurs de Die pour l'usage de sa batteuse et de sa botteleuse.

agricole et viticole de Mas-Rillier (Ain), syndicat de hameau, voulant acheter un trieur perfectionné et ne possédant pas de ressources, l'instrument a été payé par tous les syndiqués, proportionnellement à l'étendue de leur culture en céréales.

Parfois se produit, sous forme de subvention ou donation, quelque intervention étrangère, qui facilite au syndicat la création de cet utile service. Il en existe notamment un exemple trop intéressant pour n'être pas mentionné : car il montre que, si les syndicats agricoles peuvent, comme déjà nous l'avons fait observer, prêter un concours efficace au fonctionnement de la mutualité, les institutions de prévoyance savent aussi, en certains cas, collaborer à l'action professionnelle des syndicats agricoles.

En 1893, la Caisse d'épargne des Bouches-du-Rhône, présidée par M. Eugène Rostand, membre de l'Institut, voulant faire, d'une partie des bonis produits par ses dépôts, un emploi profitable aux agriculteurs dont les économies alimentent sa succursale d'Aix, décida l'acquisition d'instruments ou machines agricoles trop coûteux pour les petits agriculteurs, et destinés à leur être remis en location. La succursale d'Aix s'adressa au Syndicat central agricole et horticole de l'arrondissement, en lui demandant d'organiser le service de la remise des machines aux agriculteurs et la surveillance de l'usage qui en serait fait, avec les garanties nécessaires pour le bon fonctionnement de cette institution. L'offre fut acceptée par le syndicat, et le conseil des directeurs de la Caisse d'épargne mit à sa disposition une somme de 1 200 francs pour être affectée à l'Œuvre de l'outillage agricole. Un premier entrepôt fut créé à Aix et pourvu de 11 instruments agricoles, achetés avec la subvention de la Caisse d'épargne ; un règlement fut adopté pour fixer les conditions d'emploi et le tarif minime de la location journalière. L'œuvre a si bien réussi que le syndicat a entrepris d'ouvrir successivement de nouveaux dépôts de machines dans les chefs-lieux de canton et autres localités importantes de l'arrondissement. Depuis le 1er juin 1893 jusqu'au 31 décembre 1897, les achats d'instruments affectés à ce service de location se sont élevés à environ 8 000 francs, dont 3 900 francs ont été fournis par la Caisse d'épargne, 2 000 francs par des subventions officielles et 1 300 francs par les bonis réalisés sur les prix de location (1).

Il est aisé d'apprécier l'élan que peut donner au progrès des méthodes d'exploitation du sol, la dissémination d'un nombre relativement considérable de bons instruments ainsi mis à la disposition des petits cultivateurs, qui apprennent à connaître leur utilité, se familiarisent avec leur usage (2) et par-

(1) Léon Aymard, *les Syndicats agricoles, leur œuvre professionnelle, économique, sociale*.

(2) Non seulement on loue aux petits cultivateurs des instruments perfectionnés, mais on leur montre, au besoin, la manière de les faire fonctionner ; le règlement de l'Œuvre de l'outillage agricole du syndicat d'Aix contient à cet égard la clause suivante : « Pour les instruments dont l'emploi exigerait des connaissances spéciales, le syndicat pourra fournir des moniteurs chargés d'en enseigner l'usage, moyennant une juste rétribution. »

fois sont ainsi conduits à acquérir eux-mêmes ceux dont ils ont un besoin permanent.

La loi du 20 juillet 1895 sur le régime des Caisses d'épargne autorise ces établissements à faire de leurs bonis annuels et des revenus de leur fortune personnelle l'emploi, si favorable au développement de la production agricole locale, dont la Caisse d'épargne des Bouches-du-Rhône a donné l'exemple : aussi les syndicats qui veulent organiser ou développer l'Œuvre de l'outillage agricole sont-ils fondés à solliciter, à cet effet, le concours des caisses d'épargne, de même qu'ils peuvent obtenir des subventions spéciales sur les fonds de l'État, des départements ou des communes.

Quelques syndicats agricoles pratiquent, avons-nous dit, le prêt gratuit des instruments ou machines qu'ils désirent voir employer par leurs adhérents. Cette méthode n'est à recommander que comme moyen transitoire de vulgarisation ; certains syndicats s'en sont servis pour répandre l'usage d'instruments peu coûteux, tels que les pulvérisateurs destinés à combattre le mildiou de la vigne (1), et porter les vignerons à s'en pourvoir individuellement. Mais les services entièrement gratuits relèvent de la bienfaisance plutôt que de la solidarité professionnelle, et le syndicat doit, en principe,

----

(1) Plusieurs syndicats agricoles possèdent un très grand nombre de pulvérisateurs. Le Syndicat agricole et viticole de Romorantin en a 30, le Syndicat des vignerons de Gien a organisé ses membres en 26 brigades, dont chacune est pourvue d'un pulvéisateur, etc.

laisser un certain effort d'initiative personnelle à la charge de ses adhérents. Ceux-ci, dispensés de payer une modeste redevance de location, seraient, d'ailleurs, enclins à conserver les instruments au delà du temps nécessaire, ce qui entraverait le roulement qui doit être la base du service de l'outillage agricole.

Il est des syndicats qui ont employé un autre système pour assurer à leurs adhérents, à des conditions favorables, les avantages d'un outillage perfectionné appliqué à divers travaux de l'exploitation rurale. Ils y procèdent indirectement par des traités conclus avec des entrepreneurs spéciaux qui consentent des remises, sur leurs tarifs ordinaires, à tous les syndiqués disposés à utiliser leurs services. Cette combinaison exonère les syndicats de l'obligation d'acquérir un matériel trop coûteux ou dont l'emploi ne leur paraît pas assuré pour une période de temps telle que les frais et l'amortissement soient couverts par la location. On peut citer quelques exemples de syndicats ayant ainsi traité à l'entreprise, soit par adjudication, soit de gré à gré, pour le battage des grains, la mouture et le concassage, le hachage du maïs, le broyage des sarments, l'étouffage des cocons, le défoncement des terres pour la reconstitution des vignes, la moisson des céréales à l'aide de moisonneuses-lieuses, etc.

Des syndicats spéciaux se sont aussi fondés dans le but de fournir à leurs membres les avantages de l'outillage perfectionné, comme le font les sociétés allemandes de travaux agricoles. Ces syndicats ont pour unique objet l'achat et l'emploi en commun de bons instruments de culture ; ils offrent à leurs adhérents des moyens de production plus parfaits et plus économiques que ceux dont disposent les travailleurs isolés. En principe, les fonds nécessaires à l'achat des machines sont empruntés ou souscrits par les sociétaires, et ceux-ci paient une redevance locative pour en obtenir l'usage, à tour de rôle. Ces syndicats font une intéressante application de l'idée coopérative aux travaux de la production agricole. On leur attribue assez généralement le nom de « syndicats d'industrie agricole », que leur a donné le Syndicat agricole Pyrénéen, de Tarbes, parce qu'ils ont pour objet d'acheter et exploiter des machines agricoles pour l'usage exclusif de leurs adhérents. Tels que les a organisés le Syndicat agricole Pyrénéen, ils représentent une ingénieuse combinaison de la coopération et du crédit.

Le syndicat d'industrie agricole est essentiellement communal et fonctionne grâce au concours d'une caisse rurale de type Raiffeisen établie dans son voisinage, et le plus souvent dans la commune même. Possédant la personnalité civile, le syndicat se fait inscrire comme membre de la caisse rurale et dès lors, avec la caution solidaire de tous les syndiqués, il emprunte à la caisse rurale les fonds nécessaires à l'achat des machines. Le syndicat commence alors à fonctionner, chacun de ses membres pouvant utiliser l'outillage de l'association, moyennant un prix de location affecté à payer l'entretien et les frais divers, à solder les intérêts du capital emprunté et à amortir peu à peu ce capital lui-même. Le syndicat établit des règlements spéciaux relatifs au fonctionnement de chaque machine et aux conditions de son emploi par les sociétaires.

Deux ans après la fondation de ces premiers syndicats d'industrie agricole par le Syndicat agricole Pyrénéen, en 1897, ils étaient au nombre de vingt dans le département des Hautes-Pyrénées : ils avaient acheté quinze trieurs à blé valant 400 francs chacun, trois batteuses à vapeur, dont le prix varie de 7000 à 10000 francs, onze défonceuses à manège, dont chacune coûte près de 2000 francs, des faucheuses, des houes à cheval, etc. Le total des emprunts collectifs négociés par les syndicats d'industrie agricole auprès des diverses caisses rurales atteignait une somme de 50000 à 60000 francs (1).

Indépendamment de leur influence économique sur la production agricole, ces syndicats ont largement contribué, par la solidarité des intérêts qu'ils ont créée, à maintenir l'union dans les communes où ils fonctionnent et à y faire péné-

____

(1) Rapport sur le syndicat d'industrie agricole, présenté au Congrès des caisses rurales et ouvrières, à Tarbes, le 25 août 1897, par M. l'abbé Henri Fontan. On peut aussi consulter, pour l'organisation et le fonctionnement des syndicats d'industrie agricole, la brochure de M. l'abbé Fontan, *les Machines agricoles à la portée de tous; le Syndicat d'industrie agricole* (Tarbes, Librairie catholique, 1895).

trer un véritable sentiment de fraternité sociale.

Les syndicats d'industrie agricole ont commencé à se répandre dans quelques départements, notamment dans les Bouches-du-Rhône, le Jura, le Lot-et-Garonne, le Loiret, le Nord, la Meuse, la Meurthe-et-Moselle, la Vienne, etc. Le modeste syndicat Bonnançais d'industrie agricole, à Templeuve (Nord), syndicat de hameau formé par un groupe très restreint de petits cultivateurs, possède un semoir, un hache-paille et une faucheuse. Le syndicat d'industrie agricole, créé à Orléans par le grand Syndicat des agriculteurs du Loiret, exploite un moulin qui moud à façon les grains récoltés par les cultivateurs adhérents de la banlieue d'Orléans. Le Syndicat Provençal d'industrie agricole, à Lançon (Bouches-du-Rhône), « a pour but les opérations agricoles qui pourront être faites en commun par ses membres, et spécialement l'achat et la location d'instruments ou machines agricoles, ou l'entente avec des entrepreneurs de travaux agricoles ».

Lorsqu'il n'existe pas de caisse rurale ou société de crédit agricole fonctionnant dans son voisinage, le syndicat peut emprunter d'autre façon, même parmi ses propres adhérents, les capitaux nécessaires à l'acquisition des machines. Ainsi le syndicat agricole de la commune de Clesles, véritable syndicat d'industrie agricole *avant la lettre* (il date de 1892), qui a été fondé par l'Association syndicale des agriculteurs du canton d'Anglure (Marne), décide l'achat des instruments en assemblée générale, et les fonds nécessaires sont fournis, à part égale, par chacun des adhérents.

Ces avances, productives d'intérêt à 5 p. 100, sont remboursables au moyen d'un prélèvement sur les bénéfices annuels que produit la location des instruments. Les conditions et prix de location sont déterminés, pour chaque campagne, par le bureau du syndicat, et les petits cultivateurs se trouvent avoir à leur disposition, moyennant une dépense minime, tous les instruments nécessaires à une bonne culture.

Enfin quelques syndicats agricoles sont allés plus loin encore dans la voie de l'organisation de l'outillage collectif, en créant ou patronnant, entre cultivateurs d'une même commune, des associations locales autonomes, de forme coopérative, pour l'achat et l'usage de machines destinées à demeurer propriété commune des sociétaires. Ces machines peuvent être des batteuses à grand travail, des moulins à farine, des moissonneuses-lieuses, des alambics, des filtres continus, etc. Mais dans ces sociétés coopératives dérivées, le syndicat agricole joue le rôle de simple initiateur et, l'œuvre étant créée, sa direction lui échappe.

CHAPITRE VIII

Les syndicats agricoles ne pouvaient manquer d'exercer une action bienfaisante sur l'entretien et l'amélioration du bétail, afin d'accroître la valeur de la production animale et les ressources des agriculteurs.

Le besoin élémentaire auquel ils avaient à donner satisfaction sur ce point était de faciliter aux cultivateurs l'acquisition des fourrages, pailles, grains, sons, maïs, tourteaux et farines alimentaires, sels dénaturés et toutes autres substances destinées à la nourriture des animaux.

La méthode coopérative des achats collectifs a pleinement réussi dans cette nouvelle application et elle a permis aux syndicats, qui ont développé cette branche de leurs opérations, d'introduire parmi leurs adhérents le principe d'une alimentation plus rationnelle du bétail : ils ont ainsi travaillé au relèvement des races, tout aussi efficacement que par la sélection des reproducteurs.

Cette intervention des syndicats s'est surtout manifestée utilement dans les années où la rareté

des fourrages oblige les cultivateurs à acheter au
dehors beaucoup de matières alimentaires. Ainsi,
pendant la sécheresse extraordinaire de l'année 1893,
qui a été si fatale à notre cheptel national dans la
plus grande partie de la France, certains syndicats ont pu faciliter la conservation des animaux en
s'approvisionnant de nourritures, à d'autres extré-
mités du territoire et même à l'étranger. On doit
citer notamment le Syndicat agricole d'Anjou, à
Angers, qui a acheté 1 000 tonnes de tourteaux,
avoine, son, pailles et fourrages, pour la somme de
200 000 francs, et les syndicats du Comice agricole
de la Réole, de Cadillac (Gironde), de Villefranche
(Rhône), des agriculteurs des Ardennes, de la
Haute-Marne, de Poligny, de Lunéville, etc., qui,
en cette même année de sécheresse, ont, au grand
avantage de leurs adhérents, traité des affaires considérables de fourrages et denrées alimentaires pour
le bétail. Les syndicats achètent également des
tourbes pour litière, qui sont généralement impor-
tées de Hollande et qui suppléent à l'insuffisance de
la récolte des pailles et fourrages.

Ce n'est pas seulement pour les périodes de
disette que la ressource des achats collectifs se fait
apprécier. Dans les régions de grande production
viticole, telles que l'Hérault, l'Aude, le Gard, etc.,
où on ne récolte guère de fourrages, les syndicats
traitent régulièrement des marchés importants dans
les pays d'abondante production fourragère, soit
avec d'autres syndicats agricoles, soit avec des particuliers ou avec le commerce. Le Syndicat pro-

fessionnel agricole de Narbonne a acheté, en 1893-1894, des fourrages, pailles, avoines, sons, caroubes, etc., pour une somme de 500 000 francs ; le Syndicat agricole de Montpellier et du Languedoc (transformé, nous l'avons dit, en société coopérative régie par la loi du 24 juillet 1867) a acheté, la même année, pour un million de francs de fourrages et pailles, 426 000 francs de grains et 90 000 francs de tourteaux, etc.

Mais pour favoriser la conservation et l'amélioration des races animales si variées et si méritantes de notre pays, il y a mieux à faire qu'à faciliter aux agriculteurs le soin de donner au bétail une alimentation rationnelle. C'est par le procédé de la sélection dans le choix des reproducteurs que se maintiennent les races et que s'accentuent leurs qualités naturelles, dans la proportion de leurs aptitudes particulières et sous l'inspiration des convenances locales qui réclament plutôt la production d'animaux de travail, de vaches laitières ou de bêtes précoces pour la boucherie. Nos syndicats agricoles ont consacré à cette tâche une notable part de leurs efforts.

Sans doute la France ne possède pas encore, et c'est une lacune à combler, de *syndicats d'élevage* proprement dits, appliquant le principe de l'action coopérative à l'industrie de la production animale, tels que ceux dont la Suisse et la Belgique offrent d'excellents modèles (1). Mais les moyens variés

(1) Les syndicats suisses d'élevage ont été fondés en 1888, pour la race bovine tachetée rouge, par M. le colonel J. de Watten-

employés par nos syndicats pour encourager et
faciliter chez leurs adhérents l'amélioration de
l'élevage n'en sont pas moins dignes d'être signalés.

Beaucoup de syndicats, désireux d'introduire des
reproducteurs choisis dans leur circonscription, en
font acheter quelques-uns par une commission
spéciale, sur les marchés les plus favorables, et procèdent ensuite à une revente aux enchères à laquelle
ne sont admis que leurs adhérents. Cette revente
a lieu aux risques de l'association et la mise à prix
est ordinairement inférieure au prix de revient des
animaux. Parfois la cession se fait de gré à gré et,
lorsqu'il y a concurrence d'amateurs au prix fixé,
c'est le sort qui décide de la répartition entre eux.
Les acquéreurs sont soumis à certaines obligations
en ce qui touche la conservation et l'entretien des
taureaux, ainsi que le service des saillies; car, par

will, de Berne. Voici quel est le principe de ces associations.
15 à 20 cultivateurs d'une commune se groupent afin d'acheter un
taureau de race pure qui demeure leur propriété collective. Un
registre d'élevage est ouvert où chaque sociétaire est tenu de
faire inscrire, au moins, une mère-vache de race pure et admise
par une commission d'expertise comme réunissant toutes les
qualités nécessaires. Les produits du taureau social avec les vaches inscrites forment le troupeau d'élevage, dont les sujets de
choix seuls sont inscrits comme reproducteurs au registre d'élevage par la commission d'expertise, les autres étant vendus. La
valeur du troupeau d'élevage s'accroît ainsi nécessairement par
l'effet de la sévérité apportée au choix des reproducteurs mâles et
femelles. La commission d'expertise inspecte, d'ailleurs, périodiquement les animaux chez les sociétaires pour s'assurer des soins
qui leur sont donnés. De ces garanties particulières, il est résulté
une plus-value considérable des animaux inscrits au registre des
syndicats d'élevage.

ce système, les syndicats organisent indirectement de véritables stations de monte et, après quelques années, grâce à l'introduction réitérée d'un certain nombre de bons reproducteurs, la race locale s'en trouve sensiblement améliorée. Ailleurs, comme à Torfou (Maine-et-Loire), ce sont les cultivateurs formant une section communale du Syndicat agricole d'Anjou qui s'associent pour l'achat d'un taureau. A Auray (Morbihan), le syndicat agricole a créé deux stations de taureaux bretons, allouant une subvention annuelle de 150 francs, à titre de frais d'entretien, aux possesseurs de ces taureaux qui ont été acceptés par une commission du syndicat. Le Syndicat agricole du canton de Delle (Haut-Rhin), présidé par M. Léon Viellard, combine ingénieusement avec un système de primes d'encouragement à l'élevage local, ses achats de taureaux destinés à être revendus par licitation. Le Syndicat agricole de Bourg organise, chaque année, des concours de taureaux et des achats de veaux à sevrer ; des livrets de saillie doivent être tenus par les possesseurs de taureaux primés. Le même syndicat contribue efficacement à l'amélioration de la race locale des volailles de Bresse par des expositions et concours de volailles vivantes et par des concours de tenue de basses-cours.

Quelques syndicats importent également des génisses de race pure, afin d'exercer une influence plus marquée sur les progrès de l'élevage local. C'est principalement dans nos départements de l'Est, dans le Jura, les Vosges, la Côte-d'Or, le

Doubs, Meurthe-et-Moselle, etc., qu'on constate chez les syndicats agricoles de grands efforts et des sacrifices notables pour l'amélioration des races locales et le développement de leurs qualités et aptitudes, poursuivi conformément aux lois de la zootechnie.

Le Syndicat agricole et viticole de l'arrondissement de Chalon-sur-Saône, présidé par M. Prosper de l'Isle, se distingue particulièrement dans cette campagne. En 1899, il a importé 80 animaux de race bovine fribourgeoise, munis d'indéniables certificats d'origine, et un étalon du Perche, inscrit au *Stud-book* percheron. Cet étalon, qui possède les qualités propres à corriger les défauts des juments du pays, demeure la propriété exclusive du syndicat et ne peut être utilisé que par ses adhérents. L'achat d'un deuxième étalon percheron a été décidé par la dernière assemblée générale.

Le syndicat possède aussi trois taureaux fribourgeois qu'il place chez des cultivateurs. Les jeunes animaux, veaux mâles sevrés et génisses, qu'il fait acheter en Suisse, sont revendus, par ses soins, entre les membres du syndicat ; pour les cantons qui se livrent spécialement à la production du bétail de boucherie, il fait acheter et licite, de la même façon, des veaux mâles de race charolaise-nivernaise.

Le Syndicat des agriculteurs de l'Orne a voulu, lui aussi, consacrer une partie de ses ressources à améliorer le bétail du pays par le choix de bons reproducteurs mâles, afin de combattre la tendance déplorable des petits éleveurs qui, pour raison d'économie, livrent les meilleures femelles à un taureau quelconque. Au système des ventes d'animaux aux enchères il a préféré celui des primes d'approbation.

A cet effet, il accorde une subvention de 200 francs, pour deux ans, à tout groupe de 50 syndiqués qui s'entendent pour acheter un taureau d'élite et s'engagent à faire saillir leurs vaches et génisses par ce taureau, sans élévation du prix de saillie. L'achat du taureau est fait par une commission de trois membres. L'un des sociétaires s'engage à le prendre au prix d'achat, à le bien soigner et nourrir, pendant deux années de monte, à le remplacer même, au besoin, à ses frais. Par contre, il bénéficie de la prime allouée par le syndicat. Celui-ci fournit aux groupes locaux des registres à souche, sur lesquels ils doivent faire inscrire la date des saillies et des vêlages et, d'une manière sommaire, le signalement et les qualités des femelles saillies et de leurs produits. Il a été ainsi constitué, en 1898, 14 groupes locaux, qui sont, en germe, de petits syndicats d'élevage, et le Syndicat des agriculteurs de l'Orne leur a versé une somme de 3 600 francs représentant 18 primes de 200 francs chacune. En 1899, 29 primes semblables ont été accordées à des groupes de création nouvelle.

Une initiative très importante a été prise par le Syndicat agricole du Boulonnais, à Boulogne-sur-Mer, qui, en 1886, a ouvert un *Stud-book* de la race chevaline boulonnaise, dans le double but d'assurer

la constatation des ascendances, en vue du perfectionnement de la race, et de donner plus de sûreté
aux transactions par l'institution d'un certificat de
provenance pour les produits. Des sous-commissions
du syndicat ont parcouru les six départements formant la circonscription du haras de Compiègne,
considérée comme la région d'élevage, sinon de
production, du cheval boulonnais ; elles ont statué
sur les demandes d'inscription au livre généalo-
gique. Celui-ci a été clos le 31 décembre 1891 et ne
reçoit plus d'inscription que pour les produits de
père et mère déjà inscrits eux-mêmes. Le syndicat
a exercé, par la création de son *Stud-book*, une
heureuse influence sur le développement de l'élevage du cheval boulonnais et il s'est efforcé de lui
trouver des débouchés nouveaux en France et à
l'étranger.

Le Syndicat agricole du Calvados a organisé,
dans les prairies du pays d'Auge, un service
d'élevage de poulains de pur sang et de demi-
sang, qui a surtout pour objet d'aider les propriétaires ou fermiers à tirer meilleur parti de leurs
herbages.

Le Syndicat de la race bovine limousine, fondé à
Limoges en 1893, étend son action à tous les départements où le bétail limousin est répandu ; il a
pour objet principal de grouper les comices, les
sociétés agricoles diverses, les agriculteurs et éleveurs de la région, dans le but de défendre en commun la race bovine limousine, de la maintenir pure
de tout croisement, de la mettre en relief et de la

propager, d'encourager, par tous les moyens dont il dispose, la constante amélioration de la race et sa judicieuse sélection. Présidé par M. Ch. de Léobardy, le syndicat compte des associations et des membres affiliés dans six départements. Il organise, chaque année, sur un point de cette région, un concours spécial ordinairement suivi d'une vente de reproducteurs aux enchères et d'une foire d'animaux de choix donnant lieu à un mouvement d'affaires considérable. Il alloue des primes, objets d'art ou médailles, aux comices et sociétés affiliés, pour les aider dans leurs propres concours, et il envoie dans ces concours des reproducteurs, achetés à ses risques et périls, qui sont mis en vente aux enchères, avec obligation imposée à l'acheteur de garder le taureau pendant un an dans la circonscription intéressée et de le livrer à la reproduction. Cette excellente pratique réunit le double avantage d'offrir un débouché aux éleveurs et de mettre l'introduction de bons reproducteurs, choisis avec la garantie du syndicat, à la portée des agriculteurs éloignés du centre de l'élevage. Un service d'achat d'animaux limousins a été créé, tant pour les reproducteurs, mâles ou femelles, que pour les animaux de commerce et d'engraissement : une commission de trois acheteurs-jurés est chargée, sous le contrôle du bureau du syndicat, d'exécuter, dans les meilleures conditions possibles, les ordres reçus. Le syndicat se préoccupe également d'élargir les débouchés de la race limousine; il a fait de grands efforts pour faciliter son introduction dans la Répu-

blique Argentine où a dominé jusqu'à présent la
race anglaise de Durham. Enfin, désireux de faciliter aux petits éleveurs l'accès de l'Exposition universelle de Paris, il a pris la résolution de tenir,
au mois de mars 1900, un concours spécial de la
race limousine et de fournir aux propriétaires des
animaux primés, des subsides qui leur permettront
de figurer à l'Exposition universelle.

On compte encore quelques syndicats spéciaux
d'éleveurs, tels que le Syndicat des éleveurs de
Durham français, qui a organisé de brillantes ventes
de reproducteurs, le Syndicat des éleveurs de la
race ovine de la Charmoise, le Syndicat des éleveurs de la vallée de Germigny (Cher), le Syndicat
des éleveurs et engraisseurs du canton de Ville-
fagnan (Charente), le Syndicat des emboucheurs
et éleveurs du Charolais, à Saint-Christophe-en-
Brionnais (Saône-et-Loire), qui a pour principal objet
de soutenir judiciairement les intérêts de ses membres contre la boucherie et les intermédiaires, pour
la garantie des viandes saisies par les commissions
sanitaires, les associations d'élevage de la race
mulassière des vallées du Doron et d'Arly (Savoie),
le Syndicat des agriculteurs et éleveurs de la région
du Perche, à La Ferté-Bernard (Sarthe), le Syndicat des éleveurs de la race mancelle, nouvellement créé à Tennie (Sarthe), le Syndicat des éleveurs de la race ovine berrichonne de l'Indre, admise
au livre d'origine, fondé par la Société d'agriculture
de l'Indre, etc. Une sous-union des petits syndicats
agricoles du Doubs s'est formée à Montbéliard pour

organiser des ventes publiques d'animaux aux enchères, qui réussissent très bien.

Enfin nous avons à signaler une curieuse application de la mutualité à l'élevage ou à l'engraissement des animaux. La Caisse mutuelle pour l'élevage, créée en 1891 par le Syndicat agricole du canton de Saint-Amant-de-Boixe (Charente), n'est pas une institution de crédit, mais une sorte de société coopérative d'élevage, formée entre bailleurs de fonds qui l'alimentent et éleveurs auxquels elle fournit les ressources nécessaires pour acheter des animaux. L'éleveur opère aussi lui-même de petits versements et ne peut obtenir une somme supérieure à dix fois le montant de ce qu'il a versé à la caisse. Les fonds sont affectés à l'achat d'animaux destinés à être revendus après élevage ou engraissement, et qui appartiennent à la caisse, bien qu'ils soient entre les mains de l'éleveur; celui-ci est constitué tout à la fois le mandataire et le colon partiaire de l'association. A la revente des animaux, après le prélèvement du montant du prix d'achat, les bénéfices sont attribués pour un tiers à la caisse et pour les deux tiers à l'éleveur. Cette intéressante petite association rend de réels services dans un pays ruiné par le phylloxéra: elle y a propagé la mutualité et aussi la moralité indispensable à ce genre d'opération. Le dividende des bailleurs de fonds varie entre 4 et 5 p. 100, selon les années. Le bénéfice des deux tiers réservé statutairement aux éleveurs s'accroît, dans les bonnes années, d'une répartition supplémentaire opérée lors du règlement des comptes. Ainsi, en 1896-97, les éleveurs ont touché un bénéfice moyen de 20 fr. 40 p. 100 de la valeur des animaux qui leur avaient été confiés : il leur a été réparti 79 fr. 16 p. 100 du bénéfice total réalisé sur la revente des animaux, les sociétaires ayant touché, de leur côté, un dividende de 4. p. 100.

Le 30 juin 1897, la caisse mutuelle comptait 47 sociétaires, et son capital s'élevait à 8 554 fr. 75 ; 25 éleveurs avaient dans leurs étables 124 animaux, bœufs ou veaux et moutons ou brebis, achetés pour la somme de 7 448 fr. 30 et appartenant à la caisse.

CHAPITRE IX

VITICULTURE ET VINIFICATION. — RECONSTITUTION ET
DÉFENSE DES VIGNOBLES.

Les services rendus à la viticulture par l'association professionnelle sont innombrables. Dans les régions viticoles, la culture de la vigne et la vinification prennent leur large part des achats collectifs que traitent les syndicats. Engrais spéciaux pour la vigne, tourteaux, instruments et outils, sulfate de cuivre, soufres et insecticides, raphia, échalas, piquets, fil de fer, matériel vinaire, sucres pour vendanges, acide tartrique, etc., tous les produits divers employés par les viticulteurs leur sont livrés dans les conditions si favorables de prix et de qualité qui caractérisent les achats traités par les syndicats. Mais, en dehors de ces opérations courantes, l'influence des syndicats a été considérable pour enseigner à leurs adhérents les connaissances techniques et pratiques sans lesquelles la culture de la vigne, assaillie par tant de fléaux, ne saurait être productive, préparer et faciliter l'œuvre de la reconstitution des vignobles phylloxérés, améliorer les procédés de vinification et combattre les causes de mévente des vins.

Les défoncements profonds nécessaires à la reconstitution ont souvent été exécutés à l'aide de charrues défonceuses ou de treuils dont les syndicats faisaient l'acquisition afin de les louer à leurs membres ; parfois même ils se rendaient, à forfait, entrepreneurs des travaux ou traitaient, à cet effet, avec des entrepreneurs spéciaux. La détermination du calcaire contenu dans le sol, en vue du choix des porte-greffes américains, avait lieu à l'aide d'un calcimètre appartenant à l'association ; dans un modeste syndicat agricole de l'arrondissement de Cosne, le secrétaire a donné gratuitement au moins 2 000 dosages en calcaire pour la replantation des parcelles, et cet exemple, qui s'est reproduit ailleurs si fréquemment, montre bien qu'il n'est, pour ainsi dire, pas dans l'exploitation rurale, de circonstance où l'intervention du syndicat n'ait son efficacité. La fourniture des plants n'intéressait pas moins le succès de la reconstitution du vignoble que la bonne préparation du sol. Or, le commerce des bois américains, à l'époque des besoins les plus pressants de la reconstitution dans les grands départements viticoles du Midi, vendait les plants à prix très élevés, et souvent même les acheteurs manquaient de garanties suffisantes quant à l'authenticité des cépages livrés en exécution de leurs commandes.

Ici encore les syndicats ont pris habilement et énergiquement la défense des intérêts de leurs membres : ils l'ont fait en traitant des achats collectifs de bois américains et de plants greffés et aussi en créant des pépinières syndicales de pieds-mères.

Dans la région du Beaujolais, où le vignoble est aujourd'hui entièrement reconstitué et où cette entreprise a été puissamment secondée par l'action des syndicats agricoles, l'achat des plants américains était pratiqué avec les garanties les plus minutieuses. Le courtier des syndicats ayant conclu tout d'abord des marchés provisoires avec les pépiniéristes du Midi, une commission de délégués experts des syndicats de l'Union beaujolaise allait visiter, en août ou septembre, les pépinières achetées et ratifiait le marché, s'il y avait lieu, après cette visite sur feuilles. Au mois de décembre, les délégués partaient de nouveau pour les pépinières, où la taille se faisait en leur présence, ainsi que le triage des bois soigneusement reconnus et leur mise en paquets. Les paquets, pourvus d'une étiquette portant le nom des cépages, le nom et l'adresse des vendeurs, ainsi que celui du délégué présent, étaient ensuite placés dans le wagon sous la surveillance du délégué, qui le cadenassait lui-même et en envoyait directement la clef à l'agent du syndicat destinataire. Il est impossible de mieux représenter l'intérêt des acheteurs dans une transaction aussi délicate et aussi importante pour l'avenir des vignes replantées. Les syndicats du Beaujolais ont ainsi pu livrer à leurs adhérents des millions de mètres de bois de greffage, avec ces garanties inestimables de pureté et d'authenticité, et à des prix inférieurs de 25 p. 100 à ceux du commerce local (1).

Sans doute tous les syndicats qui se sont occupés et s'occupent encore de fournir à leurs membres des plants américains destinés à la reconstitution n'y ont pas procédé avec cette perfection de méthode ; mais tous, à des degrés divers, ont apporté aux viticulteurs une aide et un avantage appréciables dans cette entreprise. L'aide préalable et indispensable, c'était le conseil technique à donner sur la manière de diriger le travail de reconstitution, sur le choix des cépages adaptés au sol, sur les soins culturaux, le greffage, etc. Les syndicats n'ont pas manqué de se faire à cet égard les éducateurs de leurs adhérents, comme ils avaient déjà procédé pour l'emploi des engrais commerciaux et de l'outillage perfectionné.

A l'œuvre de la reconstitution des vignobles se rattache aussi l'une des initiatives les plus intéressantes des syndicats agricoles, la création des pépinières syndicales, dans lesquelles le caractère coopératif est si marqué. Les viticulteurs syndiqués ont compris leur intérêt de produire eux-mêmes collectivement, et avec tous les avantages possibles d'économie et d'authenticité, les plants dont ils auraient besoin pour reconstituer leurs vignes. C'est dans ce but que de très nombreux syndicats

____

(1) Le Syndicat agricole des cantons de Villefranche et d'Anse (Rhône), a, dans ces conditions, fourni à ses adhérents plus de 4 millions de mètres de boutures de bois américains achetés directement dans le Midi.

ont créé des pépinières de plants américains, entretenues à leurs frais, et dont les produits sont répartis entre les syndiqués au prix de revient, qui est naturellement très inférieur à celui du commerce. Dans les contrées où les besoins de la reconstitution sont très considérables, le produit des pépinières syndicales fournit un utile appoint aux achats pratiqués au dehors; lorsque, au contraire, la reconstitution s'avance, l'excédent disponible est vendu au profit de la caisse du syndicat. Ainsi les pépinières du Syndicat agricole de Belleville-sur-Saône (Rhône) lui ont donné, en certaines années, un produit net de 3000 à 4000 francs.

Le mode d'exploitation des pépinières syndicales est très variable. Plusieurs syndicats viticoles se sont créés dans le but spécial d'exploiter des pépinières et des champs d'expériences pour la reconstitution du vignoble. Les travaux nécessaires à l'entretien de la pépinière et au greffage des plants sont parfois exécutés, en tout ou en partie, par les syndiqués eux-mêmes; il en est ainsi à Cerdon (Ain), où les membres du syndicat sont répartis en sections pour exécuter les travaux de la pépinière, au Menoux (Indre), où chaque syndiqué doit donner deux journées de travail, à Nazelles (Indre-et-Loire), où les membres travailleurs, c'est-à-dire ne payant pas de cotisation, doivent fournir chaque année six journées de travail, etc. Les pépinières syndicales sont quelquefois très importantes : celles du Syndicat agricole des cantons de Villefranche et d'Anse ont une étendue totale de 3 hectares.

La taille et le greffage des vignes sont également l'objet des soins des syndicats viticoles et chacun d'eux, dans sa circonscription, s'est efforcé de former des vignerons expérimentés. Quelques syndicats fournissent à leurs membres des ouvriers greffeurs, d'autres, en grand nombre, ont institué des cours de greffage, à la suite desquels un diplôme de greffeur est accordé aux élèves les plus habiles. Le Syndicat agricole et viticole du Haut-Beaujolais (Rhône) a fait plus encore : en 1890, il a organisé, à Beaujeu, un concours pour le brevet supérieur de greffage, qui réunit 252 concurrents, presque tous diplômés des écoles communales de greffage, et fit ressortir l'extrême habileté des candidats auxquels fut accordé le diplôme supérieur.

Le Syndicat des agriculteurs et viticulteurs du canton de Saint-Genis-Laval (Rhône) s'est signalé par l'organisation d'un service d'inspection des vignes de ses adhérents, qui fonctionne avec les meilleurs résultats depuis 1889, à l'exemple des vieilles « confréries de vignerons » du canton de Vaud (Suisse). Cette inspection a pour but, aux termes de son règlement, « d'encourager et de perfectionner la culture des vignes, de créer une bonne réputation aux vignobles du canton et de procurer à tous, par ce moyen, des avantages sérieux (1) ». L'inspection des vignes est également

---

(1) Ce syndicat a aussi publié le *Carnet du vigneron concernant les travaux et la visite des vignes*. En 1899, a eu lieu une visite décennale, à la suite de laquelle un grand prix a été décerné au

pratiquée dans les syndicats agricoles de **Bourg, Chalon-sur-Saône, Die,** etc.

Les syndicats ont aussi provoqué leurs adhérents à lutter avec énergie contre les diverses maladies de la vigne et les fléaux susceptibles de l'atteindre; ils les ont encouragés dans cette lutte, leur ont enseigné les moyens de vaincre et les ont aidés efficacement à s'en servir. On peut dire avec exactitude qu'ils ont organisé la défense des vignobles contre les atteintes du mildiou, de l'oïdium, du black-rot et des autres maladies cryptogamiques. Le syndicat proclame la nécessité des traitements, rappelle l'époque favorable pour y procéder, fournit, aux conditions les plus avantageuses, les pulvérisateurs, soufflets, sulfates de cuivre, soufres, etc.

Au besoin même, il loue ou prête le matériel nécessaire aux petits viticulteurs. Certains syndicats possèdent des pulvérisateurs, soufreuses, etc. affectés à cet usage. Parfois, mais le cas est assez rare, l'association entreprend collectivement et à forfait, à l'aide de pulvérisateurs à grand travail, les traitements contre le mildiou dans les vignes de ses membres, ceux-ci lui payant une cotisation spéciale proportionnelle à la surface traitée. C'est le même principe qui a conduit à la création des syndicats de défense contre les gelées de printemps dont nous avons déjà parlé plus haut en étudiant les syndicats spéciaux. On a cherché aussi, dans le département du Gard, à organiser des syndicats

vigneron ayant le mieux cultivé sa vigne pendant cette période de dix années.

de défense des vignes contre les ravages de la pyrale.

L'amélioration des procédés et du matériel de la vinification sollicitait l'initiative des syndicats et, là encore, leurs efforts ont rendu de notables services. Ils facilitent aux viticulteurs la transformation de leur outillage vinaire, leur fournissent, à des conditions favorables, les sucres de vendange, le tanin, l'acide tartrique, etc., leur louent des pompes à vin, des filtres, des appareils de pasteurisation, se chargent de peser gratuitement à l'ébullioscope le degré alcoolique des vins, etc.

Il est résulté de l'emploi de ces procédés scientifiques, inconnus des petits viticulteurs ou inaccessibles à leurs ressources, un grand progrès dans la fabrication et la conservation du vin, une réelle plus-value pour les produits des vignobles.

Le Syndicat agricole du Gard avait entrepris, en 1897, de pratiquer lui-même la pasteurisation des vins de ses adhérents; mais les intéressés se sont généralement abstenus de mettre à profit son intelligente initiative à cet égard.

On n'a pas encore tenté en France, bien que l'idée ait été souvent étudiée, de substituer à la fabrication individuelle des viticulteurs la fabrication collective par l'apport des raisins à un pressoir commun. Les caves coopératives (*Weinbauvereine* et *Winzervereine*) des provinces rhénanes de l'Allemagne, les *Sociétés vinicoles* du canton suisse du Valais et, à un degré moindre, les *Cantine sociali* de l'Italie ont entrepris avec succès la vinification coopérative qui assure aux viticulteurs une économie de travail, les dispense de la nécessité de posséder un matériel spécial coûteux, les décharge du risque de la fabrication et de la conservation du vin et permet d'organiser, avec une plus-value notable, la vente d'un produit mieux fait et plus soigné.

Grâce à l'intervention des syndicats qui ont déjà tant propagé l'emploi des méthodes coopératives dans l'industrie agricole, et dans l'intérêt des petits viticulteurs dont la récolte peu soignée est souvent dépréciée, il semblerait possible d'appliquer la vinification coopérative à la fabrication de vins de qualité courante, afin de créer un type de valeur marchande supérieure à celle des vins produits individuellement, le « Vin du syndicat », qui serait vendu plus avantageusement sous la marque et la garantie de celui-ci. C'est là une pratique à laquelle conduira peut-être le progrès des idées d'association (1).

De nombreux syndicats ont encore favorisé l'essor de la viticulture en organisant des excursions viticoles dans des vignobles renommés, des visites de chais, des expositions de vins et de raisins, des concours et essais publics de machines et instruments viticoles, des champs d'expériences pour l'étude des cépages, des greffes, des maladies de la vigne, etc., des stations et laboratoires viticoles, des conférences, des congrès, etc. L'action de quel-

(1) Une fort intéressante étude de M. Adrien Berget sur les *Winzervereine* vient d'être publiée par la *Revue de viticulture* 5, rue Gay-Lussac, Paris).

ques syndicats des régions de grande production viticole a été, à cet égard, particulièrement remarquable. On peut citer les savantes études et expositions ampélographiques et œnologiques du Syndicat agricole de la Haute-Garonne et ses publications spéciales, le classement des crus des Charentes et des eaux-de-vie à bouquet (*Brandy-book*), entrepris par le Syndicat des viticulteurs des Charentes, l'intervention de l'Association syndicale des viticulteurs de la Gironde pour poursuivre, dans l'intérêt de la collectivité, la répression des fraudes dans la vente des vins, l'organisation si complète créée par le Syndicat de la côte dijonnaise, à Dijon, pour encourager les progrès de la viticulture locale et assurer à ses produits des débouchés rémunérateurs, etc., etc. Le Syndicat professionnel agricole du Gard, qui a largement contribué à la fondation de la station œnologique du Gard, à laquelle il alloue une subvention annuelle de 1 500 francs, a fait prélever par sa commission d'inspections agricoles des échantillons de divers types de vins dans les caves de ses adhérents ; ces échantillons ont été soumis à la station œnologique qui les a étudiés en vue de prévenir les maladies des vins et de montrer le moyen de les combattre. Des échantillons de lies ont été recueillis dans les mêmes conditions, pour l'étude des levures qui en ont été extraites. Les observations faites à la suite de ces recherches ont conduit bien des propriétaires peu éclairés à améliorer leurs procédés de culture et de vinification.

L'œuvre viticole du Syndicat régional agricole de Cadillac et Podensac (Gironde) est à mentionner; car ce syndicat a, pour ainsi dire, synthétisé les services de toute nature organisés par les autres syndicats et il a ainsi exercé une influence considérable sur les progrès de la viticulture dans une contrée de riche production. Les viticulteurs de cette région doivent au syndicat de Cadillac des concours de charrues sulfureuses, pulvérisateurs à grand travail, pressoirs continus, etc.; des essais publics de nombreux instruments propres à donner à la vigne les façons d'été, d'appareils de vinification, de charrues vigneronnes, de foyers contre les gelées de printemps, etc.; des essais de tous les spécifiques proposés contre le phylloxéra; des expériences sur le traitement de la chlorose et sur les traitements d'hiver des maladies cryptogamiques; des enquêtes sur le traitement de l'anthracnose, sur l'emploi de la bouillie au carbonate de soude (inventée par M. G. Perboyre, trésorier du syndicat) dans le traitement du mildiou, sur la résistance de certains plants à la chlorose, sur l'adaptation du Riparia et son affinité pour les greffons locaux, etc. En outre, le syndicat a installé des champs d'expériences d'hybrides, donné de nombreuses conférences viticoles, traité dans son bulletin périodique les questions intéressant les viticulteurs, vulgarisé l'usage de la greffe au bouchon perforé, organisé des expositions collectives de vins en France et à l'étranger, etc.

Plus modeste et moins scientifique d'allure, mais

tout aussi pratique dans ses résultats appropriés à des besoins locaux très différents, est l'action des innombrables petits syndicats viticoles qui, dans les départements du Cher, de la Nièvre, de l'Indre, de l'Indre-et-Loire, etc., se sont voués à l'œuvre de la reconstitution des vignobles et à l'amélioration de la culture de la vigne.

Le régime spécial des baux à complant, usité dans les vignobles du département de la Loire-Inférieure situés sur la rive gauche de la Loire, et la crise dans laquelle la destruction des vignes par le phylloxéra a jeté les complanteurs ont motivé la création de plusieurs syndicats viticoles spéciaux, qui se sont groupés récemment pour former l'Union des syndicats de colons des vignes à complant et agriculteurs de la Loire-Inférieure, dont le siège est au Pallet. Ces syndicats ont eu pour but de défendre les complanteurs contre les prétentions d'un certain nombre de propriétaires qui cherchaient à reprendre possession du sol lorsque le phylloxéra avait détruit la vigne. Leurs démarches ont abouti au vote de la loi du 8 mars 1898 sur les vignes à complant, qui a arrêté le mouvement de dépossession dont les complanteurs étaient victimes. De plus, ils ont obtenu du département et de l'État des subventions considérables destinées à l'achat de bois américains à répartir entre les complanteurs peu fortunés. Ainsi, grâce à l'action de ces syndicats spéciaux, les droits des colons de vignes à complant ont été fixés législativement et la reconstitution des vignobles, qui se prépare, permettra à ces colons de continuer à recueillir le fruit du travail opiniâtre de tant de générations (1).

(1) On peut consulter sur cette intéressante matière la Circulaire n° 7 série B), du Musée social : « Les Baux à complant dans la Loire-Inférieure », publiée le 15 anvier 1897.

LIVRE III

SERVICES ÉCONOMIQUES ET SOCIAUX RENDUS
AUX POPULATIONS RURALES

CHAPITRE X

PROGRÈS DE L'AGRICULTURE ET ENSEIGNEMENT AGRICOLE.

Il semble bien établi par le simple exposé des
faits que, depuis leur origine, les syndicats agricoles
ont activement travaillé, à l'aide de moyens variés,
au progrès de l'agriculture dans toutes ses branches.

On rencontre cependant, dans un ouvrage qui a
la prétention peu justifiée d'être un tableau fidèle
du mouvement syndical agricole, l'assertion suivante :

« C'est un fait trop démontré que les syndicats
agricoles se sont désintéressés, en général, du progrès de la culture (1). »

Contre une telle affirmation l'œuvre des syndicats

(1) Élie Coulet, *le Mouvement syndical et coopératif dans l'agriculture française*, p. 74.

agricoles proteste tout entière : car si un mérite ne peut leur être refusé, c'est assurément celui d'avoir réalisé, dans des conditions nouvelles singulièrement efficaces, l'enseignement théorique et pratique des choses de l'agriculture, ainsi que le progrès des méthodes d'exploitation. Tous les services professionnels que nous avons passés en revue n'ont pas, en somme, d'autre but ; mais l'action des syndicats en matière d'enseignement et de progrès agricoles s'est exercée d'une façon plus précise et plus directe encore.

Beaucoup d'entre eux publient des bulletins périodiques où les questions intéressant les cultures locales sont traitées avec une compétence pratique et une simplicité de forme qui rendent le conseil intelligible et persuasif pour les petits cultivateurs. Certains de ces bulletins peuvent passer pour des modèles d'une presse agricole vraiment utile par sa puissance de diffusion ; ils vulgarisent les connaissances que les conquêtes de la science, confirmées par l'expérience, mettent à la disposition des cultivateurs. Tous les membres d'un syndicat reçoivent son bulletin, qui, dans les villages, passe de main en main.

Ces organes ont, par suite, un tirage très important et l'ensemble de la presse syndicale agricole représente une force, une influence sur le monde rural, qu'on ignore trop peut-être (1). Bien des

(1) D'après l'*Annuaire des syndicats professionnels*, le nombre des publications périodiques des syndicats agricoles serait de 105 ; nous le croyons plus élevé. Nous rappelons ici que le tirage du

syndicats agricoles ont, en outre, publié des ouvrages ou brochures sur l'emploi des engrais chimiques, sur la viticulture, sur l'élevage, sur l'outillage agricole, etc. (1). Les almanachs sont encore un de leurs moyens d'enseignement et de propagande, dont l'effet sur les masses populaires est très marqué.

Des conférences agricoles sont données très fréquemment dans les syndicats, tantôt par le président ou les membres du bureau, tantôt par des conférenciers étrangers. Ces conférences n'ont pas toujours lieu au siège social, mais elles sont organisées dans les localités où les besoins des cultivateurs les rendent particulièrement opportunes. Dans tel grand syndicat, divisé en nombreuses sections, comme le Syndicat des agriculteurs du Loiret ou le Syndicat agricole d'Anjou, les réunions périodiques des sections sont ordinairement l'occasion de conférences agricoles, viticoles ou économiques. Le fonctionnement des syndicats a fait surgir en foule les conférenciers agricoles de bonne volonté, et ce ne sont pas ceux dont la parole a le moins d'action sur les cultivateurs.

Quelques syndicats se sont même attaché un professeur d'agriculture rétribué exclusivement par

Bulletin mensuel de l'Union du Sud-Est atteint 25 000 exemplaires.

(1) Ces ouvrages affectent souvent une forme pittoresque qui les fait particulièrement goûter par les cultivateurs. On peut citer comme spécimen de ce genre de publication l'excellent livre de M. Renard, vice-président du Syndicat agricole de Bourg, *les Prouesses agricoles de Jean Prosper, le bon fermier bressan.*

eux. Celui du Syndicat agricole de la Charente-Inférieure est en même temps directeur d'un laboratoire créé par l'association ; il donne des conférences, fournit aux membres du syndicat des consultations orales ou écrites, visite même les exploitations lorsqu'il est nécessaire, exécute toutes les analyses demandées au syndicat et dirige les champs d'expérience institués ou agréés par celui-ci. Le professeur d'agriculture du Syndicat agricole et viticole de l'arrondissement de Chalon-sur-Saône, qui est en même temps directeur de l'association, remplit des attributions analogues. Le Syndicat des agriculteurs de Die contribue par une subvention annuelle au traitement du professeur spécial d'agriculture de cet arrondissement et lui fournit gratuitement les engrais et semences nécessaires à l'installation d'un champ d'expériences. Le Syndicat agricole de l'arrondissement de Meaux a fondé un laboratoire de chimie agricole et rétribue un professeur d'agriculture. Ce syndicat, de même que beaucoup d'autres d'ailleurs, ne se borne pas à faciliter à ses membres l'achat des engrais ; il leur fournit encore sur la manière de les employer les conseils les plus précis, leur indiquant la formule qui convient pour une culture déterminée, d'après les besoins spéciaux du sol et en tenant compte des récoltes précédentes. Les cartes agronomiques communales, que le Syndicat de Meaux a entrepris de dresser pour toute sa circonscription, et qui, terminées pour 79 communes, ont coûté 27 000 francs (ce qui a été imité dans les départements de la

Vienne, de l'Indre, de la Marne, etc.), constituent aussi un facteur important de progrès et d'enseignement agricole. Les syndicats ont participé à la création de diverses stations agricoles et viticoles. Ils ont établi, à leur siège social, de nombreuses bibliothèques, parmi lesquelles une mention particulière est due à l'ingénieux système de bibliothèques circulantes, comportant ensemble plus de 3 500 volumes, organisées par le Syndicat agricole du canton de Saint-Amant-de-Boixe (Charente) pour les 35 communes de sa circonscription.

Quant aux champs d'expériences et de démonstration, c'est en nombre très considérable qu'ils ont été institués par les syndicats agricoles; ils y ont fait clairement apparaître, aux yeux des cultivateurs les plus défiants, les résultats non contestables de l'emploi des engrais chimiques, des semences de choix, des instruments perfectionnés, pour l'amélioration des cultures locales. Dans la viticulture, des pépinières expérimentales ont été affectées à l'étude des porte-greffes purs ou hybrides, des divers procédés de greffage, des questions d'adaptation et d'affinité, du traitement des maladies de la vigne, etc. Les professeurs départementaux et spéciaux d'agriculture, dont beaucoup donnent à l'œuvre des syndicats agricoles un concours précieux (1), coopèrent souvent à l'installation et à la

(1) Nous nous plaisons à mentionner MM. Fiévet dans les Ardennes, Belle dans les Alpes-Maritimes, Garola dans l'Eure-et-Loir, Larvaron dans la Vienne, Langlais dans l'Orne, etc. Dans plusieurs grands syndicats agricoles, les fonctions de secrétaire

direction de ces champs d'expériences. D'ailleurs, comme l'a dit avec raison M. de Gailhard-Bancel, « les meilleurs champs d'expériences sont souvent les terres mêmes des sociétaires. L'un expérimente un engrais, un autre une variété de semence, un troisième autre chose. Dans les réunions du syndicat, chacun est interrogé sur les expériences qu'il a faites, les résultats qu'il a obtenus, et ces expériences, ces résultats ainsi rapportés et mis en commun constituent l'enseignement mutuel le plus sûr et le plus fécond qui puisse exister ; les causeries particulières viennent ensuite très utilement le compléter (1). »

Dans la culture des céréales, les syndicats agricoles ont réalisé un progrès notable en vulgarisant l'emploi d'instruments meilleurs, les semis en lignes, les façons plus soignées, mais surtout en introduisant dans la pratique courante des petits cultivateurs le triage et la sélection des semences, leur renouvellement fréquent, parfois aussi en propageant la culture de variétés à grand rendement.

Enfin ils organisent des concours et essais publics de machines agricoles, des concours spéciaux de récompenses aux meilleurs conducteurs d'instruments perfectionnés, des concours d'animaux et de produits agricoles, des concours de vieux serviteurs de l'agriculture et ouvriers des champs, des

général sont remplies par le professeur départemental d'agriculture.

(1) *Petit Manuel pratique des syndicats agricoles*, p. 19.

écoles de greffage, des voyages d'étude et visites d'exploitations modèles, etc., etc.

Le syndicat agricole, c'est, on peut le dire, une grande école d'enseignement mutuel, qui s'accompagne de l'aide mutuelle par la mise des ressources de la collectivité à la disposition de chacun. Depuis leur origine, nos syndicats n'ont cessé de fournir à leurs adhérents tout à la fois l'enseignement technique et pratique, le conseil précis, qui détermine les conditions de l'opération à entreprendre, et enfin les moyens d'exécution : ils ont ainsi réalisé modestement, mais avec une efficacité indiscutable, les principaux avantages d'une institution étrangère fort admirée des sociologues, celle des Chaires ambulantes d'agriculture en Italie (1).

Que demeure-t-il, après cela, de l'accusation portée contre les syndicats agricoles de s'être, en général, désintéressés des progrès de la culture? Est-il opportun de citer des faits et des témoignages officiels?

Voici en quels termes le ministre de l'agriculture, M. Viger, dans un discours prononcé à la distribution des récompenses du Concours régional de Poitiers, le 11 juin 1899, appréciait l'action d'un syndicat, le Syndicat des agriculteurs de la Vienne, après avoir constaté qu'il a rendu dans la région

---

(1) On peut consulter sur l'organisation des Chaires ambulantes d'agriculture italiennes, et les services qu'elles rendent aux populations rurales, notre volume : *la Prévoyance sociale en Italie*, publié en collaboration avec MM. Léopold Mabilleau et Charles Rayneri (Armand Colin et Cie).

d'immenses services et que sa fondation a été une œuvre de la plus haute portée sociale :

« Ce syndicat, disait le ministre, compte aujourd'hui 9 000 membres et son influence a été considérable et salutaire dans les circonstances difficiles que l'agriculture a traversées depuis 1884. Il a contribué à populariser l'emploi des engrais complémentaires, avec l'aide des champs de démonstration ; il a fait pénétrer parmi les agriculteurs l'idée d'associer les substances minérales aux autres amendements employés à la fertilisation de la terre ; il a rendu la confiance, dans l'emploi de ces engrais, aux cultivateurs qui avaient été victimes des fraudes commerciales.

« En groupant les demandes il a permis d'obtenir, à des prix très inférieurs, les substances destinées à rendre à la terre de nouveaux éléments de production. Il y a une douzaine d'années, le département de la Vienne ne consommait guère que 200 000 à 300 000 kilogrammes d'engrais complémentaires ; ce chiffre s'élève aujourd'hui à plus de 30 millions, dont un tiers au moins provient des achats du Syndicat des agriculteurs de la Vienne. Je ne saurais adresser de trop vives félicitations à cette grande association. »

Nombreux sont les syndicats qui mériteraient pareil hommage pour l'essor qu'ils ont imprimé au progrès agricole dans leur circonscription. La reconstitution du vignoble du Beaujolais, actuellement achevée, a été hâtée de dix ans, d'après les juges compétents, par l'impulsion et les facilités spéciales que lui ont données les syndicats agricoles ; dans les régions du centre de la France, où elle se poursuit activement aujourd'hui, la reconstitution serait presque impossible si elle n'était aidée et dirigée par les syndicats spéciaux qui se sont formés à cet effet.

Nombreux sont les syndicats dont l'action, dans les diverses branches de l'industrie agricole, pourrait être appréciée comme l'a été celle du Syndicat agricole de Cadillac par le président de l'Union des syndicats agricoles du Sud-Ouest, M. M. Moussillac :

« Ce syndicat, disait-il, est en réalité une véritable école où se pratique surtout la grande leçon des choses. C'est là son caractère essentiel. Ce qui le distingue, c'est l'empressement avec lequel il saisit toutes les occasions d'inciter ses membres, et le pays qui l'environne, à tout ce qui peut constituer un progrès.

. . . .

« Pour la culture de la vigne, la vinification, la lutte contre les maladies, il a été le véritable instructeur de sa région (1). »

Le syndicat agricole constitue donc pour ses membres une excellente école d'enseignement professionnel pratique ; mais il a voulu faire mieux

(1) Rapport présenté par le bureau de l'Union du Sud-Ouest sur les titres des syndicats de cette Union qui ont pris part au concours entre les syndicats agricoles organisé, au Musée social, en 1897.

encore et pourvoir aux besoins de l'avenir, en même temps qu'à ceux du présent. En s'occupant de propager un enseignement agricole, théorique et pratique, dans les écoles primaires, il a voulu préparer les jeunes générations qui s'élèvent à aimer l'agriculture, les rattacher ainsi au sol natal et les empêcher de céder à la tentation de déserter les campagnes. C'est là un but dont la haute portée sociale est évidente.

Le mouvement dont nous parlons a eu pour but d'encourager les instituteurs primaires à enseigner les notions élémentaires d'agriculture, introduites dans les programmes par la loi du 16 juin 1879, et de contrôler les résultats de cet enseignement au moyen d'examens organisés devant des jurys professionnels. Il a pris naissance en Bretagne dès l'année 1892, sous l'impulsion du Syndicat agricole et horticole d'Ille-et-Vilaine, de l'Association bretonne, et des divers syndicats agricoles de la province, avec le concours des Frères de l'Instruction chrétienne de Ploërmel. Un programme fut adopté, ainsi qu'un manuel spécial rédigé par le Frère Abel, *l'Agriculture à l'école primaire en 42 leçons* (soit une leçon par semaine de classes) (1). L'en-

---

1. Nous devons rappeler ici que, dès 1889, avait paru le manuel élémentaire d'enseignement agricole de MM. Raquet, Franc et Gassend. *la Première Année d'agriculture*, parvenu aujourd'hui à sa 23e édition, qui fut suivi d'un manuel pour les écoles de filles, *la Première Année de ménage rural*, par M. H. Raquet, et de l'*Album agricole*, publié par MM. Jennepin et Herlem, sous la direction de M. D. Zolla. Ces différents ouvrages ont été édités par la librairie Armand Colin et Cie.

seignement agricole et horticole est donné dans les écoles libres, d'après ce manuel et accessoirement aux matières de l'enseignement primaire. Les leçons ont, d'ailleurs, pour base les notions d'histoire naturelle, physique et chimie données dans les écoles. Le jardin de l'instituteur sert de champ de démonstration pour l'enseignement horticole. Dans chaque commune, le chef de l'exploitation la mieux dirigée est considéré comme le professeur pratique du cours d'agriculture : le plan de son exploitation, avec le tableau de l'assolement, est placé dans l'école ; c'est d'après ces documents que le maître prépare ses leçons, ainsi que les visites et excursions qu'il organise sur l'exploitation modèle. Cet enseignement qui, en instruisant l'enfant des choses agricoles, vise à développer dans son esprit des idées en rapport avec la profession de ses parents, a pour sanction des concours-examens auxquels procèdent, chaque année, des commissions locales sous la direction d'un bureau départemental.

Les élèves qui ont subi les examens du premier degré, en faisant preuve de connaissances suffisantes, obtiennent le certificat d'instruction agricole primaire ; un examen du deuxième degré est institué pour les jeunes gens qui, déjà titulaires du certificat du premier degré, veulent concourir pour le diplôme du degré supérieur. Afin de propager plus sûrement dans la famille rurale le goût de la profession agricole, les initiateurs de ce mouvement l'ont étendu aux écoles de filles où sont données, conformément à un manuel spécialement rédigé pour elles (1), des leçons d'agriculture élémentaire et d'économie domestique, également sanctionnées par des examens.

Pour compléter utilement l'effet de cette habile organisation, il fallait intéresser les maîtres à la propager : leur zèle à répandre l'enseignement agricole est stimulé par l'attribution de médailles, prix en argent et récompenses diverses, leur mérite relatif étant apprécié proportionnellement aux succès obtenus par leurs élèves. A la tête de toute cette organisation se trouve placé un conseil supérieur de l'enseignement agricole en Bretagne, composé de délégués des associations qui l'ont instituée et prise sous leur patronage ; ce conseil fonctionne à Rennes pour les cinq départements de la province. L'Union des syndicats agricoles et horticoles bretons s'est vouée à la propagation du mouvement, qui a déjà acquis une réelle importance. Pendant les années 1896, 1897 et 1898, 5 200 élèves des écoles primaires, appartenant à 124 écoles, ont subi les examens d'instruction agricole, 3 477 pour le premier degré et 723 pour le deuxième ; 3 904 ont obtenu le certificat ou le diplôme. Ces chiffres ne comprennent pas les examens des écoles de filles.

L'utilité manifeste que présente l'organisation pratique et professionnelle de l'enseignement agricole dans les écoles primaires et l'exemple heureux donné par la Bretagne ont décidé la plupart des

____

(1) *Leçons d'agriculture élémentaire et d'économie domestique à l'usage des jeunes filles des écoles primaires rurales.*

Unions régionales à s'engager dans la même voie.

L'Union du Sud-Est s'est résolue, en 1897, à promouvoir l'enseignement agricole primaire dans les dix départements de sa circonscription ; à cet effet, elle a créé une commission supérieure de l'enseignement agricole, des comités départementaux et des sous-comités syndicaux. Les études agricoles pour les garçons ont été divisées en deux années. Le programme de la première année est établi par les comités départementaux, composés des présidents de tous les syndicats agricoles du département et d'autres personnes notables, qui le mettent en harmonie avec les cultures de leur région. Le programme de la deuxième année est élaboré par la commission supérieure. Les sous-comités syndicaux sont organisés par les comités départementaux et constituent de véritables organes de diffusion, par suite de leurs rapports constants avec le monde des travailleurs agricoles. Ainsi, comme l'a fait remarquer avec raison M. Antonin Guinand, président de la commission supérieure de l'enseignement agricole, vice-président de l'Union du Sud-Est, tout en maintenant l'unité de direction et de marche, tout en assurant l'uniformité dans l'enseignement et, autant que possible, l'égalité dans le niveau des études, l'Union du Sud-Est a décentralisé largement en faisant appel aux initiatives et aux bonnes volontés locales mises en lumière par l'organisation syndicale (1).

(1) *Programmes et règlements des examens des études agricoles*

Les examens de première année sont passés devant des jurys formés par les soins des comités départementaux et des syndicats; les candidats qui ont obtenu les notes suffisantes reçoivent un « certificat d'études agricoles primaires » délivré par les syndicats. Des jurys formés par les soins de la commission supérieure font subir les examens de deuxième année, et le « diplôme d'études agricoles primaires », accordé aux lauréats, est délivré par l'Union du Sud-Est. Les études agricoles des filles ne comprennent qu'une année terminée par un examen passé sous la responsabilité des comités départementaux et des sous-comités syndicaux, qui organisent des commissions de dames pour la partie technique et spéciale de cet enseignement. Enfin des récompenses sont aussi accordées aux maîtres.

Les examens des études agricoles primaires ont commencé en 1898 dans la circonscription de l'Union du Sud-Est; 1743 candidats ont concouru, soit 1336 pour l'examen du premier degré, 355 pour l'examen du deuxième degré et 52 pour les écoles de filles; 1286 candidats ont été admis et 456 ajournés. Les écoles concurrentes étaient au nombre de 132 et les examens ont eu lieu devant 55 jurys comprenant 247 examinateurs, tous professeurs ou agriculteurs diplômés de l'Institut agronomique et des grandes écoles d'agriculture (1). De plus,

primaires pour les garçons et les filles, publiés par l'Union du Sud-Est des syndicats agricoles (Lyon, imp. X. Jevain, 1898).

(1) En 1899, le Syndicat agricole et viticole de Chalon-sur-

l'Union du Sud-Est a réussi à faire introduire l'enseignement agricole dans un certain nombre d'établissements d'enseignement secondaire, qui ont présenté des candidats à ses examens du deuxième degré, et elle a déterminé les Facultés libres de Lyon à organiser une véritable Faculté d'agriculture, qui pourra former des professeurs pour l'enseignement agricole secondaire et primaire.

L'Union de Bourgogne et de Franche-Comté a aussi constitué, dès l'année 1896, une commission de l'enseignement agricole qui adopta un programme approprié aux cultures de la région et invita les directeurs des écoles libres à présenter des candidats pour l'obtention des diplômes de première et de deuxième classe. Quelques directeurs se décidèrent à faire un cours d'agriculture, et des examens purent avoir lieu, en conséquence, à la fin de l'année scolaire, en 1897 et 1898, devant des jurys compétents formés à cet effet; 40 diplômes furent délivrés en 1897 et 111 en 1898.

L'Union des syndicats agricoles de l'Ouest a cherché à instituer l'enseignement agricole dans les écoles primaires libres, sur le modèle de la Bretagne ; mais surtout elle a réussi, avec le concours des Unions régionales voisines, à accomplir une œuvre importante, la création, à Angers,

---

Saône a présenté 225 candidats aux examens. Il a accordé une demi-bourse d'études, dans une école d'agriculture, au lauréat le plus méritant de la région. Un autre syndicat de l'Union du Sud-Est, dans la Loire, présentait récemment son *millième* candidat, et le mouvement n'est qu'à ses débuts.

d'une école supérieure d'agriculture destinée à former des ingénieurs agricoles et à rendre les propriétaires capables de diriger leurs exploitations avec compétence et profit.

Les Unions régionales du Centre, du Sud-Ouest, du Midi, des Alpes et de Provence ont aussi commencé à organiser l'enseignement agricole professionnel soit par l'adoption d'un plan général, soit par l'initiative particulière de quelques-uns de leurs syndicats. En Normandie, le Syndicat des agriculteurs de la Manche, après avoir tout d'abord cherché à propager l'enseignement agricole primaire dans les écoles libres du département selon la méthode bretonne, a institué dans deux établissements d'enseignement libre, à Ducey et à Montebourg, de véritables écoles secondaires d'agriculture pratique où les fils de cultivateurs, ayant déjà obtenu le certificat d'études agricoles primaires, peuvent acquérir l'instruction complémentaire nécessaire à de bons chefs d'exploitation. Les cours, adaptés à la culture du pays, y sont faits par des professeurs attitrés et par des membres du syndicat, agronomes compétents, qui selon l'expression de son président, M. Émile Garnot, « se sont attelés à cette ingrate, mais passionnante besogne d'instruire les enfants des cultivateurs en devenant maîtres d'école ».

Cet exposé démontre l'importance du mouvement d'organisation de l'enseignement agricole dans les écoles primaires, créé par les syndicats et qui est encore à ses débuts. Inspirer, dès leur jeune âge, aux enfants des campagnes le goût de la profession agricole et préparer ainsi des générations d'habiles agriculteurs, c'est une tâche qui apparaît bien comme le complément naturel de l'œuvre du syndicat agricole, et celui-ci semble particulièrement désigné pour l'entreprendre avec succès. La loi du 21 mars 1884 et la circulaire interprétative du 25 août de la même année lui ont, d'ailleurs, reconnu le droit de fonder des cours d'instruction professionnelle.

L'initiative prise par les syndicats agricoles et leurs Unions régionales ne saurait porter ombrage à l'enseignement primaire des écoles publiques ; car le certificat d'études agricoles, délivré par le syndicat, ne peut se confondre avec le certificat d'études primaires : l'un est professionnel et l'autre pédagogique ; ils se superposent sans se nuire. Néanmoins il est avéré que, jusqu'à ce jour, les syndicats agricoles n'ont pas réussi, en général, à obtenir que les instituteurs publics fussent autorisés à présenter leurs élèves aux examens professionnels qu'ils ont institués ; leur action ne s'est guère exercée que sur les écoles libres. Si cet enseignement spécial, ainsi organisé, constitue un réel progrès, et il n'est pas permis d'en douter, les élèves des écoles publiques ne doivent pas en être privés. D'autre part, les diplômes purement agricoles répondant bien aux besoins et aux intérêts des petits cultivateurs et paysans, il pourra arriver qu'afin de les obtenir, leurs enfants désertent les écoles publiques. L'État se verra donc sans doute conduit à créer, lui aussi, dans l'enseignement primaire, des examens et des diplômes spéciaux, à moins qu'un terrain d'entente puisse être trouvé et que, comme le souhaitent les associations agricoles, tous les enfants des campagnes, qu'ils suivent les cours des écoles libres ou ceux des instituteurs communaux, puissent concourir devant les jurys d'examen professionnels, afin d'obtenir le certificat ou le diplôme d'études primaires agricoles, délivré par la libre initiative des syndicats en dehors de la sanction officielle. Aussi, M. Léon Riboud, vice-président de l'Union du Sud-Est, a-t-il exprimé le vœu que le Conseil supérieur de l'enseignement agricole soit chargé d'étudier la question du diplôme d'études primaires agricoles et de rechercher, dans un esprit de conciliation et d'harmonie, les moyens d'entente entre l'État et l'initiative privée, qui n'ont aucun intérêt à se faire concurrence.

Une autre considération milite en faveur de l'acceptation par l'État du concours des syndicats agricoles en cette matière : c'est que le diplôme agricole n'est pas un vain titre ; il doit aider l'enfant qui l'obtient à gagner sa vie et il comporte, à cette fin, l'appui non seulement moral, mais effectif, de l'association qui l'a décerné. C'est ici que les syndicats agricoles peuvent rendre des services auxquels les fonctionnaires seraient impropres.

« Si, à treize, quatorze, quinze ans, observe M. Léon Riboud, un garçon n'a pas de travail chez ses parents, il cherche à aller en condition. C'est alors que le diplôme agricole doit lui servir. Mais ce diplôme n'opérera pas tout seul, comme par enchantement; il faudra, en outre, des recommandations, frapper aux portes, présenter le candidat, donner au futur patron des renseignements sur les aptitudes et l'amour au travail du diplômé, voire même sur ses parents : il faudra, en somme, placer les lauréats. Cela, l'initiative privée pourra le faire, nos associations syndicales pourront servir de bureaux de placement ; il s'y trouvera des personnes dévouées très disposées à s'en occuper. Et, de fait, ce sera bien là le complément indispensable de l'instruction professionnelle, et, à mon avis, nous devrions à peine nous en préoccuper, si nous ne devions ensuite être en mesure d'aider les intéressés à en tirer parti (1). »

Rattacher au devoir moral de répandre l'instruction agricole parmi les fils de paysan celui de leur procurer ensuite des emplois convenant aux aptitudes ainsi acquises, c'est là assurément une juste conception du rôle de l'association professionnelle.

(1) « A propos d'enseignement agricole. Les syndicats et l'État », étude publiée par M. Léon Riboud dans l'*Almanach des syndicats agricoles de France*, pour l'année 1899.

CHAPITRE XI

En étudiant les services professionnels rendus par les syndicats agricoles, nous les avons vus pratiquer des procédés coopératifs plus ou moins accusés dans les branches variées de l'exploitation du sol. La coopération est, d'ailleurs, nous l'avons constaté, une attribution essentielle du syndicat agricole, une application naturelle des idées de solidarité dont il s'inspire. Mais les syndicats agricoles ont fait plus encore ; en certains cas, ils ont organisé de véritables sociétés coopératives dérivées d'eux-mêmes et fonctionnant pour l'avantage exclusif de leurs adhérents.

Ces sociétés coopératives, *filiales* des syndicats agricoles, appartiennent aux divers types de la coopération de consommation, de production et de crédit. Ils ont même créé un type nouveau : la société coopérative mixte, qui constitue la forme de la société coopérative *agricole*, et pour lequel ils avaient obtenu l'introduction d'un titre spécial dans le projet de loi sur les sociétés coopératives, qui, mis à l'étude en 1883, est venu échouer devant le Sénat le 13 mars 1896.

« La venue récente des agriculteurs à la coopération, disait M. Paul Doumer, rapporteur de la loi coopérative à la Chambre des députés, nous obligea à prévoir et à définir les sociétés coopératives mixtes de producteurs non patentés qui achètent en commun leurs matières premières, vendent leurs produits et peuvent organiser le crédit coopératif.

« Ce sont ces sociétés mixtes qui prennent place aujourd'hui dans la coopération et qui ont droit à une place dans la loi (1). »

Voici quel a été le point de départ de l'institution des sociétés coopératives agricoles. Les syndicats traitent, nous l'avons dit, à des conditions généralement bonnes, l'achat des engrais, semences et tous produits employés dans l'exercice de la profession agricole. Lorsqu'il y a lieu, afin de répondre à tous les besoins d'un grand syndicat, d'approvisionner, d'une façon permanente, des magasins et dépôts répartis sur une circonscription étendue, ces opérations nécessitent l'emploi d'un personnel nombreux, la tenue d'une comptabilité rigoureuse, un contrôle difficile à exercer sur tous les points à la fois, un mouvement de fonds considérable, des frais généraux proportionnels, etc. Il arrive alors parfois que les hommes d'initiative et de dévouement qui ont accepté la direction du syndicat s'inquiètent de voir leur responsabilité engagée par des opérations dont ils n'avaient pas prévu toute l'ampleur;

(1) Rapport présenté par M. Paul Doumer au Congrès national des syndicats agricoles de Lyon le 24 août 1894 (*Compte rendu des séances du Congrès*).

ils peuvent estimer que la forme de l'organisme
syndical ne leur offre pas toutes les garanties suffisantes pour la parfaite régularité de ces transactions,
pour l'exacte liquidation des engagements qui en
découlent, pour le bon fonctionnement d'une administration affectant un caractère quasi-commer-
cial (1). C'est cette considération qui, en 1891, a
déterminé les fondateurs du Syndicat agricole de
Montpellier et du Languedoc, après un exercice
dont le chiffre d'affaires avoisinait 1 700 000 francs,
à transformer purement et simplement le syndicat
en société coopérative de consommation et d'approvisionnement agricole régie par la loi du
24 juillet 1867 sur les sociétés anonymes à capital
variable. Cette transformation a permis à l'association, désormais pourvue de statuts précis et de
rouages appropriés, de poursuivre, en pleine
sécurité, et de développer encore les opérations
qu'elle traitait pour le compte de ses adhérents, les
viticulteurs de l'Hérault : mais il n'était nullement
nécessaire, à cet effet, d'absorber le syndicat dans
la société coopérative agricole, de le faire disparaître. Il suffisait, et il eût été préférable, d'annexer
une société coopérative au syndicat qui, délivré
ainsi d'un fardeau jugé trop lourd, aurait pu consacrer son activité et ses ressources à l'organisation

(1) D'après certains jurisconsultes, lorsque les syndicats achètent pour eux, ont des magasins et revendent à leurs membres, il
y a là une société civile de fait, et la responsabilité des syndiqués
se trouve engagée (M. Hubert-Valleroux dans l'*Économiste français* du 11 novembre 1899. « La responsabilité civile des **syndicats**
professionnels »). Mais ce point est très contesté.

d'autres services professionnels. Il faut s'applaudir que cet exemple soit demeuré à peu près isolé dans notre mouvement syndical agricole (1).

A l'inverse des puissants syndicats pour lesquels le développement imprévu de leurs achats peut constituer parfois un embarras sérieux (et cependant il en est un très grand nombre qui ont su organiser leur service d'achat et de répartition des marchandises agricoles avec les garanties désirables), les petits syndicats agricoles ont naturellement un chiffre d'affaires très restreint et, ne demandant que des quantités minimes, il ne leur est guère possible d'obtenir des fournisseurs les conditions avantageuses que ceux-ci réservent aux fortes commandes. Un syndicat ne peut régulièrement se concerter avec un autre syndicat pour traiter des marchés en commun : mais une société coopérative peut être créée pour un groupe de syndicats, peut être annexée, comme nous le verrons, à une Union régionale, et ainsi chacun des syndicats qu'elle dessert bénéficie, pour ses commandes, de prix avantageux qu'il ne serait pas lui-même en situation d'obtenir.

La création de sociétés coopératives agricoles annexées aux syndicats ou aux Unions présente encore un autre intérêt : elle permet de fournir aux membres des syndicats les denrées et objets de

(1) Le Syndicat professionnel agricole des Pyrénées-Orientales, créé en 1886, s'est juxtaposé, en 1896, une société anonyme à capital variable qui fonctionne sous la même dénomination que le syndicat ; elle fait un chiffre d'affaires annuel d'environ 800 000 francs.

consommation nécessaires aux besoins des familles, dans les conditions d'économie et de qualité que réalisent les sociétés coopératives de consommation. Les syndicats agricoles ne peuvent traiter, par eux-mêmes, ces achats qui n'ont pas le caractère professionnel et, cependant, puisqu'ils visent à améliorer le plus possible le sort des populations agricoles, il est naturel qu'ils cherchent à affranchir les cultivateurs de l'exploitation des intermédiaires, non seulement pour les achats professionnels, mais encore pour tous les achats relatifs à la subsistance et à l'entretien de la famille rurale.

Enfin l'écoulement meilleur des produits du sol est un gros problème qui s'impose aux syndicats agricoles. Ils n'ont réussi qu'en des cas exceptionnels à faciliter la vente des produits de leurs adhérents, à leur ouvrir des débouchés rémunérateurs. Une société coopérative, à objet général ou spécial, se trouve beaucoup plus apte à grouper des offres de producteurs et à leur chercher une contre-partie pour la conclusion d'un marché avantageux.

Les sociétés coopératives constituées par les soins des syndicats agricoles ou des Unions, et sous leur patronage, sont donc des auxiliaires très utiles qui permettent aux institutions syndicales de traiter indirectement, au bénéfice de leurs adhérents, des opérations qui ne sont pas de leur ressort direct ou même de réaliser, dans des conditions plus favorables, leurs opérations ordinaires. Les sociétés coopératives annexées aux syndicats ont une existence propre, une administration, une caisse et une direction entièrement distinctes. Le groupement syndical fournit au groupement coopératif une clientèle, des administrateurs, et, ce qui importe beaucoup, l'esprit de solidarité qu'il a su développer parmi ses membres. Il est, d'ailleurs, aisé de comprendre que, déchargé par l'intervention d'une société coopérative, du soin, du travail et de la responsabilité qu'entraînent les opérations d'achat et de vente, le syndicat ne se trouve nullement amoindri, mais, au contraire, plus libre et plus fort : les besoins matériels de ses adhérents étant satisfaits, il dispose de la plénitude de ses moyens pour accomplir et développer son œuvre professionnelle, propager les bonnes méthodes de culture, organiser l'enseignement agricole, le crédit, les assurances, l'assistance, etc.

Ces principes étant admis, il nous reste à rechercher comment les syndicats agricoles les ont appliqués et comment ils ont utilisé les services que pouvait leur rendre la création de sociétés coopératives de types divers (1).

C'est dans le département de la Charente-Inférieure qu'a pris naissance en 1888 la nouvelle forme de société coopérative adaptée aux besoins

(1) La bonne organisation des sociétés coopératives agricoles et leurs relations avec les syndicats, les Unions, les sociétés de consommation, etc., ont été longuement étudiées dans les congrès de syndicats agricoles et ont fait l'objet de rapports fort intéressants présentés par MM. Guinand, Georges Fleury, Kergall, Georges Maurin, le baron de Larnage, Thomine Desmazures, etc. (*Comptes rendus des séances des Congrès de Lyon, Angers et Orléans*).

des syndicats agricoles. Le Syndicat agricole départemental de la Charente-Inférieure, fondé en 1886 pour venir en aide aux cultivateurs, que la destruction du vignoble frappait cruellement, avait rapidement recruté plus de 8000 adhérents auxquels il s'ingéniait à rendre tous les services possibles. Son organisateur, M. Arthur Rostand, entreprit de leur fournir à bon marché, non seulement les marchandises nécessaires à l'exploitation du sol, mais aussi les denrées et objets indispensables à la nourriture, l'habillement et l'entretien de leurs familles, de telle sorte que l'épargne leur permît plus tard de faire à la terre des avances qui pourraient devenir la source de bénéfices nouveaux. Mais loin de transformer, comme on l'avait fait à Montpellier, le syndicat professionnel en société coopérative, loin de sacrifier l'instrument de progrès mis par la loi du 21 mars 1884 à la disposition des cultivateurs, M. Arthur Rostand se proposa de donner au syndicat comme auxiliaire, comme agent actif pour les achats et pour les ventes, une société coopérative formée sous son patronage, qui le dégagerait de tous risques, de toute responsabilité, et lui permettrait de réserver son initiative à des services professionnels d'ordre différent. Pour réaliser sa pensée, M. Rostand n'eut qu'à s'inspirer des sociétés coopératives de consommation anglaises qu'il connaissait bien. Il créa donc la « Société coopérative de production et de consommation de la Charente-Inférieure » comme institution annexe et dérivée du syndicat agricole. Cette société, dont

le siège est à La Rochelle, est une société coopérative de production, d'approvisionnement et de
vente, anonyme à capital variable, régie par la loi
du 24 juillet 1867. Elle a pour objet l'acquisition
en gros et la revente au détail de toutes espèces de
denrées et marchandises ; elle est commerciale,
ce qui lui permet de faire des opérations avec le
public, sans le faire participer aux bénéfices, bien
entendu. Le capital initial de 200 000 francs, divisé
en actions de 50 francs souscrites par des membres
du syndicat, a été élevé successivement à
600 000 francs, afin de donner une plus grande
extension aux opérations sociales. Les services
de l'entrepôt central de La Rochelle ont été
complétés par l'installation de trente-trois succursales ou magasins de vente répartis sur les
points principaux du département.

Cette organisation n'a pas laissé d'être coûteuse
et elle a nécessité des approvisionnements considérables de marchandises : outre le capital de
600 000 francs entièrement réalisé, il a fallu pourvoir
la société d'un fonds de roulement d'égale importance, versé en compte courant par les actionnaires
ou emprunté à des banquiers.

Un traité a réglé les rapports réciproques de la
société coopérative et du syndicat. La société
coopérative est le fournisseur général du syndicat,
dont tous les membres ont droit à ses services et
sont, en bloc, affiliés à la coopérative, à titre d'associés participant aux bénéfices ; par contre, sur la
cotisation annuelle qu'il perçoit de ses adhérents, le

syndicat abandonne 1 franc par membre à la coopérative, qui a pris à sa charge une forte part des frais généraux du syndicat.

La Société coopérative agricole de la Charente-Inférieure a réalisé, en 1891 et 1892, des chiffres d'affaires d'environ 2 millions de francs, avec des frais d'administration fort élevés. A la mort de M. Rosland, survenue en 1892, il parut nécessaire de simplifier l'installation de la coopérative et de remédier à l'exagération des dépenses improductives. Cette tâche est échue au conseil d'administration, présidé par M. Maurice Marchand, conseiller général de la Charente-Inférieure, qui, par sa prudence et son habileté, a consolidé la situation de la société. Celle-ci, en 1895, a mis ses services à la disposition de tous les syndicats formant l'Union des syndicats agricoles du Sud-Ouest et est ainsi devenue la coopérative régionale de cette Union, à laquelle est affilié le Syndicat agricole de la Charente-Inférieure. Elle possède actuellement trente-deux succursales et son chiffre d'affaires, pour l'exercice 1898-1899, a été de 2 400 000 francs, dont 500 000 francs d'engrais, soufre, sulfate de cuivre, etc., fournis à divers syndicats de l'Union du Sud-Ouest. Comme société d'approvisionnement, la Coopérative agricole de La Rochelle a pleinement réussi et ses prix ont été généralement très avantageux pour les consommateurs; mais comme société de production, il n'en a pas été de même. En dépit des facilités particulières que lui donne la forme commerciale, elle n'a pu organiser rien de sérieux pour faciliter l'écoulement des produits agricoles récoltés par les membres du Syndicat de la Charente-Inférieure. Ce n'est pas la clientèle des acheteurs qui lui a fait défaut : elle s'est heurtée à l'indifférence et à l'abstention des producteurs dont les habitudes routinières ont résisté aux nouvelles pratiques de vente mises à leur disposition.

La Société coopérative de la Charente-Inférieure aurait pu se constituer sous la forme civile si elle avait voulu limiter ses services à ses associés et adhérents ; mais elle a préféré être ouverte au public, ce qui l'a obligée à prendre la forme commerciale. Elle y a trouvé deux principaux avantages : 1° la société vendant au public, qui ne profite que de la modicité des prix sans avoir aucun droit aux bénéfices, ceux-ci augmentent naturellement par l'extension des opérations traitées, et la part à répartir entre les associés et adhérents s'améliore en même temps ; 2° poursuivant une œuvre d'intérêt agricole et social, elle a voulu offrir tous les bienfaits de la coopération non seulement à un groupement restreint, mais à l'ensemble de la population agricole.

Elle a voulu vendre à bon marché d'excellentes marchandises, mais aussi obliger le commerce local à baisser ses prix. Elle y est parvenue : les bas prix pratiqués par la société coopérative dans ses magasins, succursales et dépôts ont contraint les commerçants à réduire généralement leurs prix de vente, en ce qui concerne les marchandises les plus usuelles, et la population tout entière du département a ressenti l'heureux effet de l'organisation nouvelle.

L'exemple donné par le Syndicat agricole de la Charente-Inférieure ne pouvait manquer d'être suivi. En 1891, le Syndicat des agriculteurs du Puy-de-Dôme fondait, à Clermont-Ferrand, la « Société coopérative de production et de consommation des agriculteurs du Puy-de-Dôme », au capital de 40 000 francs divisé en actions de 50 francs. Ce capital fut plus tard porté à 80 000 francs. Les statuts étaient à peu près identiques à ceux de la Coopérative de La Rochelle. Comme elle, elle a exercé, au profit de l'ensemble des consommateurs, une influence régulatrice des cours et, mieux qu'elle, elle a su organiser avantageusement la vente de certains produits agricoles de la région. Dirigée par un excellent coopérateur, M. Georges Fleury, elle semblait assurée du succès quand des rivalités locales ont entraîné sa liquidation.

En la même année, le Syndicat horticole et agricole d'Hyères avait aussi créé, sous la forme commerciale, la « Société coopérative de consommation de la région d'Hyères » qui s'est transformée plus tard en « Société coopérative du Var », ayant son siège à Saint-Raphaël.

En 1890, le Syndicat régional agricole et viticole de Tonnerre, qui s'était cru autorisé à fournir à ses membres des denrées et objets de consommation et que l'administration invitait à se renfermer dans ses attributions professionnelles, organisa, pour dégager sa responsabilité, la « Société coopérative de production et de consommation du Tonnerrois », dont il fournit le capital représenté par ses réserves. La société est purement civile et ne traite qu'avec ses membres qui sont les adhérents du syndicat. Elle fournit surtout des engrais et des produits de consommation. Les bénéfices réalisés ne sont pas distribués, mais portés à la réserve. Lorsque la situation de la société le permettra, ses fondateurs ont l'intention d'affecter les bénéfices à la réduction du prix des engrais : une clause des statuts porte aussi que « la société pourra contribuer, pécuniairement et moralement, à tout ce qui a trait à l'amélioration et à l'émancipation du sort des travailleurs ».

A Agen, le Syndicat agricole d'Agen et le Syndicat des producteurs agricoles du Lot-et-Garonne réunis ont fondé, en 1893, la « Société coopérative de production et de consommation des agriculteurs du Lot-et-Garonne », en remplacement de leurs offices d'achat et de vente. La société est civile et son capital initial de 40 000 francs vient d'être porté à 80 000 francs ; ses bonis nets sont répartis entre les sociétaires, proportionnellement aux opérations qu'ils ont traitées. Elle fournit les matières premières, engrais, objets de consommation, etc. ; mais aussi elle organise avec un certain succès la vente des produits récoltés par ses adhérents, se contentant toutefois de grouper les marchandises et d'expédier ensemble, sans les confondre, les lots remis par les divers producteurs : elle sert donc simplement d'intermédiaire entre le vendeur et l'acheteur. Les produits dont elle trouve ainsi le placement sont les spécialités de la culture locale : les oignons, les vins, les fruits et primeurs. Elle vend même à l'étranger et expédie notamment en Angleterre de grandes quantités d'oignons. Son chiffre d'affaires total est d'environ 450 000 francs par an : les ventes de produits agricoles y entrent pour une somme de 75 000 à 100 000 francs.

La Société coopérative des agriculteurs du Lot-et-Garonne a pris récemment une initiative des plus intéressantes en fondant à Agen, Colayrac, Saint-Maurin, Nérac, Montagnac, Saint-Laurent et Aiguillon, des boulangeries coopératives desservies par deux moulins qui lui appartiennent, à Agen et à Sourbès, près Nérac. Le 31 août 1899, ces sept boulangeries coopératives comptaient ensemble 1 137 adhérents et produisaient environ 3 255 kilos de pain par jour.

Dans le même département, et vers la même époque, le Syndicat du comice agricole de Villeneuve-sur-Lot a créé la « Société coopérative de production et de consommation de Villeneuve-sur-Lot », société civile, anonyme, à capital variable, dont le minimum a été fixé à 20 000 francs; dirigée par M. A. Fabre, elle s'est surtout spécialisée dans l'expédition et la vente collective, aux Halles de Paris, des petits pois de primeur et des haricots verts que la contrée produit en quantités considérables. Le produit net de la vente est réparti entre

les expéditeurs, au prorata des quantités livrées par
eux (1).

En 1893, l'Union du Sud-Est organisait, à son
tour, à Lyon, la « Coopérative agricole du Sud-Est »,
qui a servi de modèle à la plupart des sociétés similaires créées dans la suite. L'association est une
société coopérative de production et de consommation, civile, anonyme, à capital et personnes variables, ayant un double objet : 1° les achats des
coopérateurs ; 2° la vente de leurs produits agricoles.
Elle est le fournisseur facultatif des syndicats de
l'Union, groupés au nombre de deux cent cinquante et dont cent quatre-vingt-dix-huit lui sont
affiliés. Elle permet à ces syndicats d'ouvrir des
entrepôts, ce qui est le meilleur moyen de rendre
des services efficaces à la petite culture, et ces entrepôts ne leur coûtent rien, la coopérative les approvisionnant de marchandises en consignation. Le
capital initial était de 50 000 francs, divisé en parts
de 100 francs ; il a été, par augmentations successives, porté à 100 000 francs, avec faculté laissée au
conseil d'administration de l'élever à 125 000. Les
fondateurs ont voulu que ce capital fût purement
agricole afin d'écarter absolument la spéculation. Il
a été fourni en partie par les syndicats eux-mêmes,
en partie par des membres des syndicats, souscripteurs à titre individuel.

---

(1) Les sociétés coopératives agricoles d'Agen et de Villeneuve-
sur-Lot ont malheureusement presque absorbé la vitalité des
syndicats qui les avaient fondées : elles représentent donc, en
fait, des syndicats transformés.

Chaque syndicat affilié souscrit ordinairement autant de parts qu'il possède de centaines de membres. La société admet aussi, par une disposition empruntée au projet de loi sur les sociétés coopératives, des adhérents participant à ses avantages et même à la distribution de ses bénéfices, moyennant le paiement d'un droit d'entrée, qui est de 2 francs. En versant 2 francs, une fois payés, au nom de chacun de leurs membres, tous les syndicats souscripteurs de parts peuvent les rendre, en bloc, adhérents de la coopérative, c'est-à-dire coopérateurs. Ce versement n'est, d'ailleurs, qu'un simple dépôt à restituer par la coopérative si le syndicat veut plus tard se retirer. Dans la répartition des bénéfices nets réalisés par la société. il est attribué 80 p. 100 aux coopérateurs, porteurs de parts ou adhérents participants, qui les touchent au prorata du montant de leurs opérations.

La Coopérative agricole du Sud-Est a à sa tête un directeur, M. Joseph Glas, placé sous l'autorité d'un comité de direction délégué par son conseil d'administration.

Les 198 syndicats faisant partie de la coopérative représentaient, le 1ᵉʳ janvier 1900, un nombre total d'environ 42 000 adhérents. Le chiffre d'affaires de l'exercice 1898-99 s'est élevé, pour le siège social, à 1 820 269 fr. 25, en augmentation de 380 467 francs sur celui du précédent exercice. La succursale établie à Chalon-sur-Saône a fait, de son côté, 676 965 fr. 05 d'affaires. Le taux des frais généraux est aussi réduit que possible : il était de 2,49 p. 100 en 1896-97 et de 2,52 p. 100 en 1897-98. L'exercice 1898-99 a laissé un bénéfice net de 52 324 fr. 05 (pour 100 000 francs de capital versé), qui a permis à la coopérative de répartir, comme trop perçu, 2,50 p. 100 proportionnellement aux opérations traitées par les syndicats affiliés. De son côté, la succursale de Chalon a réparti 2,25 p. 100. A la clôture du sixième exercice, les réserves ordinaire et extraordinaire et les comptes divers dotés par la coopérative en faveur d'œuvres agricoles et sociales atteignaient les trois quarts de son capital, et ce résultat avait été obtenu sans préjudice de prix avantageux pour les acheteurs et d'importantes ristournes annuelles.

De plus, la société donne un concours très efficace à l'organisation de l'assurance contre les accidents et de l'assurance contre la mortalité du bétail dans les syndicats de l'Union du Sud-Est; elle vient de créer une caisse de retraites pour le personnel de ses employés et de ceux des syndicats unis, et elle subventionne diverses œuvres agricoles, ayant un intérêt social ; par l'importance et la multiplicité des services rendus aux syndicats de l'Union, elle a largement justifié les espérances de ses fondateurs. Son chiffre actuel d'environ 42 000 coopérateurs ou syndiqués adhérents doit la faire considérer comme la plus nombreuse des sociétés françaises de consommation.

Plusieurs sociétés coopératives agricoles se sont fondées sur le modèle de celle du Sud-Est, à Dijon,

Avignon, Caen, Orléans, Évreux, Angers, Besançon, etc.

La « Coopérative agricole de Bourgogne et de Franche-Comté », organisée par l'Union des syndicats agricoles et viticoles de Bourgogne et de Franche-Comté, à Dijon, approvisionne d'engrais et autres marchandises d'utilité agricole les syndicats qui lui sont affiliés.

La « Coopérative agricole des Alpes et de Provence », société civile de production et de consommation créée à Avignon par le Syndicat agricole Vauclusien, a étendu ses services à tous les syndicats affiliés à l'Union des Alpes et de Provence et est devenue la coopérative régionale de cette Union qui groupe quatre-vingt-quatorze syndicats ; elle a établi une succursale à Marseille. Le capital social de 75 000 francs, divisé en parts de 100 francs, a été porté à 100 000 francs, à la fin de 1899 ; beaucoup de syndicats de l'Union sont souscripteurs de parts. La société admet des adhérents participants, qui paient un simple droit d'entrée de 2 francs, remboursable, et elle fonctionne, d'ailleurs, à peu près dans les mêmes conditions que la Coopérative agricole du Sud-Est. Le chiffre d'affaires traitées a été, pour l'exercice 1897-98, de 1 072 250 fr. 30 répartis sur soixante et onze syndicats et, pour l'exercice 1898-99, de 1 103 938 fr. 40 répartis sur quatre-vingt-sept syndicats. En 1898, sur les bénéfices nets réalisés par la coopérative, il a été ristourné 8 045 fr. 60 aux syndicats affiliés, en proportion de leurs achats, et en 1899. cette ristourne a été de 8 435 fr. 68 : elle s'élève statutairement à 70 p. 100 des bénéfices nets. La coopérative établit, chez les syndicats qui lui en font la demande, des dépôts de marchandises en consignation et elle a adopté diverses combinaisons propres à favoriser les syndicats agricoles qui se trouvent dans la nécessité d'accorder de longs crédits à leur adhérents.

A Caen, la « Société coopérative agricole centrale de Normandie », constituée en 1895 pour le service des syndicats formant l'Union des syndicats agricoles de Normandie, a revêtu la forme commerciale ; son capital est très minime et les actions de 50 francs chacune ont été souscrites par les syndicats eux-mêmes qui ont ainsi affilié tous leurs membres à la coopérative. Sous l'habile direction de son fondateur, M. Thomine Desmazures, elle traite d'importantes affaires, comme fournitures de denrées et objets de consommation, articles d'écurie, outils et machines agricoles, etc., et aussi comme ventes d'animaux et de quelques produits de la culture normande. Les bénéfices, répartis aux syndicats actionnaires, doivent être, autant que possible, appliqués par eux à des œuvres d'intérêt social.

Une « Société coopérative agricole d'Orléans et du Centre » s'était formée en 1895 comme annexe de l'Union des syndicats agricoles et viticoles du Centre. Elle était civile (1) et s'occupait presque

---

(1) Il est à remarquer que, depuis la mise en vigueur de la loi du 1er août 1893, toute société anonyme, constituée dans les formes de la loi du 24 juillet 1867, est commerciale et soumise aux lois et usages du commerce : mais elle n'encourt l'application de

exclusivement de vendre des gros légumes, fournis par ses membres coopérateurs et adhérents : elle leur achetait les produits, à prix déterminé, et leur répartissait, en outre, comme trop perçu, en fin d'exercice, 75 p. 100 des bénéfices nets, au prorata de leurs opérations. La société avait soumissionné d'importantes fournitures de légumes pour l'armée et pour le service de l'Assistance publique. Quelques imprudences commises ont entraîné sa dissolution.

La « Coopérative agricole de l'Eure », fondée à Évreux entre les membres du Syndicat agricole de l'arrondissement d'Évreux et du Syndicat agricole du canton d'Amfreville-la-Campagne, est également une société de production et de consommation. La « Coopérative agricole de l'Ouest », société de production, de consommation et de crédit, a été organisée à Angers, en 1896, par le Syndicat agricole d'Anjou pour le service des syndicats affiliés à l'Union régionale de l'Ouest.

Plus récemment se sont fondées d'autres sociétés coopératives annexées à des syndicats agricoles : la « Coopérative agricole de l'Ain et de la région », à Bourg, la « Coopérative agricole du Doubs », à Besançon, la « Coopérative agricole du Périgord », à Périgueux, la Coopérative du syndicat agricole et horticole du canton de Cagnes (Alpes-Mariti-

la patente que si elle livre des marchandises au public. Afin de bien préciser qu'elles ne sont pas ouvertes au public, plusieurs coopératives agricoles, fondées depuis le 1er août 1893, persistent à prendre la qualification de « Société civile ».

mes), celle du Syndicat agricole de Cabbé-Roque-brune, etc.

Une très importante société, la « Société coopérative agricole de la région du Nord », s'est créée à Amiens, en 1893, sous le patronage de quelques membres des associations agricoles du département de la Somme, et avec des statuts dans lesquels ont été combinées des dispositions empruntées à ceux de la Société coopérative de la Charente-Inférieure et à ceux du Syndicat agricole coopératif de Landen (Belgique). Elle a établi des succursales dans les principales villes des départements du Nord, réalise un gros chiffre d'affaires et rend des services incontestables à l'agriculture : mais elle ne dérive pas du mouvement syndical et ne concourt pas à son développement. On peut en dire autant de la « Société coopérative agricole du Cambrésis », société anonyme coopérative de production, d'approvisionnement et de consommation, à capital et à personnes variables, fondée à Cambrai en 1895.

L'intérêt particulier que présente le type coopératif créé par les syndicats agricoles justifie les détails donnés sur son fonctionnement. Le plus souvent, les fondateurs des coopératives agricoles, au lieu de les rendre accessibles au public, ont réservé leurs services aux membres des syndicats, parce qu'ils ont tenu à organiser une œuvre strictement professionnelle, destinée à aider les syndicats agricoles, à fortifier leur action, et non à les remplacer. Si la coopérative agricole était ouverte à tous les cultivateurs, même étrangers au syndicat, le rôle de celui-ci s'en trouverait diminué et son recrutement entravé. Quand, au contraire, les syndiqués seuls participent aux avantages de la coopération, le développement que celle-ci peut acquérir profite nécessairement au syndicat. Ainsi, malgré l'inconvénient d'une liberté moins grande et de quelques difficultés pratiques, la forme civile, excluant la vente au public (ce qui est, d'ailleurs, le caractère propre de la société coopérative), est réputée sauvegarder, mieux que la forme commerciale, la coexistence et la vitalité du syndicat agricole, agent supérieur de progrès moral et de défense sociale. Pour le même motif, et aussi parce que le fonctionnement d'une coopérative exige un personnel dévoué et compétent, que son organisation est chose délicate et complexe, que l'importance de ses services est ordinairement proportionnelle à l'ampleur de ses opérations (1), on admet, en principe, qu'il vaut mieux fonder la coopérative au profit d'un groupe de syndicats agricoles que pour un syndicat isolé. Il serait peu pratique de doubler, un peu partout, le syndicat agricole d'une société coopérative, tandis qu'il semble logique d'instituer, comme on l'a fait avec succès, des coopératives régionales dans la sphère des Unions de syndicats où elles trouvent une

____

(1) Les coopératives agricoles ont intérêt à centraliser le plus gros chiffre d'affaires possible, afin de pouvoir résister aux coalitions commerciales souvent dirigées contre les syndicats, notamment par les fabricants d'engrais.

clientèle préparée, des moyens d'action et un ensemble de conditions favorables à leur développement (1). Ce système a, d'ailleurs, l'avantage d'exposer beaucoup moins les syndicats agricoles à se trouver en butte à l'hostilité du commerce local, embarras qui n'est pas à dédaigner.

L'organisation des sociétés coopératives agricoles doit encore être envisagée à un autre point de vue. Les institutions d'assistance, de prévoyance, d'enseignement, etc., dont les syndicats agricoles se font avec tant de raison les promoteurs, peuvent puiser un concours très efficace dans les ressources fournies par les bénéfices de la coopération agricole.

Déjà, en traitant des achats pratiqués par les syndicats agricoles et des remises qui leur sont consenties par le commerce local, nous avons fait remarquer combien il est logique que la coopération vienne en aide à la mutualité.

Dans l'étude que nous avons faite des principales coopératives agricoles, nous avons constaté chez plusieurs d'entre elles, à Lyon, Avignon, Caen, Tonnerre, etc., la noble préoccupation de faire participer les œuvres sociales à la distribution des bonis coopératifs. Généralement les statuts disposent qu'au delà d'un certain taux proportionnel au capital social, les réserves pourront

____

(1) Le Congrès national des syndicats agricoles de Lyon a émis, à cet égard, le vœu suivant : « Le Congrès recommande, de préférence, la création de coopératives à côté d'une Union de syndicats et s'étendant à une seule région. »

être employées à des œuvres d'intérêt agricole, et il existe une tendance manifeste à l'application de cette faculté. La Coopérative agricole du Sud-Est a déjà prélevé sur ses réserves une vingtaine de mille francs en faveur des assurances, des retraites, de l'enseignement, etc.

De plus, il faut louer absolument le système suivi à Lyon, Avignon, Caen, etc., de répartir les bénéfices aux syndicats souscripteurs des parts de la coopérative et non aux membres de ces syndicats : car il autorise les syndicats à faire librement emploi des bonis qui leur sont attribués, et un emploi en faveur de l'assistance mutuelle est l'emploi le plus simple, le moins sujet à critique. « Ils trouvent chez nous, en fin d'année, disait, le 12 novembre 1898, M. Rieu, président du conseil d'administration de la Coopérative agricole des Alpes et de Provence, à l'assemblée générale de cette société, ils trouvent chez nous une ristourne importante qui n'a rien coûté à leurs adhérents et dont ils peuvent faire profiter leurs caisses annexes de secours ou autres. »

Un syndicat a-t-il organisé une société de secours mutuels et de retraites, il pourra verser la ristourne dans la caisse de cette société, à titre de recette extraordinaire, et elle contribuera à fournir des secours en cas de maladie ou à majorer des pensions de retraite. Il pourra même se faire autoriser par son assemblée générale à appliquer la ristourne au paiement de la cotisation de ses membres les moins fortunés dans la société de secours mutuels

Ainsi, par l'étroite alliance de la coopération et de la mutualité, ces deux sœurs issues l'une et l'autre de l'association, comme l'a dit M. Cheysson, pourrait être levé l'obstacle qui, le plus souvent, s'oppose au développement des sociétés de secours mutuels, c'est-à-dire la difficulté, l'impossibilité même, qu'éprouve le travailleur à prélever la cotisation de la mutualité sur un salaire à peine suffisant pour ses besoins essentiels (1). Ainsi s'ennoblit et s'élève le rôle de la coopération qui est moins un but qu'un moyen, « une formation nouvelle de ses membres, un levier pour leur ascension sociale (2) ».

En s'efforçant, dans la mesure où le permet la jurisprudence, d'appliquer les bonis de la coopération à doter les institutions de prévoyance, les fondateurs de coopératives agricoles suivront l'exemple des sociétés coopératives anglaises et allemandes qui consacrent une part importante de ces bonis à alimenter de puissantes institutions de prévoyance et d'éducation.

Les syndicats agricoles ont aussi organisé de simples sociétés coopératives de consommation des types ordinaires, sociétés d'alimentation, boulangeries, boucheries, etc. Certains d'entre eux, notamment dans l'Aube, la Côte-d'Or et autres départements, avaient même cru pouvoir se cons-

____

(1) *Coopération et mutualité*, Conférence faite au Musée social par M. Cheysson le 20 décembre 1898, publiée par la *Circulaire mensuelle du Musée social* (octobre 1899).

(2) *Ibid.*

tituer sous une forme hybride qui leur aurait permis d'être tout à la fois syndicat professionnel et société de consommation. C'était là une fiction qui n'a pu être admise, et ces syndicats ont dû se dissoudre ou se transformer.

Quelques petits syndicats agricoles des Bouches-du-Rhône se sont annexé des sociétés de consommation. Le Syndicat agricole et viticole du canton de Chablis (Yonne) a créé une société coopérative de consommation; le Syndicat agricole de Saint-Michel-en-l'Herm (Vendée) a organisé en 1895 l' « Union michelaise », société coopérative de consommation; plusieurs groupes du Syndicat agricole de Poligny ont fondé des sociétés de consommation à Viry, Champagnoles, Cramans, etc., pour se soustraire à l'exploitation du petit commerce. On en pourrait citer d'autres exemples encore : pourtant le nombre en est restreint, beaucoup de syndicats pratiquant eux-mêmes, d'une façon peu régulière, des opérations de consommation.

Les principaux fondateurs de l'Union du Sud-Est ont organisé en 1889, sous le patronage de cette Union, une société anonyme commerciale, l' « Union des producteurs et consommateurs », qui avait pour objet de grouper les produits agricoles les plus variés, fournis directement par les agriculteurs, afin de les offrir aux consommateurs urbains : la répartition intégrale des bénéfices nets réalisés devait se faire, par moitié, entre les producteurs et les consommateurs. Mais la société n'a pas réussi à obtenir le concours effectif des producteurs, et notamment les quatre boucheries syndicales, très prospères, qu'elle a ouvertes à Lyon n'ont été alimentées d'animaux gras par les agriculteurs de la région que dans une proportion très insignifiante. Le Syndicat professionnel agricole du Gard a pris, en 1888, une part importante à la création de la boucherie coopérative et commerciale de Nîmes. Le Syndicat agricole de l'arrondissement de Marmande a fondé, à Mauvezin (Lot-et-Garonne), une petite société coopérative de boucherie, de vente et d'achat de bestiaux, fonctionnant au profit des membres des syndicats de l'arrondissement.

Les exemples de boulangerie coopérative organisée par un syndicat agricole sont beaucoup plus nombreux. Le Syndicat agricole et viticole de Thouarcé (Maine-et-Loire), en fondant une boulangerie coopérative en 1896, a triomphé d'une coalition des boulangers du pays, qui lésait gravement les intérêts des consommateurs, et a fait baisser le prix du pain dans son rayon d'action en vertu de l'influence régulatrice propre à la coopération. Dans le département des Basses-Pyrénées, le Syndicat des agriculteurs des Basses-Pyrénées et le Syndicat agricole de Lescar ont fondé récemment, à Uzos et à Lescar, deux meuneries-boulangeries coopératives destinées à accroître notablement le bénéfice des consommateurs par l'application combinée des procédés coopératifs à la mouture du grain et à la panification. Au Brouilh (Gers), un établissement analogue a été organisé par deux petits syndicats agricoles. Dans le même département, on trouve à Lectoure, Plieux, Castelnau d'Arbieu et La Sauvetat, des syndicats agricoles récemment formés dans le but spécial de tenir tête aux boulangers qui, syndiqués eux-mêmes, s'étaient fait de la production du pain un véritable monopole ; ces syndicats ont installé et exploitent des boulangeries coopératives qui sont de véritables boulangeries syndicales, fournissant le pain aux sociétaires en échange de leurs blés.

La coopération de production, ou plutôt la coopération de travail, de transformation et de vente, a reçu de nombreuses applications dans les syndicats agricoles : nous avons déjà mentionné celles qu'ils ont faites directement ; il nous reste à dire un mot de celles dont ils ont été les promoteurs par l'organisation de sociétés coopératives autonomes. On peut citer quelques sociétés coopératives de battage des grains ; la Société coopérative de meunerie d'Arbois, créée par le Syndicat agricole de l'arrondissement de Poligny ; la Laiterie coopérative de Basleville fondée par le Syndicat des agriculteurs du canton d'Aigre (Charente) et celle de la vallée du Puits, fondée à Saint-Ouën (Marne) par le Syndicat agricole du Puits ; quelques fruitières ou fromageries ; une féculerie à tendances coopératives patronnée par le Syndicat agricole de Notre-Dame-des-Champs, à La Flèche ; une distillerie coopérative tout récemment installée par le Syndicat des agriculteurs du Vaudoué (Seine-et-Marne) ; une intéressante société coopérative de fabrica-

tion des draps organisée à Caudebronde (Aude)
par le Syndicat agricole de la Montagne-Noire ;
une usine coopérative pour la fabrication des conserves de légumes, due à l'initiative du Syndicat
agricole de Saint-Georges-sur-Erve (Mayenne), etc.
En somme, les sociétés coopératives régulièrement
constituées sont rares encore dans cette branche ;
il faut l'attribuer à ce que beaucoup de syndicats
agricoles appliquent eux-mêmes, de façon plus ou
moins complète, les procédés coopératifs et n'ont
pas cru nécessaire de recourir à l'intervention
d'une société annexée.

La vente des produits agricoles a motivé, de la
part des syndicats, la formation de quelques
sociétés coopératives spéciales. L'une des plus
connues est l' « Association vinicole du Haut-
Bordelais », fondée à Cadillac-sur-Garonne sous
le patronage du syndicat et dirigée par M. Georges
Bord. C'est une société en participation groupant
des producteurs dans le but de faire connaître les
vins qu'ils récoltent, d'en faciliter la vente, d'en
garantir l'authenticité. Elle recherche la clientèle
des consommateurs isolés et des collectivités par
divers moyens de publicité, participe aux expositions, envoie des échantillons, etc.

Les vins destinés à la vente au détail sont entre-
posés dans un chai loué par l'association, à Barsac,
et y reçoivent tous les soins nécessaires. Pour la
vente en gros, les vins demeurent à la disposition
de la société dans les caves du récoltant, et à sa
charge, l'expédition devant se faire directement

de la propriété. Les prix de vente sont fixés par un comité de trois membres. Les bénéfices sont répartis en trois parts : 1° à la direction; 2° au personnel intéressé au succès de l'entreprise (participation des employés aux bénéfices); enfin aux sociétaires.

Le Syndicat des viticulteurs des Charentes, qui a pour objet de garantir l'authenticité des eaux-de-vie de cru et de défendre l'intérêt des producteurs, s'est annexé une société coopérative de vente des eaux-de-vie, dont le siège est à Saintes. La vente collective des fruits et légumes, la préparation des conserves a donné lieu à l'organisation de quelques petites coopératives spéciales faite par les syndicats agricoles; on peut citer celle du Syndicat professionnel des jardiniers-horticulteurs de Nantes, dont nous avons signalé les exportations considérables de fruits et légumes à destination de l'Angleterre. La coopérative fondée par le Syndicat agricole de Cabbé-Roquebrune (Alpes-Maritimes), et qui porte cette dénomination pittoresque, « les Producteurs des Rives d'or et du Syndicat agricole de Cabbé-Roquebrune », vend des citrons; à Sospel, dans le même département, le syndicat agricole a créé une société coopérative pour la vente du lait, etc., etc. (1).

Quant à la part prise par les syndicats à l'organisation de la coopération de crédit, nous allons la constater en passant à l'étude du Crédit agricole.

(1) Pour tout ce qui concerne la coopération agricole, on pourra se reporter à notre ouvrage : *la Coopération de production dans l'agriculture, syndicats et sociétés coopératives agricoles* (mission de l'Office du travail). Paris, Guillaumin et Cie, 1896.

CHAPITRE XII

CRÉDIT AGRICOLE.

Les syndicats agricoles ont pris une large part à l'organisation du crédit agricole, telle qu'elle a commencé à se manifester en France depuis quelques années. Il ne pouvait en être autrement : car l'institution de crédit apparaît bien comme le complément nécessaire du syndicat. Si celui-ci conseille à ses membres une opération culturale et leur offre par son intervention le moyen pratique de la traiter avantageusement, souvent le manque de ressources suffisantes, un embarras, passager peut-être, les arrêtera, et ainsi leur échappera un bénéfice presque certain. L'institution de crédit permet donc au syndicat de développer ses services au maximum, d'en faire bénéficier ceux de ses adhérents qui se trouvent dans l'impossibilité de payer comptant ; elle étend sa clientèle, rendue plus fidèle en raison de l'importance de l'appui qui lui est donné, et l'empêche de se laisser ressaisir peu à peu par l'attrait des facilités de paiement qu'accordent les marchands d'engrais désireux de lutter contre les syndicats. D'autre part, pour la société de crédit agricole, l'affiliation de ses emprunteurs au syndicat constitue l'une des meilleures garanties possibles de l'emploi vraiment productif des fonds prêtés. Les deux institutions se pénètrent réciproquement et il est difficile de concevoir une organisation économique des agriculteurs dans laquelle elles ne seraient pas combinées. Le plus souvent, l'argent prêté est destiné à ne sortir de la caisse de la société de crédit que pour entrer dans celle du syndicat.

C'est, d'ailleurs, aux syndicats agricoles qu'est due l'acclimatation du crédit agricole, qui a été si tardive dans notre pays. Aujourd'hui que des institutions multiples et variées commencent à en répandre la pratique, il est juste d'en reporter l'honneur aux hommes qui le méritent.

Le Syndicat agricole de l'arrondissement de Poligny s'était fondé en 1884, peu de mois après la mise en vigueur de la loi sur les syndicats professionnels. Dès l'année suivante, sur l'initiative de l'un de ses membres, M. Louis Milcent, dans le but de venir en aide aux cultivateurs honnêtes et laborieux en leur facilitant les spéculations courantes de leur profession, il organisait, sous forme de société anonyme à capital variable, une institution de crédit agricole mutuel qui fut la première en France. Cette institution, souvent décrite, est une société coopérative régie par la loi du 24 juillet 1867. Le capital social, souscrit parmi les membres du syndicat de Poligny, fut fixé à 20 000 francs et représenté par 40 actions de 500 francs chacune, dont la moitié seulement a été versée. Ces actions sont productives d'intérêt au taux de 3 p. 100. Les emprunteurs doivent être membres du syndicat agricole et sociétaires du Crédit mutuel ; à cet effet, ils ont à souscrire, au moment de la réalisation de l'emprunt, s'ils ne l'ont déjà fait préalablement, une coupure d'action de 50 francs dont moitié est versée. La société fonctionne aussi comme caisse d'épargne pour les cultivateurs ; elle reçoit les dépôts à trois mois.

Les opérations ont commencé avec un simple capital versé de 10 000 francs. Malgré la faible importance de cette somme, la société a pu fonctionner régulièrement et son chiffre d'affaires a atteint, en certaines années, 300 000 à 400 000 francs (1). C'est que, fournissant toutes les garanties d'une société commerciale ordinaire, elle a obtenu, sans difficulté, de faire escompter son papier par la succursale de la Banque de France à Lons-le-Saunier. Les conditions imposées aux emprunteurs ont été très sagement déterminées et elles sont encore généralement suivies, pour la plupart, par les institutions de crédit, de forme nouvelle, qui se sont créées depuis.

La demande d'emprunt doit indiquer l'objet auquel il est destiné. La société ne prête que

(1) En 1898, le montant des prêts a dépassé 419 000 francs, le capital social étant d'environ 57 000 francs, et la société ayant reçu plus de 161 000 francs de dépôts, au cours de l'exercice. Pour 1899, les prêts se sont élevés à environ 430 000 francs. Depuis sa fondation, le Crédit mutuel de Poligny a prêté environ 1 500 000 francs à la culture locale, réalisant un mouvement d'affaires supérieur à 3 millions de francs.

pour acheter des bestiaux, des semences, des engrais ou des instruments agricoles, c'est-à-dire pour favoriser des acquisitions de nature à produire un bénéfice promptement réalisable. Le maximum des prêts est fixé à 600 francs, afin de limiter les risques. Chaque demande est soumise à l'avis du président de la section cantonale correspondante du syndicat, qui fournit des renseignements sur la solvabilité de l'emprunteur. Si ces renseignements sont favorables, la demande est agréée, mais l'emprunteur doit, de plus, fournir une caution. Afin que les billets puissent être escomptés par la Banque de France, les prêts se font pour trois mois seulement ; toutefois, cette durée peut être prolongée jusqu'à un an, au maximum, à l'aide de deux ou trois renouvellements successifs soumis à un droit fixe de 1 franc par effet. Les billets, portant les trois signatures de l'emprunteur, de sa caution et de la société de crédit mutuel, réunissent ainsi les conditions nécessaires pour être présentés à l'escompte. Le taux des prêts est supérieur de 1 p. 100 à celui de l'escompte de la Banque de France. Les recouvrements se font avec une parfaite régularité.

La société a développé ses opérations en consentant des prêts même aux fruitières de l'arrondissement de Poligny, afin de leur permettre de faire des avances à leurs sociétaires en attendant la vente des fromages produits en commun. Elle fonctionne aussi maintenant comme une sorte de banque régionale, à l'avantage des caisses rurales de forme Raiffeisen ayant leur siège dans sa circonscription et dont elle a elle-même fondé une trentaine, les considérant comme des rouages utiles à son bon fonctionnement.

La Société de crédit agricole de Poligny fournissait un modèle qui fut peu suivi, dans les premières années, tant étaient puissants les préjugés qui régnaient alors, même dans le monde rural, sur la possibilité d'acclimater en France le crédit agricole déjà florissant dans des pays voisins, tels que l'Allemagne, l'Italie, etc. Cependant, en 1891, le Syndicat des agriculteurs du Doubs fondait à Besançon une caisse de crédit agricole mutuel exactement calquée sur celle de Poligny; puis vinrent d'autres sociétés du même type créées par le Syndicat agricole de l'arrondissement de Coulommiers, le Syndicat des agriculteurs des Basses-Pyrénées, et quelques autres en très petit nombre.

Entre temps, vers l'année 1893, une forme nouvelle d'institution de crédit agricole avait pénétré en France, grâce aux efforts de MM. Eugène Rostand, le R. P. Ludovic de Besse et C. Rayneri : la caisse rurale Raiffeisen, basée sur la circonscription restreinte et la responsabilité solidaire des associés. Deux hommes surtout ont activement travaillé à la propager, en lui donnant une adaptation conforme à notre génie national. M. Louis Durand, avocat à Lyon, a établi les statuts des Caisses rurales sans capital, très répandues aujourd'hui dans quelques départements, surtout dans les Hautes-Pyrénées, le Doubs, le Gers, la Haute-Saône, les Basses-Pyrénées, le Pas-de-Calais, le Jura, la Gironde, la

Meuse, l'Isère, etc. Ces caisses, qui sont actuellement au nombre d'environ 400 à 450, se sont fédérées pour former l' « Union des caisses rurales et ouvrières françaises à responsabilité illimitée », dont le siège est à Lyon (1). C'est à ces associations qu'on réserve ordinairement la dénomination de *caisse rurale*, encore qu'elle convienne à toute institution de crédit agricole. Parallèlement à cette propagande, s'est exercée celle de M. Charles Rayneri, directeur de la Banque populaire de Menton, vice-président du Centre fédératif du crédit populaire en France, qui a élargi le type Raiffeisen et l'a rendu applicable aux besoins les plus variés des cultivateurs. Les *caisses agricoles coopératives*, dont il a rédigé les statuts modèles, régis par le principe de la solidarité, peuvent être constituées sans capital, ou avec un capital de fondation divisé en parts d'intérêt; elles sont même susceptibles d'être mises en harmonie avec le type nouveau de société de crédit agricole créé en faveur des syndicats par la loi du 5 novembre 1894 (2).

Les *caisses rurales* de M. Durand, de même que les *caisses agricoles coopératives* de M. Rayneri, sont, d'une façon générale, des sociétés en nom collectif à capital variable, constituées sous l'empire des dispositions de la loi du 24 juillet 1867.

Quelle a été l'influence exercée par les syndicats

______

(1) 97, avenue de Saxe.

(2) On trouve les modèles de statuts de ces diverses formes de société dans le manuel de M. Ch. Rayneri, *le Crédit agricole par l'Association coopérative*. Paris, libr. Guillaumin et Cie, 1896.

agricoles sur le développement de ces associations ? Les congrès des syndicats agricoles de Lyon et Orléans ont émis le vœu que les syndicats favorisent la création de caisses du système Raiffeisen à responsabilité illimitée, sans préjudice toutefois des autres formes variées qui peuvent convenir à l'organisation du crédit agricole selon les tendances et les conditions locales. Malgré cet appui moral, les syndicats agricoles n'ont pas généralement participé d'une manière très active à la propagation des caisses rurales : celle-ci a suivi un mouvement parallèle au mouvement syndical et obéissant à des influences différentes. Pourtant quelques syndicats agricoles ont pris à tâche de patronner et multiplier dans leur circonscription ce type d'institution de crédit, qui leur a paru bien s'adapter aux mœurs et aux besoins des cultivateurs. On doit citer, notamment, le Syndicat agricole Pyrénéen de Tarbes, l'Association syndicale des agriculteurs et viticulteurs du Gers, le Syndicat des agriculteurs du Doubs, le Syndicat agricole de Poligny, l'Union des syndicats agricoles communaux de la Haute-Saône, le Syndicat des agriculteurs des Basses-Pyrénées, le Syndicat des agriculteurs des Landes, le Syndicat des agriculteurs du Loiret, le Syndicat agricole d'Anjou, le Syndicat agricole de Marmande, etc.

Tantôt les syndicats agricoles ont précédé l'apparition des caisses rurales, tantôt ils l'ont suivie, par voie de conséquence ou de dérivation, comme cela a eu lieu en Allemagne : il n'est pas toujours facile de déterminer laquelle des deux institutions a engendré l'autre. Elles se présument et se commandent en quelque sorte, l'agriculture n'obtenant le maximum d'effet utile que par leur coexistence et l'échange des services qu'elles se rendent réciproquement. L'une ne va pas sans l'autre et elles ont à marcher de pair, le groupement syndical devant même logiquement précéder la formation de la caisse rurale. C'est ce que le septième congrès du crédit populaire, organisé à Nimes en 1895 par le Centre fédératif du crédit populaire en France, et qui réunissait des représentants du mouvement syndical agricole et des institutions de crédit **rural**, a exprimé par la résolution suivante :

« Le congrès, considérant les syndicats agricoles comme le levier principal de création des sociétés de crédit rural, l'instrument de sélection des membres de ces sociétés, l'organe de contrôle de l'emploi professionnel du crédit,

« Émet le vœu que les syndicats agricoles se fassent partout les promoteurs de sociétés de crédit et que des syndicats agricoles se créent partout où l'on établit des sociétés de crédit, considérant même comme préférable que la constitution du syndicat précède celle de la société de crédit (1). »

Cet excellent principe n'a pas toujours été suivi par les caisses rurales affiliées à l'Union lyonnaise, dont beaucoup se sont créées en dehors des syndicats agricoles. Il est, au contraire, scrupuleusement observé, depuis le congrès de Nimes, par M. Ray-

(1) *Septième Congrès du crédit populaire. Actes du Congrès*, p. 210. Paris, libr. Guillaumin et Cie, 1896.

neri et le Centre fédératif du crédit populaire pour les caisses dues à leur initiative. Les caisses agricoles coopératives du département des Alpes-Maritimes, actuellement au nombre de trente-quatre, sont généralement adossées à un syndicat agricole et, lorsqu'il n'en existe pas dans une localité, souvent on voit se fonder en même temps, et par les mêmes hommes, syndicat et société de crédit, tant la coexistence des deux organismes semble nécessaire à la prospérité de chacun d'eux. Il en est de même pour les caisses des Bouches-du-Rhône, dont plusieurs doivent leur origine à l'appui moral et financier de la caisse d'épargne de Marseille, présidée par M. Eugène Rostand, pour celles de la Charente, de Seine-et-Oise et d'autres encore. Ces caisses fonctionnent comme annexes d'un syndicat agricole qui a patronné leur organisation.

La caisse Raiffeisen avec ses caractères essentiels rigoureux, tels que la responsabilité solidaire des associés, la circonscription communale, etc., ne pouvait convenir à tous les besoins de notre agriculture et, dans beaucoup de régions, l'esprit de défiance ou de prudence exagérée, qui est au fond des mœurs rurales, ne permettait pas de la propager. Quant à la forme de la société anonyme à capital variable, utilisée par la banque agricole de Poligny, elle constitue, de l'aveu même de ses initiateurs, un instrument imparfait, peu approprié aux exigences d'une œuvre de mutualité. Afin de suppléer à l'insuffisance des formes juridiques d'organisation du crédit, une législation nouvelle, dont l'honneur revient à M. Méline, a inauguré, en 1894, un type spécial à l'usage exclusif des syndicats agricoles. Les sociétés de crédit agricole mutuel régies par la loi du 5 novembre 1894 ne peuvent être fondées que par les membres d'un syndicat et le sont généralement par une minime fraction de ses membres; dès qu'elles se trouvent constituées, elles peuvent fonctionner non seulement au profit de leurs sociétaires, souscripteurs de parts, mais encore au profit de tous les membres du syndicat ou des syndicats qui ont contribué à les fonder. Outre cette faveur exceptionnelle, ces sociétés jouissent de certains privilèges, tels que l'exemption de la patente et de l'impôt sur les valeurs mobilières, la simplification des formalités de publicité, etc. La loi de 1894 a, en somme, posé en principe que les syndicats agricoles, par le groupement professionnel qu'ils ont réalisé, comme par les services multiples qu'ils rendent à l'exploitation du sol, doivent être les agents naturels d'une organisation pratique du crédit agricole.

Les syndicats agricoles ont répondu à la confiance du législateur en utilisant largement les facilités et avantages que leur offrait le type créé pour eux. Les sociétés de crédit agricole mutuel qu'ils ont fondées, par application de la loi du 5 novembre 1894, sont actuellement au nombre de 100 à 150. Parmi les plus connues on peut mentionner celle de Remiremont, fondée par M. Méline, celle de Belleville-sur-Saône (Rhône), fondée par

M. Émile Duport (1), celles de Chartres, Nîmes, Avignon, Chaumont, Pouilly-en-Auxois, Épinal, Foix, Chalon-sur-Saône, Carcassonne, Pithiviers, Gray, Aix, Montpellier, Calais, Boulogne-sur-Mer, etc. Bien que dans ces sociétés la responsabilité des sociétaires soit ordinairement limitée à la part souscrite par eux, elle peut, en vue d'accroître la puissance de l'association, être portée par les statuts à plusieurs fois la part sociale. La responsabilité peut même être rendue illimitée et elle l'a été dans un certain nombre de sociétés qui ont cherché à combiner ainsi les avantages du type Raiffeisen et du type nouveau réglementé par la loi de 1894. Telles sont la Caisse de crédit mutuel du Syndicat agricole de l'arrondissement d'Arras, de nombreuses caisses agricoles coopératives organisées dans les départements des Alpes-Maritimes, des Bouches-du-Rhône, de la Charente, etc., par M. Ch. Rayneri, sous les auspices du Centre fédératif du crédit populaire (2), quelques caisses

____

(1) M. Duport a publié les statuts de la société de Belleville, ainsi qu'un commentaire pratique de la loi de 1894, dans ses *Notes à propos de la création d'une caisse rurale à responsabilité limitée.* Lyon, typ. J. Gallet, 1897, brochure.

(2) Le « Centre fédératif du crédit populaire en France » est une association de propagande et de groupement qui a exercé une action importante sur la direction théorique et pratique à donner au mouvement d'organisation du crédit agricole. Par ses Congrès annuels du crédit populaire et agricole, par son *Bulletin du crédit populaire,* publication mensuelle, par ses conférences et ses consultations, par la distribution de brochures et imprimés spéciaux, etc., il a contribué à fonder un grand nombre de sociétés de types divers. Celles qui lui sont affiliées sont actuellement au nombre d'une centaine. Le Centre fédératif, présidé par

rurales affiliées à l'Union lyonnaise (1), etc.

Le capital des sociétés de crédit agricole mutuel est généralement assez minime et souvent insuffisant pour satisfaire aux besoins de leurs emprunteurs. Elle peuvent y suppléer par les dépôts qu'elles reçoivent, par l'escompte de leur portefeuille, par des avances obtenues d'une caisse d'épargne en vertu de la loi du 20 juillet 1895 (article 10), ou enfin par des emprunts ordinaires.

Quelques-unes se servent de leur capital versé comme d'un capital de garantie et le déposent à la Banque de France ou dans un établissement financier pour se faire ouvrir un compte courant d'escompte applicable à leurs opérations, au fur et à mesure de leurs besoins.

Ainsi dans la Société de crédit mutuel agricole du canton de Pouilly-en-Auxois (Côte-d'Or), dont les sociétaires sont responsables jusqu'à concurrence du montant du triple des parts souscrites par eux, il est stipulé par les statuts que « le capital versé est, immédiatement après sa formation, converti soit en rente française, soit en obligations de la ville de Paris ou des principales lignes de chemins de fer de la France ou des colonies. Ces titres sont déposés à la Banque de France, soit en ga-

M. Eugène Rostand, membre de l'Institut. a son siège à Marseille, 14, rue Montaux.

(1) M. Charles Lefèvre et M. Éd. de Laage de Meux ont publié chacun un modèle de statuts de caisse rurale syndicale, c'est-à-dire de caisse Raiffeisen fondée par des membres d'un syndicat agricole et bénéficiant des dispositions de la loi du 5 novembre 1894.

rantie des escomptes de la société, soit en garantie
du compte courant d'avances que celle-ci pourra
se faire ouvrir ». Le Crédit agricole des syndicats
de l'Hérault, à Montpellier, s'est entendu avec la
succursale de la Société générale dans cette ville,
qui réescompte son papier à un demi pour 100 au-
dessus du taux de la Banque de France. Le directeur
de cette succursale est membre du conseil d'administration de la société de crédit agricole (1). La Société de crédit agricole mutuel de l'arrondissement
de Chartres, disposant d'un capital de garantie de
40 000 francs environ, s'est fait ouvrir un crédit de
100 000 francs par son banquier et a pu, pendant
l'exercice 1898, consentir à ses sociétaires 392 prêts
s'élevant ensemble à plus de 261 000 francs.

En dépit du nombre croissant des institutions de
divers types que nous venons de mentionner, les
opérations de crédit agricole manquaient, en général, d'activité et d'ampleur. Certaines caisses ne trouvaient pas d'emprunteurs, et cela s'explique parce
qu'au début il y a à vaincre une certaine répugnance
des cultivateurs à recourir au crédit, même dans
les circonstances les mieux justifiées ; d'autres, au
contraire, avaient peine à se procurer le fonds de
roulement nécessaire au service de leurs prêts.

(1) Le « Crédit agricole des syndicats de l'Hérault », au capital
de 21 800 francs, dont le quart seulement a été versé, a réalisé,
en 1898, un chiffre d'affaires supérieur à 1 036 000 francs, pour
1 170 prêts. On voit quels puissants moyens d'action lui apporte
sa convention avec la Société générale, qui, de son côté, y trouve
un accroissement important de clientèle.

C'est afin de mieux proportionner aux besoins de l'industrie agricole les capitaux dont doivent disposer les institutions de crédit, que le Parlement a voté la loi du 31 mars 1899 ayant pour objet d'attribuer au fonctionnement du crédit agricole, dans les conditions exceptionnellement favorables du prêt sans intérêt, l'avance de 40 millions et la redevance annuelle que la Banque de France a dû consentir à l'État comme sanction du renouvellement de son privilège.

A cet effet, la loi de 1899 a créé un nouvel organisme, les caisses régionales de crédit agricole mutuel, qui faciliteront les opérations des sociétés locales déjà existantes ou à créer, par un double procédé : elles escompteront les effets souscrits par les membres des sociétés locales et endossés par celles-ci, et elles feront aux sociétés les avances nécessaires à la constitution de leurs fonds de roulement. Ces banques régionales ont été très heureusement substituées au projet d'organisation d'une banque centrale d'État qui, présenté à diverses reprises, fut toujours mal accueilli par les agriculteurs. Elles demeurent des institutions autonomes à fonder, sous certaines garanties indispensables, par l'initiative des sociétés locales et surtout des syndicats et Unions de syndicats agricoles. La loi nouvelle complète celle du 5 novembre 1894 et s'inspire du même esprit. Elle entre à peine dans la période d'application ; mais les syndicats et Unions se sont empressés, dès sa promulgation, de fonder des caisses régionales afin de les faire bénéficier des

avances de l'État, aussitôt après la réglementation
de ses moyens de contrôle et de surveillance, et
de donner ainsi l'élan aux opérations des sociétés
locales de leur circonscription.

Une vingtaine de caisses régionales de crédit
agricole se sont déjà constituées. La Banque régionale agricole de l'Est, établie à Épinal sous l'impulsion de M. Méline pour les Vosges, le Haut-Rhin,
et une partie de la Haute-Marne, a réuni un capital
initial de 61 000 francs. L'Union des syndicats agricoles du Sud-Est a fondé à Lyon la Caisse régionale
de crédit agricole mutuel du Sud-Est, qui fonctionne, au bénéfice de 23 caisses locales, depuis le
mois de juillet 1899 et dont les opérations s'étendent
à onze départements ; l'Union du Midi a créé sa
caisse régionale à Toulouse, l'Union de Bourgogne
et de Franche-Comté à Salins, l'Union des syndicats
agricoles des Alpes-Maritimes à Menton, l'Union
des syndicats agricoles du Pas-de-Calais, à Arras ;
la caisse régionale de Chartres, due à l'initiative de la
Société de crédit mutuel et du Syndicat agricole de
l'arrondissement de Chartres, embrasse sept départements et s'est constituée avec un capital souscrit
de 112 000 francs ; la caisse régionale de Reims,
dont MM. Lhotelain, Jules Le Conte, le président
Senart, etc., ont été les promoteurs, fonctionne
pour trois départements, de même que celle de
Nancy : d'autres caisses régionales ont été formées
ou sont en voie de formation à Vesoul. Orléans
ou Bourges, Grenoble, Auch, Montpellier, Bourga-
neuf (Creuse), Amiens, etc. L'Union des syndicats

agricoles des Alpes et de Provence a ouvert une souscription pour fonder à Marseille, au capital initial de 50 000 francs, une caisse régionale, dont la circonscription embrasserait, outre les huit départements sur lesquels s'étend son action, l'Algérie, la Tunisie et la Corse.

La législation relative au crédit agricole personnel s'est complétée par un essai d'organisation du crédit agricole réel sur gage mobilier : il a été effectué par la loi du 18 juillet 1898 qui réglemente le warrantage des produits agricoles. Antérieurement au vote de cette loi, quelques syndicats agricoles avaient cherché à mettre un mode pratique de warrantage à la disposition des cultivateurs, notamment pour les blés, afin de les soustraire à l'obligation de vendre, à tout prix, dans la période consécutive de la récolte ou au moment des échéances, et de leur permettre d'attendre des cours plus favorables. Le Syndicat agricole d'Anjou avait donné une certaine extension à ces opérations, mais en substituant le warrantage à domicile (la marchandise étant laissée dans le grenier du producteur), au seul mode de warrantage alors légal, qui nécessitait le dépôt préalable dans des magasins généraux publics, et qui a été reconnu impraticable pour les blés, en raison de l'élévation des frais (1). Un syndicat spécial, le Syndicat des viticulteurs

_____

1) On pourra consulter, sur les essais de warrantage des récoltes pratiqués par les syndicats agricoles, notre ouvrage : *la Coopération de production dans l'agriculture*, p. 155 et suiv.

des Charentes, fondé par M. Calvet, sénateur, a organisé, pour les eaux-de-vie de cru de la région, un service de warrants dans les magasins généraux de La Pallice et a réussi ainsi à procurer à ses adhérents des avances d'une certaine importance.

Depuis que la loi du 10 juillet 1898 a autorisé le nantissement des récoltes au domicile du producteur, l'obstacle des frais de dépôt, qui s'opposait au warrantage des marchandises encombrantes et de faible valeur, n'existe plus. Mais d'autres frais et difficultés résultent de l'application de la loi nouvelle et il n'apparaît pas que le warrantage à domicile soit encore entré dans les habitudes des agriculteurs, sauf en quelques cas exceptionnels. On en a cité certains exemples, pour les vins, dans les départements de la Gironde et de la Haute-Savoie (1). Le cultivateur qui s'est fait délivrer un warrant agricole doit encore trouver à le négocier et il n'y réussira généralement pas auprès des banquiers et des établissements de crédit ordinaires. Pourtant, dans les Charentes, quelques warrants d'eaux-de-vie, laissées chez les producteurs, ont été escomptés par la Société générale pour les deux tiers de leur valeur. Ce sont plutôt les sociétés de crédit agricole mutuel qui sont destinées à escompter les warrants agricoles ; ce sera leur œuvre et celle des syndicats agricoles d'en vulgariser la pratique, dans la mesure, encore difficile à déter-

(1) M. H. Pascaud : « Le warrantage des produits agricoles », dans la *Revue politique et parlementaire* du 10 septembre 1899.

miner, où ils peuvent constituer un mode d'avances utile à l'agriculture.

La Société de crédit agricole mutuel de la Haute-Marne, à Chaumont, et la Caisse de crédit mutuel du Syndicat de Chalon-sur-Saône ont procédé à l'escompte de quelques warrants agricoles et n'ont pas eu à s'en plaindre. Les caisses régionales pourront aussi intervenir avantageusement, pour donner à ces opérations l'ampleur qui serait nécessaire, en consentant des avances sur warrants agricoles, soit directement, soit par l'intermédiaire des sociétés locales (1).

Pour compléter l'étude du concours fourni par les syndicats à l'organisation du crédit agricole, au profit de leurs adhérents, il faudrait encore mentionner bien des initiatives diverses, souvent peu régulières, empreintes d'un caractère plus philanthropique qu'économique, mais qui témoignent de l'ardeur avec laquelle ces associations ont poursuivi la solution du problème. De très nombreux syndicats se servent de leurs réserves, du petit patrimoine qu'ils ont réussi à constituer, pour livrer des engrais à crédit à ceux de leurs membres qui se trouvent dans l'impossibilité de les payer comptant. Ils y sont, en quelque sorte, contraints par la néces-

(1) Nous nous plaisons à signaler l'excellent commentaire des lois du 5 novembre 1894, du 31 mars 1899 et du 18 juillet 1898, avec statuts-modèles, publié par MM. Georges Maurin et Charles Brouilhet sous ce titre : *Manuel pratique de crédit agricole.* Bibliothèque du Musée social. Paris, Arthur Rousseau, éditeur, 1900.

sité de tenir tête aux marchands d'engrais qui, vendant des engrais payables après la récolte, accordent généralement un crédit de neuf mois ou d'un an. Lorsque les ressources du syndicat sont insuffisantes pour couvrir ces avances, il organise une petite caisse privée. « Quand un agriculteur achète des engrais payables à la récolte, disait M. Georges Maurin, au Congrès national des syndicats agricoles d'Angers, le 21 mai 1895, nous lui faisons souscrire un billet, et ce billet, nous trouvons à le placer très facilement dans l'intérieur de nos syndicats. Il m'est arrivé une fois d'être obligé de m'adresser à la Société générale, et j'y ai trouvé bon accueil. »

Le Syndicat agricole du canton de Sablé (Sarthe) pratique le crédit en nature, pour une durée moyenne de cinq à six mois, au taux de 4 p. 100 l'an, et avec trois mois sans intérêt : en 1895-96, il a fait ainsi à ses membres des fournitures d'engrais à crédit dont l'importance a dépassé 30 000 francs et qui se sont décomposées en 293 avances. Le Syndicat des agriculteurs de la Sarthe, qui règle directement ses fournisseurs et recouvre ensuite lui-même sur chacun de ses adhérents le prix des marchandises qui lui ont été livrées, s'est vu amené à accorder très largement des crédits de trois et six mois, sans intérêt, aux cultivateurs solvables qui lui en font la demande. Son patrimoine se trouve engagé dans ces opérations et sa caisse est souvent à découvert de sommes considérables dues par les syndiqués. A Niort, le président du Syndicat professionnel agricole des Deux-Sèvres, M. Poinsignon, s'est rendu personnellement responsable, envers les fournisseurs, du paiement de toutes les commandes des syndiqués, dont le nombre avoisine 5000, et il accorde un crédit de trois ou six mois aux petits cultivateurs qui ne peuvent payer comptant. La succursale du Crédit lyonnais est le banquier du syndicat et se charge d'opérer le recouvrement des factures. Le chiffre d'affaires du syndicat étant très important, le découvert dû à l'approvisionnement des dépôts et aux ventes à crédit atteint parfois 100000 francs. En fait, la responsabilité personnelle du président est très atténuée par l'existence des réserves qui s'élèvent, à peu près, à cette somme. Quoi qu'il en soit, ce système de crédit agricole, reposant tout entier sur l'activité et le dévouement d'un homme, sa prudence, son appréciation de la solvabilité des emprunteurs et la garantie personnelle qu'il n'a pas hésité à donner au banquier, est une œuvre philanthropique à admirer, mais ce n'est pas une institution économique à proposer comme exemple.

D'autres syndicats encore ont cherché à procurer à leurs adhérents le bienfait du crédit, sans organiser d'association spéciale, mais au moyen de diverses combinaisons avec des banques locales. Le Syndicat agricole de l'arrondissement de Lunéville, qui, outre ses réserves, est propriétaire de son siège social, livre à ses adhérents des marchandises à crédit, en payant les fournisseurs au moyen d'un compte courant qu'il s'est fait ouvrir par une banque locale. Le Syndicat des agriculteurs du Cher, à Bourges, possédant, lui aussi, un patrimoine important, a adopté avec la succursale de la Société générale une ingénieuse combinaison permettant de reculer jusqu'au terme d'une année le paiement des fournitures d'engrais faites à ses adhérents. Les fournisseurs consentent habituellement trois mois de crédit sans intérêt. En remettant leur commande, les membres du syndicat qui en font la demande peuvent obtenir de payer leurs engrais seulement à six mois, neuf mois ou un an de date. A cet effet, ils souscrivent un billet à ordre pour le montant de la facture, avec la garantie d'une deuxième signature. La facture est majorée de 2 p. 100 pour six mois, 3 p. 100 pour neuf mois et 4 p. 100 pour un an, sans autres frais ni commission.

Il serait facile de multiplier ces exemples de syndicats pratiquant plus ou moins couramment des opérations de crédit agricole, comme aussi de mentionner quelques petites associations, fondées par des syndicats à Genlis (Côte-d'Or), Delle (Haut-Rhin), Segré (Maine-et-Loire), etc., qui ne rentrent dans aucun des types de société de crédit agricole étudiés ci-dessus et qui présentent plutôt le caractère d'institutions philanthropiques. Ces initiatives variées ont rendu, à n'en pas douter, de signalés services aux membres des syndicats agricoles, alors surtout que l'absence d'une législation spéciale rendait incertaines les conditions dans lesquelles les cultivateurs pouvaient bénéficier des avantages du crédit. Mais on reconnaît généralement aujourd'hui que toute organisation de crédit agricole, créée par un syndicat, doit rentrer dans l'un des types fixés par la législation et sanctionnés par la pratique ; cela est nécessaire pour dégager la responsabilité des fondateurs, de même que pour faire pénétrer mieux encore, parmi les populations rurales, l'esprit de mutualité qui est de l'essence des associations professionnelles. Il est de l'intérêt du syndicat de demeurer en dehors du fonctionnement du crédit agricole, et toute combinaison imparfaite, du genre de celles que nous venons de passer en revue, présente le grave inconvénient de retarder l'organisation régulière et générale du crédit agricole par la satisfaction apparente qu'elle offre aux besoins des cultivateurs.

C'est pourquoi le dixième Congrès du crédit populaire et agricole, réuni à Angoulême, a adopté, le 6 novembre 1898, la résolution suivante :

« Le Congrès est d'avis qu'en fait comme en droit, le syndicat agricole et l'organisme distributeur du crédit agricole doivent toujours demeurer deux institutions autonomes et distinctes, même lorsqu'elles sont formées et administrées par les mêmes personnes.

« Il en résulte que :

« 1° Le syndicat ne peut s'identifier avec la société de crédit agricole dans une seule et même association ;

« 2° Il est à désirer que le syndicat s'abstienne de traiter des opérations de crédit agricole, même sous forme de fournitures à crédit, la création d'une institution latérale de crédit agricole lui offrant, à cet égard, des facilités et des avantages qu'il ne saurait posséder directement (1) ».

(1) *Compte rendu des actes du 10ᵉ Congrès du crédit populaire et agricole*. Paris, Guillaumin et Cⁱᵉ, 1900.

CHAPITRE XIII

ASSURANCES DIVERSES.

Le syndicat agricole n'est pas seulement l'actif initiateur des progrès et améliorations que nous venons d'étudier ; il a voulu être encore une école de prévoyance, il a propagé et facilité dans le monde agricole la pratique de la prévoyance sous ses formes diverses. Parmi les périls qui menacent le cultivateur dans l'exercice de sa profession, il en est un certain nombre dont les assurances peuvent le garantir efficacement en écartant les conséquences ruineuses qu'ils auraient sur sa situation acquise. Ces assurances sont l'assurance contre l'incendie et les assurances agricoles, proprement dites, contre la grêle, la mortalité du bétail et les accidents.

L'assurance contre l'incendie des maisons d'habitation, du mobilier et des bâtiments d'exploitation est aujourd'hui largement répandue dans les campagnes : mais ses tarifs sont élevés pour le cultivateur qui traite avec une compagnie à primes fixes, par l'intermédiaire de l'agent local, et qui, le plus souvent, ignore les avantages que lui offriraient les sociétés d'assurances mutuelles ou, du moins, est incapable d'apprécier la valeur de la garantie qu'elles fournissent. Quant aux assurances agricoles, elles étaient peu connues et très insuffisamment organisées lorsque les syndicats ont pris à tâche de les développer, ce qu'ont fait également avec succès les associations agricoles similaires de l'Allemagne, de la Belgique, de l'Italie, etc.

Pour décider les cultivateurs à s'assurer, les syndicats se sont efforcés de placer l'assurance à leur portée, de leur en faire comprendre les bienfaits, de la leur présenter comme facile, efficace, peu coûteuse. C'est là un complément indispensable de l'action qu'ils exercent pour accroître les bénéfices du cultivateur en lui enseignant le moyen de perfectionner sa culture, en l'y aidant par leur intervention. Le progrès se traduisant toujours par l'accroissement des dépenses engagées dans l'exploitation rurale, il faut que l'assurance en garantisse le profit.

Elle est aussi, on ne peut le méconnaître, l'auxiliaire, la condition préalable même, d'une organisation prudente du crédit agricole, puisqu'elle permet de remédier à la précarité du gage et qu'elle consolide la valeur personnelle de l'emprunteur.

Comment pouvait s'exercer l'intervention des syndicats afin de propager et améliorer l'assurance des risques agricoles? Deux méthodes s'offraient à eux : 1° provoquer eux-mêmes l'organisation de l'assurance mutuelle au moyen de groupements appropriés, afin de chercher à atténuer le plus possible les pertes en les répartissant sur l'ensemble d'une collectivité d'hommes exposés à des risques semblables et possédant des intérêts analogues ; 2° écarter les intermédiaires inutiles qui grèvent le coût de l'assurance, se rendre eux-mêmes intermédiaires désintéressés, comme ils le sont déjà pour l'achat des engrais, machines agricoles, etc., et traiter avec des compagnies ou sociétés existantes, de façon à obtenir, pour leurs adhérents, des conditions de faveur justifiées par l'importance et la qualité de la clientèle qu'ils apportent.

Ces deux systèmes peuvent également convenir : il y a lieu de préférer l'un ou l'autre, selon les cas et selon la nature des assurances (1). Pour donner quelques indications précises à cet égard, nous devons passer en revue les branches diverses dont l'organisation a été abordée par les syndicats.

L'Assurance contre l'incendie. — Si les assurances agricoles peuvent être considérées comme n'étant pas encore organisées, il n'en est pas de

____

(1) Le Congrès national des syndicats agricoles de Lyon a, sur notre rapport, en 1894, admis les conclusions suivantes comme propres à guider l'action des syndicats en cette matière : « Le Congrès estime que, sauf pour l'assurance du bétail et des accidents du travail agricole, les syndicats doivent renoncer à créer des mutualités professionnelles, dont le fonctionnement pourrait les compromettre, et qu'ils doivent se contenter d'agir comme intermédiaires en négociant, avec les compagnies ou sociétés de leur choix, des avantages spéciaux au bénéfice de leurs adhérents. Mais, par contre, il pense qu'ils doivent être encouragés à fonder ou à couvrir de leur patronage des institutions de prévoyance destinées à garantir, au moyen de la mutualité, les pertes causées par les accidents du travail agricole et par la mortalité des animaux. » Des conclusions analogues ont été adoptées par la Société des agriculteurs de France.

même de l'assurance contre l'incendie. Dans toutes les régions de la France, l'agriculteur désireux de contracter une assurance trouve à sa disposition les agents ou sous-agents de nombreuses compagnies à primes fixes ou compagnies par actions, et souvent même aussi les représentants des sociétés mutuelles qui leur font concurrence. Pour améliorer les conditions de l'assurance au profit de leurs adhérents, les syndicats agricoles devaient-ils essayer d'opposer à cette organisation ancienne et fortement établie une organisation nouvelle, devaient-ils entrer directement en lutte avec le personnel actif et influent qui vit de l'industrie des assurances? On ne l'a généralement pas pensé. Trop de dangers, trop d'aléas divers menaceraient les mutualités professionnelles à créer par les syndicats, auxquels fait défaut la compétence spéciale nécessaire. Le champ de leur action serait souvent trop peu étendu pour que puissent s'équilibrer les bons et les mauvais risques, en vertu de la loi des *grands nombres*. Ayant à disputer leur clientèle aux compagnies et aux anciennes mutuelles, elles se verraient contraintes d'adopter des tarifs très bas et recueilleraient surtout les risques dangereux : elles marcheraient ainsi à des catastrophes presque inévitables, fréquentes, d'ailleurs, dans l'histoire de l'assurance mutuelle contre l'incendie. De tels échecs seraient de nature à compromettre gravement l'influence des syndicats agricoles et leur situation acquise.

Mais sans aspirer à se faire assureur, l'association professionnelle est parfaitement fondée à guider ses adhérents dans leur choix et à s'efforcer de leur rendre moins onéreuse la charge de l'assurance. Elle peut, dans une certaine mesure, remplacer les agents ou courtiers qui s'interposent entre l'assureur et l'assuré et coûtent si cher aux compagnies, elle peut, tout au moins, obliger ces intermédiaires à compter avec elle et à lui abandonner une partie de leurs remises ou commissions ; elle peut même prétendre à une réduction des tarifs ordinaires justifiée par la clientèle collective qu'elle apporte et aussi par le contrôle moral, très favorable aux intérêts des compagnies, qu'elle est à même d'exercer sur les assurés de son groupement.

Ces considérations ont engagé beaucoup de syndicats agricoles à entrer en négociations avec les compagnies et sociétés d'assurances. Ils n'ont guère obtenu de concession sérieuse auprès des compagnies à primes fixes qui se sont syndiquées pour le maintien de leurs tarifs et qui ont établi, à grands frais, dans toute la France un réseau d'agents auxquels elles ont accordé le monopole de leur représentation. Un syndicat peut cependant s'adresser, dans son département, à l'agent général de la compagnie qu'il a choisie et qu'il se propose de recommander à ses membres ; il obtiendra facilement que cet agent lui concède une partie de ses remises sur les contrats d'assurance à passer avec les syndiqués. Dans cette hypothèse, le syndicat devient sous-agent de la compagnie en ce qui concerne la collectivité de ses adhérents ; il va de soi que, ne cherchant pas à réaliser de bénéfice, il fait profiter les assurés des avantages qu'il obtient.

Avec les grandes sociétés d'assurances mutuelles, rayonnant sur tout ou partie du territoire, qui ne possèdent pas encore un personnel d'agents analogue à celui des compagnies à primes fixes et qui n'en ont pas le même besoin, puisqu'elles n'ont pas, comme celles-ci, la préoccupation de dividendes à fournir à leurs actionnaires, les syndicats agricoles peuvent traiter sur des bases meilleures.

Dès le mois de mars 1892, le Syndicat des agriculteurs du Loiret, à Orléans, comptant près de 7 000 membres, a conclu avec la *Société d'assurances mutuelles contre l'incendie de la Seine et de Seine-et-Oise*, dont les opérations ont été étendues à toute la France, la convention suivante :

Le syndicat est agent général de la mutuelle pour tout le département du Loiret. La mutuelle rétribue, au siège social, un employé du syndicat spécialement chargé du service de l'assurance; dans chaque canton, le syndicat est représenté, pour recevoir et provoquer les propositions d'assurance, par un sous-agent qui est généralement le dépositaire préalablement créé pour le service des engrais. Le syndicat perçoit, à titre de remise, la totalité de la prime de la première année et 10 p. 100 sur l'encaissement des primes des années suivantes. Il n'en conserve qu'une part destinée à couvrir ses frais généraux d'agence et abandonne à ses assurés 25 p. 100 sur la prime de la première année et 6 p. 100 sur toutes les primes annuelles. De plus, son intervention s'exerce en faveur de ses membres assurés, dans le sens d'un règlement équitable et rapide des sinistres, ce qui est encore très important.

Cette combinaison, très favorable à l'intérêt des assurés, a été imitée par un bon nombre de syndicats, soit avec la même société mutuelle, soit avec d'autres également recommandables. La Société coopérative du syndicat agricole de la Charente-Inférieure représente, aux mêmes conditions, la Mutuelle de la Seine et de Seine-et-Oise dans ce département. Le Syndicat agricole d'Allex (Drôme) et le Syndicat agricole des cantons de Crest représentent, depuis 1889 et 1890, la Mutuelle de la Seine et de Seine-et-Oise qui leur abandonne 90 p. 100 de la première prime et 7 p. 100 des primes suivantes; cette bonification se partage entre la caisse du syndicat et l'assuré.

Le Syndicat agricole Vauclusien, à Avignon, assure ses membres à l'*Ancienne Mutuelle de Rouen*, avec une économie qu'il évalue être de 30 à 40 p. 100 sur les tarifs des compagnies anonymes à primes fixes. Le Syndicat agricole des Deux-Sèvres a obtenu de la *Mutuelle de Loir-et-Cher* de fortes remises au profit de ses membres. Le Syndicat des agriculteurs du Puy-de-Dôme a traité, en 1888, avec la société mutuelle *la Normandie*, qui a installé, à Clermont-Ferrand, sous les auspices du syndicat, une direction divisionnaire ayant pour principal objet l'assurance des risques des syndiqués dans tout le département. Ceux-ci

ont seuls droit à l'application du tarif le plus réduit
de la mutuelle, lequel ne pourrait être modifié
qu'avec l'adhésion du syndicat. Les propriétaires
ne faisant pas partie du syndicat ne peuvent être
assurés qu'aux conditions du tarif ordinaire. De
plus, il a été stipulé que les assurés qui se retirent
du syndicat perdent, en fin d'exercice, le bénéfice
du tarif de faveur, de même que ce bénéfice se
trouve acquis aux assurés nouvellement admis dans
le syndicat. Le directeur divisionnaire a été choisi,
d'un commun accord, entre la mutuelle et le syndicat : il doit prendre ses sous-agents parmi les
personnes déjà employées par le syndicat, ou, en
tous cas, agréées par lui. Enfin un comité délégué
par le bureau du syndicat contrôle fréquemment la
gestion du directeur divisionnaire, apprécie la
valeur et la qualité des risques soumis à l'assurance,
l'application des tarifs, ainsi que le bien fondé des
réclamations faites par les assurés, et les appuie,
s'il y a lieu, auprès de la direction générale.

D'après le témoignage fourni par le président
du syndicat et le comité de surveillance, le service
fonctionnait d'une façon pleinement satisfaisante,
les règlements de sinistres avaient lieu sans retard
ni discussion, la confiance dans la loyauté des opérations était entière et le montant des assurances
souscrites à la mutuelle par les membres du syndicat s'élevait progressivement.

Ces exemples, qu'il est inutile de multiplier, suf-
fisent à démontrer les services que les syndicats
agricoles ont rendus à leurs adhérents en leur faci-

litant l'assurance contre l'incendie réalisée auprès des grandes mutuelles.

L'entente entre les syndicats et les mutuelles semble favorable aux deux institutions. Aux mutuelles les syndicats apportent une clientèle d'élite pour participer à la réciprocité de services qui est l'objet de la mutualité. La moralité spéciale des sociétaires au point de vue de l'assurance est un élément de la plus haute importance pour l'avenir d'une mutuelle, et le bureau du syndicat est bien placé pour exercer à cet égard un contrôle très favorable à l'intérêt de la société qu'il représente. De plus, le syndicat est à même d'amener à la mutualité toute une couche nouvelle d'assurés, celle des petits cultivateurs de nos villages, qu'une protection efficace ne couvre pas encore contre les dangers d'incendie, et que, le plus souvent, le manque de confiance, l'ignorance de la valeur de l'assureur, empêchent seuls de pratiquer la prévoyance. L'intervention du syndicat, qui leur rend déjà tant de services, suffira, sans nul doute, à vaincre leurs défiances, comme le démontrent les progrès réalisés par les mutuelles, grâce au concours qu'elles ont trouvé dans les syndicats. Aux syndicats les mutuelles fournissent des conditions d'assurance avantageuses, très propres à faciliter le recrutement de nouveaux membres et à accroître ainsi leur influence : ils bénéficient de cette organisation, sans supporter aucune charge ni courir aucune chance de compromettre dans une entreprise aléatoire leur crédit et leur prospérité.

Les petites sociétés locales d'assurance mutuelle contre l'incendie sont rares, sauf dans les départements de l'Ain et de l'Isère où il en existe quelques-unes.

La Mutuelle de Viriat (Ain), fondée en 1886, pour deux communes seulement, par M. le vicomte Grant de Vaux, président du Syndicat agricole de Bourg, a servi de modèle à une dizaine d'autres qui se sont créées dans l'Ain. Dans le Jura, une mutuelle départementale, la *Mutuelle du Jura*, jouit du patronage des syndicats agricoles et assure un grand nombre de leurs membres. Par mesure de prudence, elle a passé un contrat de réassurance avec une compagnie d'assurances de Paris, ce qui lui a permis de se constituer une forte réserve et, après une période de dix années, de devenir son propre réassureur.

Si, en principe, l'organisation de mutuelles locales n'est pas à recommander aux syndicats agricoles pour l'assurance contre l'incendie, l'objection diminue de force quand la circonscription s'élargit, et on doit reconnaître qu'une Union, groupant, en nombre important, les syndicats de huit ou dix départements, pourrait se trouver dans de bonnes conditions pour créer une mutuelle régionale, surtout dans les parties de la France, telles que l'Est et le Midi, où les grandes mutuelles ont peu pénétré parce que l'assurance à primes fixes y est généralement préférée à l'assurance mutuelle. Sans même fonder une véritable société, il paraîtrait possible d'appliquer à l'assurance-incendie, dans les syndicats agricoles, l'ingénieux système des comptes de prévoyance contre la mortalité du bétail, pratiqué à l'Union du Sud-Est et que nous ferons connaître un peu plus loin : nous croyons qu'on y a déjà songé.

Il existe encore, dans quelques communes de la Loire-Inférieure, à Couffé, Mesanger, Ligné, Saint-Mars-du-Désert, etc., des associations syndicales de secours mutuels en nature contre l'incendie des fourrages, dont l'initiateur a été M. F. de la Roche-macé. Leur principe est qu'en cas d'incendie de pailles et foins survenu chez l'un des sociétaires, il doit être indemnisé de sa perte par tous les autres, qui ont à lui fournir leur part contributive dans le remplacement des fourrages détruits. Ces associations constituent, on le voit, une intéressante application de la mutualité à la prévoyance agricole. Elles se retrouvent aussi dans le Morbihan.

L'Assurance contre la grêle. — Plus encore que l'assurance contre l'incendie, l'assurance contre la grêle est périlleuse, en raison de l'importance des ravages de ce fléau et de la fréquence capricieuse de son retour dans certaines régions. C'est le risque auquel les syndicats agricoles sont le plus impropres à pourvoir par l'organisation de mutualités spéciales. Leur sphère est trop étroite pour que les risques puissent s'y équilibrer. Ils ont donc, en général, renoncé à fonder ou patronner des mutuelles locales, qui trop souvent n'auraient à distribuer qu'un faible prorata, alors que leurs sociétaires croient pouvoir compter sur une indemnité complète ; ils ont cherché, de préférence, à utiliser, en leur qualité d'intermédiaires désintéressés, les services des institutions existantes, compagnies à primes fixes ou sociétés mutuelles, qui ont surmonté les difficultés des premières années et dont la situation acquise doit inspirer confiance.

Le Syndicat des agriculteurs du Loiret représente, depuis 1893, une compagnie à primes fixes, qui lui a offert des tarifs modérés et d'équitables conditions pour le règlement des sinistres. Sur les commissions accordées au syndicat, ses membres assurés bénéficient d'une remise annuelle de 10 p. 100 sur le total de la prime. Il a été constaté qu'en 1898 le montant de ces remises a été d'environ 1400 francs, ce qui n'est pas un avantage négligeable.

Pour l'assurance des vignes, le syndicat recommande *la Vinicole,* mutuelle à cotisations fixes, fondée à Lyon par un groupe de viticulteurs du Sud-Est, dont les tarifs sont inférieurs de 30 à 40 p. 100 à ceux des autres compagnies, et il fait bénéficier, en outre, ses adhérents d'une remise de 5 p. 100 sur les cotisations annuelles.

Le Syndicat agricole Vauclusien recommande, au même degré, à ses adhérents une grande mutuelle, la *Société de Toulouse,* honorablement connue depuis 1826, et la plus importante compagnie par actions de la branche grêle. Le Syndicat agricole de Lunéville a aussi traité avec la *Société de Toulouse.* Quelques autres syndicats, en petit nombre, il faut le dire, car l'assurance contre la grêle est de beaucoup la moins organisée parmi les assurances agricoles, ont aussi traité avec des compagnies à primes fixes ou avec des mutuelles.

Nous n'avons à citer, comme société d'assurances mutuelles contre la grêle fondée par un syndicat agricole, que l'*Horticulture parisienne*, créée en 1887 par le Syndicat des horticulteurs et marchands titulaires des Halles et marchés aux fleurs de la région parisienne, pour assurer contre les dégâts causés par l'orage, la grêle et la tempête aux récoltes et produits horticoles, potagers et fruitiers, ainsi qu'au matériel de cloches et vitrages de ses associés. Par contre, il existe plusieurs caisses de secours mutuels qui, ne faisant pas naître les mêmes espérances que l'assurance proprement dite, peuvent atténuer utilement les effets désastreux de la grêle, sans engager, d'ailleurs, la responsabilité des syndicats qui les ont organisées.

Le Syndicat agricole libre du département de la Marne avait fondé une caisse de secours contre la grêle, qui prit un certain développement et qui a fini par fusionner avec la caisse départementale de secours contre la grêle, administrée par le préfet. Le Syndicat agricole du canton de Delle (Haut-Rhin) possède une caisse de secours contre les pertes de récoltes occasionnées par la grêle et l'incendie; les cotisations sont facultatives et le montant en est réparti entre les sinistrés proportionnellement à leurs versements. Le Syndicat agricole de Cabbé-Roquebrune (Alpes-Maritimes) a patronné la constitution d'une caisse d'assurances mutuelles agricoles et de secours contre la grêle, la gelée et la mortalité du bétail.

Mais la combinaison la plus intéressante a été réalisée par M. Charles Lefèvre, président du Syndicat agricole de Marmande, dans l'organisation de la Caisse mutuelle de secours contre la grêle du syndicat agricole de Marmande.

La sécurité des opérations de l'association est fondée sur la réassurance. Les quatre cinquièmes des cotisations des sociétaires sont versés à la *Société de Toulouse* qui garantit naturellement, jusqu'à concurrence des quatre cinquièmes, le paiement des indemnités attribuées aux sinistrés proportionnellement à leurs pertes. Le dernier cinquième des cotisations perçues est utilisé par la caisse locale ; il est affecté pour moitié à parfaire le règlement des indemnités, au taux statutaire, et pour l'autre moitié à la constitution d'un fonds de réserve.

La Caisse du syndicat de Marmande applique, bien entendu, la tarification adoptée par la *Société de Toulouse*, son réassureur. Celle-ci lui accorde, d'ailleurs, les remises ordinaires qu'elle fait à ses agents et qui peuvent couvrir ses frais généraux. Ce système de réassurance, qui est pratiqué avec succès, depuis plusieurs années, par la *Société de Toulouse* à l'égard de la caisse départementale de secours contre la grêle dans la Somme, semble apte à être utilisé assez largement par les syndicats agricoles. La création de nombreuses caisses syndicales, garanties par la réassurance de la plus forte partie de leurs risques, donnerait une heureuse impulsion à l'assurance contre la grêle, dont l'insuffisante organisation est toujours invoquée par les partisans de l'intervention de l'État dans les assurances.

L'Assurance contre la mortalité du bétail. — A l'inverse de ce qui a lieu pour la grêle, le risque de la mortalité des animaux ne s'assure efficacement, et à peu de frais, que dans un rayon très limité et grâce au contrôle que les assurés exercent les uns sur les autres : c'est la mutualité locale qui réussit le mieux à réparer ce genre de pertes. Ce point est aujourd'hui bien reconnu et le développement de l'esprit d'association dans les campagnes a multiplié, depuis quelques années, d'une façon très remarquable, les institutions locales de prévoyance contre la mortalité du bétail. Les syndicats agricoles ne pouvaient demeurer étrangers à ce mouvement, qui tend à garantir la sécurité des petits cultivateurs et à les unir par le lien d'une puissante solidarité. Ils y ont activement concouru à l'aide de procédés divers.

Les sociétés d'assurances mutuelles régulièrement constituées, conformément aux prescriptions de la loi du 24 juillet 1867 et du règlement d'administration publique du 22 janvier 1868, fournissent le type le plus parfait à utiliser en cette matière ; mais les formalités minutieuses et même les frais qu'il entraîne ne conviennent guère aux petites mutualités locales, formées par des goupements de cultivateurs qui entendent prendre leur bonne foi réciproque comme principale garantie du fonctionnement de la prévoyance. Les syndicats ont donc créé peu de véritables sociétés d'assurances mutuelles contre la mortalité du bétail. On peut citer celle du Syndicat agricole du canton de Saint-Amant-de-Boixe (Charente) et quelques autres de très minime importance.

Par contre, c'est en nombre très considérable que les syndicats ont fondé ou patronné, sous des dénominations et des formes variables, des associations de prévoyance et de secours mutuel qui réalisent parfaitement le but proposé. Ce sont les *Cotises* ou *Consorces* du département des Landes, associations vieilles de quarante ou cinquante ans et modelées sur les confréries du siècle dernier, qui ont servi de type à la plupart des caisses de prévoyance ou de secours mutuel contre la mortalité des animaux. Tantôt les sociétaires mettent leurs risques en commun, se garantissant mutuellement la valeur de leurs étables, soit qu'il y ait perception d'une cotisation préalable, soit que la part contributive de chacun ne doive être versée qu'après sinistre ; tantôt la cotisation est fixe par tête de bétail garanti, comme dans la caisse de secours mutuels fondée par le Syndicat agricole de Remiremont. Parfois aussi, la caisse de secours est alimentée par des collectes ou cotisations indéterminées.

Lorsque les cultivateurs associés se garantissent mutuellement leurs étables, il y a lieu de prévoir un maximum de contribution exigible, afin d'écarter les responsabilités trop lourdes qu'une épizootie calamiteuse viendrait à imposer aux sociétaires. Mais quand cette éventualité se réalise, la garantie devient inefficace et l'incapacité de l'association à régler les indemnités afférentes aux pertes extraordinaires est pour elle une cause de discrédit. C'est dans le cas où les services de l'institution seraient les plus nécessaires que se manifeste son insuffisance. Afin de parer à ce danger et de maintenir néanmoins la cotisation annuelle à un taux modéré, on a eu l'excellente idée de fédérer en groupes régionaux les petites caisses locales, qui ont pour circonscription le plus souvent une commune, quelquefois deux ou trois communes limitrophes, plus rarement un canton entier, et de les appeler à alimenter un fonds commun destiné à être réparti entre celles qui auraient subi des pertes extraordinaires. Il s'agit, on le voit, d'une sorte de caisse de compensation qui régularise le jeu des petites mutuelles en solidarisant leurs opérations. Ce procédé permet de faire produire à ces modestes institutions tous les effets de l'assurance proprement dite. L'honneur de l'avoir appliqué le premier revient au Syndicat des agriculteurs de la Sarthe, qui a doté ce département d'une organisation remarquable de l'assurance mutuelle du bétail. En trois années environ, 50 sociétés de secours mutuel contre la mortalité des bestiaux ont été créées sous les auspices du syndicat, dont, à vrai dire, elles constituent plutôt des sections locales, car elles ne possèdent guère d'autonomie réelle; celui-ci les a fédérées en organisant l'Union des sociétés de secours mutuel de la Sarthe contre la mortalité du bétail, à laquelle, pour faciliter ses débuts, il a alloué une subvention de 20 000 francs, prélevée sur ses réserves. La valeur du bétail assuré par les 4 846 sociétaires de ces mutuelles dépassait 5 millions de francs, pour le semestre du 1er mai au 1er novembre 1899. Toutes les pertes subies ont été remboursées dans la proportion statutaire de 70 p. 100, sans que la cotisation annuelle ait dû être portée, pour aucune société, au-dessus du maximum exigible, qui est de 1 p. 100, et cela grâce à l'intervention de l'Union qui a fourni une somme de 3 430 francs, afin de compenser l'insuffisance de ressources dans laquelle les sinistres du semestre avaient laissé onze sociétés. Le 1er février 1900, le nombre des mutuelles était de 64 ; elles groupaient 5 980 sociétaires et assuraient un capital supérieur à 6 115 000 francs. Les sociétés adhérentes à l'Union lui versent, chaque semestre, une contribution de 5 centimes pour 100 des valeurs qu'elles assurent. Cet exemple ne pouvait manquer d'être suivi. Le Syndicat des agriculteurs de l'Orne, le Syndicat des agriculteurs du Doubs, le Syndicat agricole et viticole de Chalon-sur-Saône, l'Union des syndicats agricoles communaux de la Haute-Saône, l'Union des syndicats d'assurance de la Meuse, le Syndicat des agriculteurs du Loir-et-Cher, et bien d'autres encore, ont organisé des caisses de compensation ou de réassurance entre les sociétés locales de leur circonscription.

Mentionner les syndicats agricoles qui ont fondé,

au profit de leurs adhérents, des institutions de prévoyance contre la mortalité des animaux est chose impossible ici ; car on en trouverait sans doute plusieurs centaines. Dans la plupart de nos régions, cette œuvre, de si haute utilité agricole et sociale, s'est imposée à leur activité.

Mais il y a plus : ces humbles institutions de prévoyance qui font sûrement et rapidement pénétrer la mutualité dans les campagnes, à la faveur de l'intérêt qui s'attache à la protection des étables (et si l'on en faisait le compte, on en trouverait peut-être 2000 à 3000 en France), très généralement elles ne sont elles-mêmes que des syndicats professionnels : elles en possèdent les caractères essentiels, elles en réclament la législation. N'étant pas des sociétés d'assurances mutuelles régulièrement constituées, elles ne peuvent guère affecter un autre type légal que celui du syndicat professionnel, étant d'ailleurs, bien évidemment, des associations formées pour la défense des intérêts économiques agricoles. Aussi, quelle que soit leur dénomination, société ou caisse de secours mutuels contre la mortalité du bétail, association ou syndicat de prévoyance, lors même qu'elles ont pris, à tort, la qualification de société d'assurances mutuelles sans avoir rempli les formalités nécessaires, ces institutions ont eu soin de se placer le plus souvent sous le régime protecteur de la loi du 21 mars 1884.

Parmi ces innombrables associations, dont l'essor a été prodigieux depuis deux ou trois ans dans certains départements (1), les unes pratiquent réellement l'assurance mutuelle, et M. Waldeck-Rousseau, le principal auteur de la loi sur les syndicats professionnels, les y a encouragées en déclarant, dans une importante consultation, qu'à son avis, « les syndicats agricoles peuvent faire entrer l'assurance mutuelle des bestiaux parmi les *objets* de leur constitution et que, de même, un syndicat d'agriculteurs peut se former dans le but spécial d'établir entre ses membres ce même mode d'assurance ». Une proposition spéciale de loi déposée par M. Viger, ancien ministre de l'agriculture, a, d'ailleurs, pour objet de faire trancher toute difficulté, à cet égard, en faveur des syndicats agricoles et de les exonérer des droits fiscaux supportés par les sociétés d'assurances mutuelles.

D'autres associations, voulant prévenir toute objection juridique, ont pris soin de se constituer comme institution d'*assistance* mutuelle et non d'*assurance* mutuelle : elles se bornent à encaisser des cotisations annuelles, des dons et subventions, pour les répartir entre leurs membres victimes de pertes de bétail, à titre d'allocation de secours et seulement en proportion des fonds disponibles. Ainsi opèrent un certain nombre de syndicats spéciaux de prévoyance contre la mortalité du bétail qui se sont créés dans le département de la Meuse et dont l'organisation si simple, si conforme aux principes de l'assistance mutuelle, a été juste-

____

(1) Le département de la Haute-Saône, par exemple, en compte une centaine, celui de la Vendée 90, etc.

ment remarquée. Ces syndicats sont, à n'en pas douter, des associations de personnes, et non des sociétés de capitaux. En se préoccupant de sauvegarder, dans une certaine mesure, leurs membres contre un risque inhérent à leur profession, ils demeurent fidèles à la vraie doctrine syndicale de l'action collective et de l'aide mutuelle.

L'assurance mutuelle du bétail peut encore être organisée avec une grande simplicité comme l'un des services ordinaires mis par le syndicat agricole à la disposition de ses membres, et sans qu'il soit besoin de fonder, à cet effet, une association spéciale. Dans ce système imaginé par l'Union du Sud-Est et qui fonctionne, d'une façon pleinement satisfaisante, auprès de plusieurs syndicats de son ressort, un syndicat agricole peut faire bénéficier ses membres des avantages de l'assurance du bétail en centralisant à part, dans un *compte de prévoyance*, les fonds qu'ils lui versent pour cet objet. Ces comptes, auxquels participent seulement les adhérents qui veulent se garantir contre la mortalité éventuelle de leurs animaux, sont établis par commune, ou par groupe de communes, et administrés par une commission spéciale de prévoyance, déléguée du bureau du syndicat et placée sous le contrôle de celui-ci. Les comptes de prévoyance fonctionnent comme des institutions d'assurance mutuelle pour le règlement des indemnités à attribuer en cas de sinistre, la contribution annuelle qui peut être imposée à chaque participant étant limitée à 2 p. 100 de la valeur de son étable. Pour compléter cette organisation de la prévoyance locale par les petits groupes syndicaux, l'Union du Sud-Est a établi entre eux un service de réassurance.

C'est la Coopérative agricole du Sud-Est qui sert de caisse de réassurance ou de garantie ; à cet effet, elle a ouvert un compte spécial de participation aux risques des divers groupements de prévoyance institués par les syndicats de l'Union. Le syndicat qui a créé des comptes de prévoyance peut transférer une partie de leurs risques à la coopérative en lui versant une part des contributions qu'il encaisse chaque semestre et, dans ces conditions, la coopérative contribue au règlement des indemnités dans une proportion plus élevée que le syndicat, par suite de la situation plus favorable que lui fait la division des risques garantis. Ce compte de garantie a été doté, au début, d'une somme de 10 000 francs prélevée sur les réserves de la coopérative (1).

L'Assurance contre les accidents. — L'assurance contre les accidents du travail était autrefois très rarement pratiquée parmi les agriculteurs, et pourtant les risques auxquels cette assurance spéciale a pour objet de pourvoir sont bien loin d'être négligeables.

Les agriculteurs, patrons et ouvriers, se trouvent

(1) Pour tout ce qui concerne cette matière, nous ne pouvons que renvoyer le lecteur à notre ouvrage spécial, *l'Assurance mutuelle du bétail* (avec statuts-modèles des divers types d'association). *Bibliothèque du Musée social*. Paris, Arthur Rousseau, éditeur, 1898.

exposés à une foule d'accidents inhérents à l'exercice de leur profession ; ces accidents. souvent très graves, naissent de l'emploi des machines-outils et de la possession des animaux de rente et de travail. Toutes les opérations de la culture, les façons à donner au sol, les semailles, les sarclages, la récolte, les battages, les préparations mécaniques de nourriture, les transports, etc., peuvent y donner lieu. Le progrès de la mécanique agricole et l'extension des cultures industrielles, qui exigent une abondante main-d'œuvre, les rendent plus fréquents. Il importe de chercher à garantir les familles ouvrières contre la misère qui est souvent la conséquence de semblables accidents. Les chefs d'exploitation ont, d'ailleurs, intérêt à le faire afin d'éviter les responsabilités pécuniaires qui peuvent les atteindre, au sujet des accidents dont les ouvriers qu'ils emploient seraient victimes ; l'assurance leur en fournit le moyen.

L'évolution qui, depuis quelques années, s'est produite dans la jurisprudence d'abord, puis dans la législation, pour mieux protéger les travailleurs contre les conséquences des accidents dont ils peuvent être victimes, la responsabilité mise à la charge du patron par le principe nouvellement admis du risque professionnel, ne laisse pas d'affecter l'agriculture qui ne saurait se flatter d'échapper au courant créé par l'état général des mœurs sociales. Sans doute. la loi du 9 avril 1898 sur la responsabilité des accidents dont les ouvriers sont victimes dans leur travail, précisée au point de vue agricole

par la loi complémentaire du 30 juin 1899, n'est
applicable, dans les exploitations agricoles proprement dites, que pour les accidents occasionnés par
l'emploi de machines agricoles à moteurs inanimés,
et la responsabilité de ces accidents incombe à
l'exploitant du moteur, c'est-à-dire à l'entrepreneur
de battage dans le cas si fréquent du battage des
céréales par un matériel à vapeur.

Il semble donc que la législation nouvelle intéresse peu la moyenne et la petite culture. Mais elle
ne les dégage pas de la responsabilité ordinaire,
résultant des articles 1382 à 1385 du code civil, qui
oblige le patron rural à réparer le préjudice qu'a pu
causer tout accident survenu dans son exploitation
par son fait, par sa faute, ou dans un service com-
mandé par lui. Il est hors de doute que les tendances
nouvelles porteront les tribunaux à faire une application, de plus en plus rigoureuse, de cette responsabilité de droit commun et à la régler suivant les
tarifs si élevés établis par la loi du 9 avril 1898.
Les agriculteurs ont donc le plus grand intérêt à
recourir à l'assurance pour se couvrir contre ces
risques et échapper à leurs ruineuses conséquences.

L'assurance contre les accidents du travail est
éminemment professionnelle et les syndicats agricoles ont été heureusement inspirés de chercher à
la propager parmi leurs adhérents, en la rendant
plus facile et plus favorable.

Devaient-ils, dans cette branche spéciale si peu
explorée encore, tenter d'organiser des mutualités
agricoles, ainsi qu'ils l'avaient fait pour l'assurance

du bétail, ou se borner à agir comme intermédiaires en négociant avec les compagnies d'assurance contre les accidents? Les deux systèmes ont été pratiqués avec beaucoup d'ampleur.

Très nombreux sont aujourd'hui les syndicats qui ont traité avec des compagnies, de façon à réserver à leurs membres s'assurant soit en bloc, soit isolément, le bénéfice de tarifs réduits. Les difficultés furent grandes, au début, car les compagnies à primes fixes ne recherchaient guère que les risques industriels et avaient très peu de clients parmi les agriculteurs. La tarification des primes afférentes au risque agricole, insuffisamment étudiée, était mal fixée, en tout cas fort élevée. Les syndicats agricoles sont parvenus à faire déterminer la valeur réelle de ce risque et à faire adopter, comme base de l'assurance, la base la plus simple, la plus rationnelle, qui est la superficie de la propriété assurée, l'assurance sur le salaire ou l'assurance par tête de personnel employé n'étant pas pratique dans les exploitations agricoles.

Une de nos plus importantes compagnies d'assurance contre les accidents a apprécié l'utilité de se créer une clientèle agricole et a conclu des traités avec de fort nombreux syndicats. D'autres l'ont imitée, et, au lieu d'avoir à solliciter eux-mêmes des avantages au profit de leurs adhérents, les syndicats agricoles se sont vus très fréquemment sollicités par les compagnies, de leur servir d'intermédiaires et d'auxiliaires pour la propagation de l'assurance contre les accidents chez les populations rurales.

L'Union du Sud-Est, l'Union des Alpes et de Provence, beaucoup de syndicats départementaux ont donc traité avec une compagnie à primes fixes. Les avantages obtenus par l'Union du Sud-Est, qui a confié le service de l'assurance à sa coopérative agricole, sont notables. Selon les diverses combinaisons de l'assurance, c'est-à-dire selon les garanties données par la compagnie, la prime varie de 0 fr. 30 à 0 fr. 70 par hectare. Les polices sont individuelles, avec un minimum de 5 hectares, ou collectives, c'est-à-dire établies pour plusieurs propriétaires groupés possédant ensemble une superficie minimum de 10 hectares, ce qui est un grand avantage accordé à la petite culture. La compagnie couvre l'assuré contre la responsabilité civile qui peut l'atteindre en cas d'accident survenu à ses ouvriers et s'engage au versement d'un capital déterminé, lorsque c'est le souscripteur lui-même de la police ou un membre non salarié de sa famille qui en a été victime. Les services rendus par cette assurance commencent à être bien compris chez les agriculteurs et l'influence des syndicats agricoles pour la propager est considérable: on en jugera par ce fait que, le traité de l'Union du Sud-Est avec la compagnie dont nous parlons remontant à quatre années seulement, la Coopérative agricole du Sud-Est avait négocié 1 850 polices, au mois de novembre 1899, et comptait atteindre le chiffre de 2 000 vers le 1er janvier 1900. Des résultats analogues ont été obtenus, dans la circonscription de l'Union des Alpes et de Provence, par sa Coopérative agricole, constituée agent général de la même compagnie dans les six départements de Vaucluse, Bouches-du-Rhône, Var, Alpes-Maritimes, Hautes et Basses-Alpes, pour l'assurance des risques incombant aux membres des syndicats agricoles de cette région.

Mais les syndicats agricoles ne se sont pas bornés à employer ce mode d'action, qui leur réussit d'ailleurs si bien : on leur doit aussi une organisation directe de la mutualité en matière d'assurance contre les accidents du travail agricole.

En 1891, le Syndicat des agriculteurs du Loiret fondait à Orléans une société d'assurances mutuelles contre les accidents du travail agricole, *la Solidarité orléanaise*, mutuelle à cotisations fixes, pour les cultivateurs faisant partie des syndicats et autres associations agricoles des départements formant la circonscription de l'Union des syndicats agricoles et viticoles du Centre. Le système d'assurance était basé sur la contenance de l'exploitation agricole, sans distinction entre la nature des cultures, la prime étant de 0 fr. 50 par hectare de terre cultivée. Administrée gratuitement par un conseil d'administration des plus honorables et ayant pour agents, dans tous les cantons du Loiret, les dépositaires du syndicat, la société progressa assez rapidement ; en 1897, elle couvrait de sa garantie une surface exploitée d'environ 50 000 hectares et groupait près de 800 sociétaires appartenant à divers syndicats agricoles de la Beauce et de la Sologne. Plusieurs Unions de syndicats ayant alors manifesté l'intention de créer, à l'exemple de ce qui s'était fait à

Orléans, des mutuelles régionales d'assurance contre les accidents (1), l'idée vint naturellement de mettre à profit l'organisation de la *Solidarité orléanaise* en étendant à tout le reste de la France le cercle de ses opérations, d'abord restreint au département du Loiret, puis à quelques départements limitrophes. C'est ainsi que, sous le patronage de l'Union centrale des syndicats des agriculteurs de France, après une revision minutieuse de ses statuts qui les a adaptés aux exigences de la nouvelle législation, la *Solidarité orléanaise* s'est transformée pour devenir la « Caisse syndicale d'assurance mutuelle des Agriculteurs de France contre les accidents du travail agricole », ayant son siège à Paris (22, rue d'Athènes) et fonctionnant exclusivement pour les membres de tous les syndicats agricoles et de la Société des agriculteurs de France. Elle prend pour agents, dans les départements, moyennant une remise spéciale, les syndicats qui acceptent de la représenter (2).

(1) Une caisse d'assurance mutuelle contre les accidents du travail agricole vient d'être constituée entre les syndicats de l'Hérault, par l'initiative de la Société d'encouragement à l'agriculture de ce département.

(2) On nous permettra de rappeler que, dans un rapport présenté à la Société des agriculteurs de France, le 29 janvier 1894, nous avions conseillé et prévu cette transformation : « Parmi les assureurs de profession, disions-nous alors, l'idée est répandue qu'une grande société d'assurances mutuelles contre les accidents du travail agricole, c'est-à-dire exclusivement rurale, formée d'agriculteurs de toute la France mettant en commun leurs risques, aurait les plus grandes chances de réussir et de donner une sécurité complète, au taux le plus économique.

« Pourquoi la *Solidarité orléanaise*, quand elle aura franchi la

La société reconstituée a versé le cautionnement
exigé par les décrets des 28 février et 5 mars 1899,
de sorte qu'elle fonctionne sous le contrôle de l'État
et assure les risques dérivant de la loi de 1898.
Elle a, d'ailleurs, introduit dans la pratique de l'assurance contre les accidents d'importantes modifi-
cations, au bénéfice des agriculteurs. La cotisation
afférente à l'assurance de la responsabilité civile
du chef d'exploitation agricole demeure basée sur la
contenance du domaine ; mais, comme cela est
logique, elle est variable selon le mode d'exploitation des terres. La garantie peut aussi, au choix de

période expérimentale, quand elle aura fixé la véritable valeur du
risque agricole et déterminé rigoureusement les cotisations à lui
appliquer, n'essayerait-elle pas de remplir ce rôle en étendant ses
opérations hors des dix départements où elle fonctionne aujour-
d'hui ? Ainsi ont fait bien des mutuelles-incendie. Fondée par un
syndicat agricole, elle trouverait un appui auprès des syndicats
de toutes les régions et pourrait les prendre comme agents chargés de lui recruter des sociétaires, de faire ses encaissements et
de coopérer au règlement des sinistres. D'autres mutuelles-acci-
dents peuvent assurément être fondées par les syndicats ou sous
leur patronage : mais l'organisation de ces sociétés est difficile,
on trouve peu de bonnes volontés pour adhérer à une société en
formation et les débuts de la mutualité sont toujours périlleux. Il
est donc bien préférable d'utiliser, pour le service de tous ceux
qui ont intérêt à y avoir recours, les organismes existants en les
perfectionnant s'il y a lieu.

« Une grande mutuelle comptant des milliers d'adhérents, encais-
sant des millions comme cotisations annuelles, donnera à ses sociétaires une sécurité plus grande, et à moins de frais, que les
petites mutuelles locales toujours exposées à être fortement
atteintes par un exercice défavorable. » *Comptes rendus des travaux de la Société des agriculteurs de France*, t. XXV, p. 181, et
brochure spéciale publiée par la Société, *les Syndicats agricoles et
l'Assurance*. Paris, 1894.

l'assuré, être limitée ou illimitée : dans le premier cas, sa responsabilité est couverte jusqu'à concurrence d'un capital de 8 000 francs par accident, frais de procès compris ; dans le second cas, elle l'est sans aucune limite, quelles que soient les conséquences des accidents, ce qui motive naturellement une élévation du taux de la cotisation (1). La caisse syndicale peut aussi garantir le cultivateur lui-même et les membres non salariés de sa famille, associés à ses travaux, contre les accidents qui viendraient les atteindre personnellement. La cotisation afférente à cette assurance est fixe.

Les opérations de cette grande mutuelle syndicale, habilement dirigée par M. Rémy Sagot, vont puissamment seconder les efforts que, de toutes parts, les syndicats agricoles ont déjà tentés pour vulgariser dans les campagnes la pratique de l'assurance contre les accidents. Elle fonctionne comme une véritable mutualité ; car elle est gérée aux frais les plus réduits, qui sont fixés annuellement, et ses bénéfices sont répartis entre les sociétaires sous forme de bonis ou de dégrèvements de la cotisation. De plus, les statuts, conçus dans un esprit très libéral, ont proscrit toute déchéance arbitraire ou condition draconienne susceptible de laisser l'assuré

(1) Les tarifs varient, suivant la nature des cultures, de 15 à 80 centimes par hectare, pour la responsabilité limitée à 8 000 fr., et de 25 centimes à 1 franc pour la responsabilité illimitée. L'usage d'un moteur inanimé entraîne un relèvement de cotisation de 10 à 30 p. 100, selon les cas. La garantie éventuelle incombant à chaque sociétaire ne pourra jamais dépasser le double de sa cotisation annuelle.

dans l'incertitude sur la garantie qui le couvre. En quelques mois, la société a réalisé, sans publicité ni réclame, plus de 300 nouveaux contrats, et elle atteindra prochainement un encaissement annuel de 100 000 francs de cotisations.

CHAPITRE XIV

Le groupement professionnel agricole n'est pas seulement destiné à faciliter aux cultivateurs l'exercice de leur industrie, il doit encore, et surtout, les aider et leur apprendre à s'aider eux-mêmes dans les besoins et les misères de leur rude existence : il doit leur enseigner la prévoyance, en mettre les agents à leur disposition et compléter la pratique de la prévoyance individuelle par l'organisation de l'aide mutuelle ou collective. C'est ainsi qu'il remplit un rôle social et s'élève au rang d'une véritable corporation.

Quelques syndicats agricoles ont, à leur honneur, compris, dès leur origine, que l'assistance à donner aux malades et aux vieillards s'impose comme le but suprême de leurs efforts et constitue l'emploi naturellement désigné des ressources qu'ils parviennent à se créer, soit en accumulant les cotisations de leurs membres, soit en provoquant les libéralités de personnes bienfaisantes, soit par tout autre moyen. C'est M. Émile Duport, qui le premier, croyons-nous, a formulé le principe, si généralement admis aujourd'hui, que l'assistance mutuelle et professionnelle des malades, des vieillards et des orphelins est une fonction normale des syndicats agricoles.

Le Syndicat agricole du canton de Belleville-sur-Saône (Rhône), dont M. Duport est toujours demeuré le président, s'était fondé en 1887. Dès le mois de mai 1888, M. Duport proposait la nomination d'une commission chargée d'étudier un projet d'assistance à donner au cultivateur indigent malade, sous la forme de journées de travail faites par les soins du syndicat pour remettre sa culture en état, précisant bien d'ailleurs « qu'il ne s'agissait point là d'une aumône, mais de l'aide que se doivent des associés ». Et, dans la première assemblée générale, le 14 octobre 1888, il faisait adopter le règlement de l'Aide mutuelle, « l'idée créatrice des syndicats étant, disait-il, de nous aider les uns les autres par l'association ».

On se contenta d'abord de faire exécuter, au moyen d'un crédit inscrit au budget, les travaux urgents auxquels ne pouvait vaquer un sociétaire empêché par maladie ou accident ; mais, en 1894, une caisse spéciale fut créée et pourvue, sur la réserve constituée, sou par sou, grâce à la bonne administration du syndicat, d'une dotation qui est actuellement de 15 000 francs. C'est alors qu'à l'objet primitif de l'institution fut adjointe l'assistance des vieillards et des orphelins, au moyen de pensions versées à des cultivateurs chargés de leur entretien.

Le Syndicat agricole de Belleville ne s'en est pas tenu là, et sa caisse d'aide mutuelle, dont les ressources se sont accrues de quelques dons inspirés par son utilité manifeste, paraît destinée à devenir le pivot d'une véritable caisse de retraites organisée pour les travailleurs ruraux. Cette initiative a été prise en considération particulière lorsque le jury du concours institué entre tous les syndicats agricoles de France a attribué le premier grand prix au syndicat de Belleville.

« Le jury du concours, disait le rapporteur, le loue surtout hautement d'avoir, dès son origine, assigné à ses efforts un but supérieur à l'action matérielle et purement économique, d'avoir voulu être un instrument de progrès social en pratiquant l'assistance professionnelle, d'avoir frayé la voie dans laquelle les syndicats agricoles devront s'engager de plus en plus (1). »

La maladie a tout d'abord motivé seule l'intervention des syndicats agricoles. Bon nombre de syndicats fonctionnent, en fait, comme de véritables sociétés de secours mutuels et pratiquent facultativement l'assistance, fournissant à leurs membres malades et nécessiteux des soins médicaux, des médicaments, leur allouant des indemnités journalières de chômage, distribuant des secours en argent ou en nature aux victimes de sinistres exceptionnels. Une des principales préoccupations des syndicats est de se constituer, à l'aide

(1) *Le Concours entre les syndicats agricoles au Musée social*, p. 22.

d'une bonne administration, un certain patrimoine qui leur permette de faire face à ces besoins de l'assistance mutuelle.

On peut citer comme exemple de cette organisation très simple, très pratique et tout à fait à la portée de petits syndicats, la caisse de secours instituée, dès l'année 1886, par le syndicat agricole d'Allex (Drôme). Cette caisse n'a pas d'autonomie propre et n'est qu'un service spécial du syndicat, qui la dote au moyen d'une subvention inscrite chaque année à son budget. Ces ressources, auxquelles peuvent s'adjoindre des souscriptions, dons ou legs, sont destinées à rembourser aux membres du syndicat qui ont été malades pendant l'année, tout ou partie des frais de médecin et pharmacien qu'ils auront eu à supporter. C'est là, en quelque sorte, un rudiment de l'assistance mutuelle au sein du syndicat; mais il doit logiquement conduire à l'organisation d'une société de secours mutuels et à toutes ses bienfaisantes conséquences. Des caisses de secours médicaux ont été ainsi organisées par un certain nombre de syndicats, notamment ceux de Bourguébus (Calvados), Putanges (Orne), Séez (Orne), des Pinchinats (Bouches-du-Rhône), des Mille (Bouches-du-Rhône), le Syndicat des jardiniers d'Angers, etc.

Une autre forme également primitive, mais réellement efficace, de l'assistance mutuelle, est le secours en travail, l'assistance manuelle, qui s'exerce en journées de travail pour l'exécution opportune des travaux agricoles ou viticoles que la maladie ou l'accident, dont un sociétaire est victime, l'empêche momentanément d'effectuer. Tel a été, comme nous venons de le voir, le point de départ et le premier objet de la caisse d'aide mutuelle du Syndicat de Belleville-sur-Saône ; ce mode d'assistance réalise bien l'application du principe de solidarité professionnelle qui doit régler les rapports réciproques des membres d'un syndicat ; mais ce genre d'association est ancien et il était pratiqué antérieurement à l'existence des syndicats agricoles. Dans les pays viticoles, où les travaux du vignoble ne peuvent être retardés et où domine le régime de la très petite propriété, l'excellente coutume s'était introduite de former des groupements locaux pour s'entr'aider, en cas de besoin. Un vigneron se trouve-t-il dans l'impossibilité de donner une façon à sa vigne ou à celle qu'il cultive, il y est pourvu, sans frais pour lui, soit par le travail de ses co-sociétaires, soit, mais plus rarement, par celui d'un ouvrier rétribué sur un fonds commun. Tel est le principe des *Sociétés vigneronnes*, très nombreuses en Touraine et en Bourgogne, qui ne sont que des sociétés d'assistance mutuelle, donnée sous forme de travail exécuté en corvée. Le département d'Indre-et-Loire compte au moins une quarantaine de ces associations, dont certaines ont plus d'un demi-siècle d'existence : elles ont, d'ailleurs, souvent servi de terrain de culture pour la propagation des syndicats agricoles, qui se sont multipliés au nombre d'environ 110 dans le département ; mais elles ont continué à coexister à côté d'eux, répondant à des besoins différents. Les sociétés vigneronnes de la Touraine participent au caractère des confréries; elles sont placées sous le patronage de saint Vincent; il existe aussi quelques sociétés similaires qui s'appliquent aux travaux agricoles ordinaires et qui portent la dénomination de sociétés de Saint-Roch, de Saint-Éloi, etc. (1).

Les syndicats agricoles n'ont donc eu, pour organiser l'aide manuelle entre leurs membres, qu'à suivre le type bien connu de la Société vigneronne. Parmi ceux qui ont réalisé cette forme d'assistance mutuelle dans des conditions souvent intéressantes, on peut mentionner le Syndicat agricole de Courthiézy (Marne), le Syndicat viticole et agricole de Ville-sur-Arce (Aube), le Syndicat agricole et viticole de Thenay (Loir-et-Cher), le Syndicat agricole de Saint-Pierre-des-Corps (Indre-et-Loire), le Syndicat viticole de Saint-Denis-en-Val (Loiret), le Syndicat de l'Union Sancerroise (Cher), etc.

Après avoir rencontré ces formes élémentaires de la prévoyance, nous arrivons aux sociétés de secours mutuels proprement dites. Elles existaient en très grand nombre, dans certaines régions de la France, avant l'apparition des syndicats agricoles. Ceux-ci tiennent de la loi du 21 mars 1884 le droit de constituer entre leurs membres, sans autorisation

____

(1) Voir l'étude très documentée de M. Louis Dubois : « Les sociétés vigneronnes de la Touraine », publiée par *la Réforme sociale*, du 1ᵉʳ octobre 1899.

préalable, des sociétés de secours mutuels et de retraites en se conformant à la législation alors en vigueur. Ces sociétés, créées sans autorisation, appartenaient au type des sociétés libres de la loi du 15 juillet 1850. Mais la loi du 1er avril 1898 est venue modifier profondément l'ancienne législation et a permis aux syndicats agricoles de coopérer plus activement au mouvement mutualiste, surtout en ce qui concerne l'organisation des retraites. Déjà, ils avaient fondé un bon nombre de sociétés de secours mutuels; les statistiques de la Direction du travail au ministère du commerce comptaient, au 1er janvier 1899, c'est-à-dire avant la mise réelle en application de la loi nouvelle, 45 caisses de secours ou de prévoyance fondées par les syndicats agricoles, et ce chiffre ne comprenait sans doute pas bien d'autres petites institutions demeurées ignorées (1). Ces sociétés syndicales de secours mutuels rendaient les services ordinaires des petites mutualités rurales, dont la modicité des cotisations demandées aux membres participants ne produit que de maigres ressources : elles payaient pour leurs membres malades les soins du médecin et les médicaments; parfois elles y ajoutaient une indemnité journalière de chômage pendant le cours de la maladie. Beaucoup d'entre elles se préoccupaient de pourvoir, d'une façon convenable, aux funérailles des membres décédés et imposaient à tous les sociétaires l'obligation d'y assister.

(1) *Annuaire des syndicats professionnels*, 1898-1899.

Mais les secours donnés en cas de maladie apparaissaient généralement aux syndicats agricoles comme une organisation bien insuffisante de la prévoyance, puisqu'elle laissait de côté le risque inévitable des infirmités ou de la débilité de l'âge qui peut réduire à la misère les travailleurs ruraux. Leurs statuts avaient fréquemment prévu la création de caisses de retraites pour la vieillesse, ces institutions étant considérées avec raison comme très propres à retenir aux champs les ouvriers ruraux et à les engager à se faire admettre comme membres des syndicats. La loi du 1ᵉʳ avril 1898 a fourni, pour la solution de ce gros problème, des facilités et moyens d'action qui jusqu'alors avaient manqué aux syndicats agricoles.

Il faut pourtant rappeler la courageuse initiative du Syndicat agricole de Castelnaudary, présidé par M. le marquis de Laurens-Castelet, qui, en 1896, sous le régime des décrets du 26 mars 1852 et du 26 avril 1856, a créé une société de secours mutuels, dans le but de fournir des pensions de retraite aux ouvriers agricoles et de les fixer ainsi à la campagne. Il lui a donné la forme de société *approuvée*, afin de la mettre en mesure de participer aux subventions de l'État. Les cotisations annuelles des sociétaires sont versées à la Caisse des dépôts et consignations, et le syndicat, fonctionnant comme caisse patronale, y ajoute une cotisation égale; ces sommes se trouvent capitalisées au taux de 4 1/2 p. 100. Un ouvrier agricole, entrant dans la société à l'âge de vingt-cinq ans et versant une cotisation annuelle de 5 francs, obtient, à l'âge de soixante-cinq ans, par suite du revenu de ses cotisations capitalisées et de celles versées pour lui par le syndicat, auquel viennent s'ajouter les subventions de l'État, une pension de retraite de 263 fr. 85 ; à l'âge de soixante-dix ans, la pension s'élève à 300 francs. En cas d'infirmités ou d'accident, la pension de retraite peut être liquidée avant que l'intéressé ait atteint l'âge de soixante-cinq ans (1).

Le Syndicat de Castelnaudary a voté, comme première souscription, le don d'une somme de 2000 francs qui pourra être affectée à doubler environ vingt pensions de retraite. A la fin de 1899, la société comptait 27 membres fondateurs et honoraires et 30 membres participants ; elle avait versé à la Caisse des dépôts et consignations la somme de 3882 fr. 36. De plus, le syndicat a établi, dans un immeuble mis à sa disposition par son président, un asile pour les ouvriers agricoles âgés et sans famille, n'ayant pas acquis de droits à la retraite, auxquels il accorde des bourses et des demi-bourses lorsqu'ils ne peuvent payer la pension d'entretien.

Mais les fondateurs d'une caisse de retraites autonome contractent de lourdes obligations en s'engageant à servir, un jour, à ses membres participants des pensions déterminées sans avoir la certitude de posséder les ressources nécessaires pour

(1) Les statuts de cette société sont reproduits dans une brochure de M. de Laurens-Castelet, *les Caisses de retraites dans les syndicats agricoles*. Castelnaudary, 1897.

les acquitter régulièrement. Aussi a-t-on songé à adopter un autre système consistant à faciliter aux salariés agricoles, ainsi qu'aux petits métayers et même aux petits propriétaires ruraux, l'obtention d'une pension de retraite en leur servant d'intermédiaire avec la Caisse nationale des retraites pour la vieillesse. Tel a été le principal objet du Syndicat professionnel de prévoyance des agriculteurs du canton de Montmarault (Allier), fondé en 1896 par M. Marcel Vacher, ancien député. Ce syndicat spécial, dont le rôle si favorable au développement des idées de prévoyance chez les travailleurs agricoles a été généralement apprécié, est destiné à constituer une caisse de retraites, à servir des secours temporaires et renouvelables à ses membres participants, incurables ou infirmes, et enfin à accorder des secours extraordinaires aux veuves et orphelins de syndiqués décédés avant d'avoir obtenu leur pension de retraite. En ce qui concerne les retraites, le syndicat recueille les versements des membres participants et les transmet à la Caisse nationale des retraites, où chacun d'eux possède un livret individuel. Les cotisations des membres honoraires sont divisées en deux parts égales, dont l'une est affectée à grossir les versements faits en vue de la retraite et l'autre sert à alimenter la caisse de secours. Ce système très ingénieux permet de donner des retraites garanties, sans aucune complication de gestion ni responsabilité, effective ou morale, pour les fondateurs d'un syndicat ou d'une société de secours mutuels : son seul inconvénient est que

les versements des membres participants, transmis
à la Caisse nationale des retraites, ne jouissent que
du taux d'intérêt de 3 1/2 p. 100, au lieu de celui
de 4 1/2 réservé par la loi du 1ᵉʳ avril 1898 aux versements des sociétés de secours mutuels à la Caisse
des dépôts et consignations.

La période d'application de la loi du 1ᵉʳ avril 1898
a été lente à s'ouvrir, par suite des difficultés et
obscurités d'interprétation de certains de ses articles
et du défaut de règlements et statuts-modèles longtemps attendus (1). Cependant quelques syndicats
agricoles ont pris les devants : le Syndicat général
des comices et syndicats agricoles de la Charente-
Inférieure (2), le Syndicat des agriculteurs du Loiret,
le Syndicat agricole libre de la Marne, le Syndicat
agricole de Marmande, le Syndicat agricole et horticole du canton de Cagnes (Alpes-Maritimes), le
Syndicat agricole de Lavaur et quelques autres
encore ont fondé des sociétés de secours mutuels
ayant pour objet principal ou unique la constitution de pensions de retraite. Ces sociétés ont généralement demandé et obtenu l'approbation du ministre de l'intérieur. La plus intéressante est celle
du Syndicat des agriculteurs du Loiret qui combine
le rôle de simple intermédiaire avec celui de caisse

(1) Les statuts-modèles, minutieusement élaborés par la *Ligue
nationale de la Prévoyance et de la Mutualité*, ont été adoptés par
le ministère de l'Intérieur.

(2) La caisse de retraites de ce syndicat fait état, parmi ses
ressources ordinaires, de la remise de 1 p. 100 consentie par les
fournisseurs sur les marchés d'engrais. Cette ressource a produit
plus de 3100 francs pour l'exercice 1898-99.

autonome : les cotisations des membres participants sont versées à la Caisse nationale des retraites, sur livrets individuels; mais, chaque année, une somme prélevée sur les ressources disponibles de la société est versée, à capital réservé, sur le livret individuel de chaque participant, en vue d'augmenter les pensions de retraite, et, de plus, il est institué un fonds commun de retraites, placé à la Caisse des dépôts et consignations, et destiné à constituer des pensions viagères, à capital réservé au profit de la société, dont l'attribution est faite par l'assemblée générale, dans la mesure des revenus disponibles de ce fonds commun. La société a recruté rapidement un assez grand nombre de membres participants, ainsi que quelques membres honoraires et bienfaiteurs : mais ses ressources paraissent bien minimes pour les opérations qu'elle entreprend et auxquelles s'ajoutent encore des secours annuels à accorder aux membres participants devenus infirmes avant l'âge de la retraite.

On constate actuellement, dans un très grand nombre de syndicats agricoles, les plus favorables dispositions à utiliser, pour l'organisation des retraites, les précieux avantages concédés à la mutualité par la loi du 1er avril 1898. Cette loi laisse aux sociétés de secours mutuels la liberté complète d'entreprendre les diverses opérations de prévoyance, de posséder et de gérer leur fortune ; elle accorde le taux de faveur de 4 1/2 p. 100 à leurs placements à la Caisse des dépôts et consignations ; enfin, et surtout, en les autorisant à se fédérer pour constituer, dans une région déterminée, des Unions de sociétés de secours mutuels (à l'imitation des Unions de syndicats professionnels), elle donne pratiquement le moyen de vivre aux petites sociétés locales dont le rôle normal est la distribution des secours de maladie, tandis que le service des pensions de retraite ou d'invalidité et toutes les opérations à long terme doivent être logiquement réservés aux groupements nombreux et hétérogènes, afin que les effets du hasard ne viennent pas modifier gravement les prévisions de la statistique.

L'Union centrale et les Unions régionales de syndicats agricoles ont pris à cœur de provoquer et faciliter une large organisation de la prévoyance et de la mutualité faite par les syndicats au moyen des sociétés de secours mutuels, caisses de retraites, assurances en cas de vie, décès et accidents, et en utilisant, s'il y a lieu, les services de la Caisse nationale des retraites et des Caisses nationales d'assurances.

Beaucoup de sociétés, outre celles déjà mentionnées ci-dessus, sont en voie de formation, notamment par les soins du Syndicat agricole Vauclusien, à Avignon, du Syndicat des agriculteurs de l'Indre, du Syndicat des agriculteurs du Cher, du Syndicat des agriculteurs de la Vendée, du Syndicat agricole Ciotaden, à La Ciotat, etc.

La Coopérative agricole du Sud-Est a fondé, sous forme de caisse patronale, un compte de retraites pour ses employés et ceux des syndicats affiliés, au nombre actuel d'environ 200 ; ce compte a reçu une première dotation de 5 000 francs.

Le principal obstacle que rencontre une organisation efficace des retraites agricoles est l'impossibilité dans laquelle se trouvent les travailleurs ruraux de verser, comme membres participants des caisses de retraites, une cotisation suffisante pour leur assurer, lorsqu'ils auront atteint l'âge réglementaire, la quotité de la pension nécessaire à leurs besoins. C'est à accroître cette pension que les syndicats doivent tendre au moyen de contributions patronales. Une des ressources normales dont ils peuvent disposer à cet effet réside dans l'accumulation des cotisations syndicales, qui a permis à tant d'associations de se constituer un patrimoine d'une certaine importance : on ne saurait attribuer aux revenus de ce capital une destination meilleure. Les dons et legs à recueillir par les syndicats agricoles recevront aussi la même destination, lorsqu'ils n'auront pas d'affectation spéciale et, s'ils ont été peu nombreux jusqu'à ce jour, n'est-il pas permis d'espérer que, lorsque l'œuvre aura pris quelque ampleur et sera mieux connue, la bienfaisance privée, comme l'intention en a déjà été manifestée sur plusieurs points, voudra lui apporter son concours et faciliter ainsi l'organisation professionnelle des retraites ouvrières, accomplie par les efforts de l'association libre et sans l'intervention de l'État.

Les diverses opérations entreprises par les syndicats leur permettent souvent, d'ailleurs, de se créer quelques ressources qui sont loin d'être négligeables. Ainsi les pépinières exploitées par le Syndicat cantonal de Belleville-sur-Saône en vue de faciliter la reconstitution du vignoble n'ont pas seulement rendu aux syndiqués le service de leur fournir, à prix très modérés, une parfaite sélection de porte-greffes; elles ont encore été pour le syndicat une source de revenus qui, en dix années, se sont élevés à près de 10 000 francs et ont, pour la plus forte part, contribué à enrichir sa caisse d'aide mutuelle aujourd'hui pourvue d'une dotation de 15 000 francs. Les sociétés coopératives fondées par les syndicats peuvent enfin, nous l'avons déjà observé, devenir pour ceux-ci une source de profits dont bénéficierait la mutualité. La Coopérative agricole du Sud-Est en fournit un exemple frappant. Créée en 1893, cette société avait, à la fin de 1899, réparti, comme trop perçus, aux syndicats qui lui sont affiliés une somme totale supérieure à 161 000 francs. Cette répartition est acquise aux syndicats eux-mêmes, membres souscripteurs de la Coopérative, et n'est pas destinée à être distribuée entre leurs adhérents. Ce sont des fonds économisés par le seul jeu de l'association : on ne saurait leur trouver un meilleur emploi que de les affecter à l'organisation de l'assistance et de la prévoyance dans les syndicats, de façon à les faire profiter aux plus humbles de leurs membres. Ainsi pratiquée, et elle peut l'être facilement partout, grâce à l'énergique impulsion donnée par les Unions régionales, la coopération agricole fournirait un puissant appoint au fonctionnement des caisses de retraites, et les contributions patronales des syndicats pourraient arriver à doubler peut-être les versements annuels des membres participants de ces caisses, ce qui paraît l'idéal à atteindre.

Avant même que la loi du 1er avril 1898 eût offert tant de facilités nouvelles à l'organisation des retraites ouvrières, l'idée d'utiliser à cet effet le groupement des syndicats agricoles et la puissante solidarité qu'ils ont créée entre leurs membres s'était propagée, par suite d'une bienfaisante impulsion qu'il convient de rappeler.

En 1897, M. le comte de Chambrun, fondateur du Musée social, épris de l'organisation des syndicats agricoles, qu'il considérait comme « le chef-d'œuvre de la sociologie », et convaincu de l'influence efficace qu'ils pouvaient exercer sur l'amélioration du sort des travailleurs ruraux, avait institué un grand concours de récompenses entre tous les syndicats agricoles de France, suivant en cela l'exemple d'un concours officiel ouvert par le gouvernement italien entre les syndicats agricoles du royaume. Ce concours, auquel M. de Chambrun affecta 25 000 francs de prix en argent, ainsi que de nombreuses médailles d'argent et de bronze, réunit 153 syndicats concurrents, sur 1676 dont l'existence était alors connue et qui furent invités à y participer.

Conformément aux vues du donateur, la chambre syndicale de l'Union centrale des syndicats des agriculteurs de France, fonctionnant comme jury du concours, s'attacha surtout à récompenser le mérite des syndicats qui s'étaient distingués par leurs initiatives en matière d'institutions sociales.

Soixante-quinze syndicats agricoles obtinrent des prix et médailles qui leur furent décernés dans une séance solennelle tenue, au Musée social, le 31 octobre 1897 (1). Mais, selon la pensée de M. le comte de Chambrun, ce concours devait en préparer un autre. Dans l'ensemble des institutions de coopération, de mutualité et de solidarité sociale qu'il envisageait comme le programme d'action des syndicats agricoles, il voyait un point à mettre en relief particulier : c'est que le couronnement de l'œuvre des syndicats, le devoir qui leur est imposé par leur succès, est de pourvoir à l'assistance de la vieillesse, de l'infirmité et de la maladie par l'efficace organisation de sociétés de secours mutuels et de retraites. Pour la solution de ce problème qui intéresse, à un si haut degré, la consolidation de la paix sociale, il avait plus de confiance dans les ressources presque inépuisables de l'initiative privée, s'exerçant par les associations libres, que dans l'intervention de l'État.

Un nouveau concours fut donc organisé, le concours des vieux travailleurs agricoles, et les soixante-quinze syndicats récompensés en 1897, élite reconnue, furent, en 1898, investis du privilège de désigner, parmi les vieux travailleurs ruraux de leur circonscription, des candidats pour

____

(1) *Le Concours entre les syndicats agricoles au Musée social.* Paris, Calmann-Lévy, 1897, brochure in-4°.

l'attribution d'un certain nombre de rentes viagères à créer par M. le comte de Chambrun. La chambre syndicale de l'Union centrale fut encore appelée à juger ce concours et elle eut la délicate mission d'apprécier les titres de cent soixante-cinq candidats présentés, « tous recommandables par de longs services, une vie irréprochable et le consciencieux accomplissement de leurs devoirs professionnels », comme le proclamait son rapporteur, M. Georges Maurin, qui s'est plu à mettre en lumière, dans le tableau qu'il a tracé de ces rudes existences si variées, la réconfortante unité des vertus champêtres trop ignorées (1). Le 20 octobre 1898, le concours fut clos par l'attribution de trente-cinq pensions viagères de 200 francs chacune, auxquelles la libéralité de M. de Chambrun ajouta des médailles d'argent et de bronze pour les candidats classés aux deuxième et troisième rangs.

La portée de ce concours fut considérable dans le monde syndical agricole. En offrant à M. le comte de Chambrun les remerciements des syndicats agricoles, le vice-président de l'Union centrale, M. Senart, président honoraire à la Cour d'appel de Paris, proclamait, à bon droit, que ces rentes viagères, créées au profit de vieux travailleurs de l'agriculture, étaient « une semence jetée à travers la France », et qu'il appartiendrait aux associations rurales, s'inspirant d'un si noble exemple, de la faire germer et fructifier pour la consolidation de la paix sociale.

(1) *Le Musée social, Les lauréats du travail agricole*. Paris, Calmann-Lévy, 1898, brochure in-4º.

Quelques semaines plus tard, c'était devant la tombe du fondateur du Musée social que M. le marquis de Vogüé, président de la Société des agriculteurs de France, lui apportant l'hommage des agriculteurs et des syndicats agricoles, disait, à son tour :

« Certes, en faisant cette magnifique libéralité, M. de Chambrun ne croyait pas résoudre tout le problème social, mais il donnait un grand exemple : il indiquait à l'activité des syndicats, à la sollicitude prévoyante des agriculteurs, le but suprême vers lequel doivent tendre leurs efforts, la constitution des retraites pour les ouvriers des champs. »

La pensée de M. le comte de Chambrun fut donc comprise et son enseignement fut suivi : car le concours des vieux travailleurs agricoles devint le point de départ d'un important mouvement des associations rurales en faveur de l'organisation des mutualités. Tout d'abord, plusieurs des syndicats ayant présenté un candidat classé comme titulaire d'une rente viagère de 200 francs, ont voulu s'associer à la libéralité du fondateur du concours en convertissant, à leurs frais, cette rente viagère en rente de pareille somme à capital réservé, de telle sorte qu'après le décès du premier bénéficiaire, le syndicat pût en désigner un autre, et ainsi de suite. C'est ce qu'ont fait les syndicats de Belleville-sur-Saône, du Haut-Beaujolais, de Villefranche et Anse, de Die, etc., prélevant sur leurs disponibilités les fonds nécessaires pour transformer la rente viagère en fondation perpétuelle reposant sur la personnalité civile du syndicat lui-même. Quelques autres syndicats, qui avaient ouvert une souscription à cet effet et n'avaient pu recueillir la somme suffisante, ont créé des rentes de moindre importance, soit de 50 ou de 100 francs.

Enfin cette prévision s'est pleinement réalisée qu'une libéralité faite à une institution en provoque d'autres. Lorsqu'on vit les syndicats assurer des pensions viagères à de vieux ouvriers agricoles, des personnes bienfaisantes conçurent la salutaire pensée de les aider par des dons ou legs à organiser l'assistance rurale. Il en est résulté que beaucoup des syndicats qui ont bénéficié, en la personne de leurs candidats, des rentes viagères créées par M. le comte de Chambrun ont pu à cette fondation principale en annexer plusieurs autres : l'ensemble des pensions et secours qu'ils assurent ainsi aux vieux travailleurs agricoles constitue déjà un germe d'organisation de l'assistance et prépare le terrain pour l'établissement de caisses de retraites basées sur la mutualité et la prévoyance des membres participants. Le Syndicat agricole des cantons de Villefranche et d'Anse, par exemple, a réussi à fonder dix-huit pensions viagères de 50 francs, accessoirement à sa rente de 200 francs rendue perpétuelle. Chacun des autres syndicats du Beaujolais a aussi constitué plusieurs rentes viagères ; le Syndicat agricole de Meaux sert cinq rentes viagères de 50 francs, au moyen de dons spéciaux qu'il a reçus pour cet objet.

« Notre société, disait M. Jules Bénard, président

du syndicat, en annonçant ces libéralités à l'assemblée générale, a le devoir d'en provoquer d'analogues et de favoriser dans nos communes la constitution d'associations mutuelles entre patrons et ouvriers, afin d'aider ceux-ci à se créer des rentes modestes pour leurs vieux jours. C'est par ce moyen, bien mieux que par l'État seul, que nous pourrons résoudre la question d'assistance des vieillards. L'hospitalisation par l'État coûte cher, de 1 000 à 1 200 francs par personne : avec une pareille somme, on pourrait créer cinq ou six rentes viagères en faveur des vieux ouvriers. Outre la question économique, il y a là une question morale et sociale que l'on néglige trop. Ces pauvres vieux sont accoutumés à voir le clocher de leur village. Ils tiennent à cette terre qu'ils ont arrosée de leur sueur. Il faut tout faire pour conserver les liens de la famille qui sont déjà trop relâchés. »

Les syndicats agricoles de Châlon-sur-Saône, de Saint Pierre-de-Mézoargues (Bouches-du-Rhône), le Syndicat des agriculteurs des Basses-Pyrénées, le Syndicat des agriculteurs de la Manche, etc., sont entrés dans la même voie et allouent des pensions ou des secours renouvelables aux vétérans du travail agricole. D'autres, tels que ceux de Cadillac, Lunéville, etc., se sont spécialement préoccupés des besoins de l'enfance en subventionnant des orphelinats agricoles ou en y entretenant des boursiers.

Mais il est généralement admis, dans les syndicats agricoles, que l'assistance n'est qu'une étape vers l'organisation de la prévoyance. dont seule la puissance est proportionnée à la grandeur de l'œuvre à accomplir. La région du Sud-Est, qui marche toujours à l'avant-garde du mouvement syndical agricole, est sur le point de donner l'exemple. Des caisses communales de retraites seraient créées par les syndicats et subventionnées par eux, en vue d'une majoration importante des droits de chaque membre participant lors de la liquidation de sa pension de retraite : cette organisation nouvelle, rapprochée de celle du crédit agricole et de l'assurance contre la mortalité du bétail, compléterait heureusement l'action exercée par les syndicats pour implanter dans les campagnes les bienfaisantes institutions qui reposent sur le principe de la mutualité.

CHAPITRE XV

Pour achever d'exposer les services que les syndicats agricoles rendent aux populations rurales, il nous reste à en mentionner quelques-uns qui ont encore leur importance et qui suivent en quelque sorte les membres de l'association professionnelle dans les circonstances diverses où l'intervention de celle-ci peut leur être utile. Ces services dérivent, en général, du patronage que le syndicat exerce sur ses adhérents, et à leur profit, patronage dont nul ne songe à se sentir humilié ; car il n'est qu'un des modes de l'action collective s'inspirant de la grande maxime : « Un pour tous, tous pour un ».

Chercher à fournir du travail aux ouvriers qui en manquent, c'est assurément une fonction naturelle des syndicats agricoles. Par là ils peuvent rendre l'assistance inutile et combattre efficacement la misère. La loi du 21 mars 1884 a, d'ailleurs, invité spécialement les syndicats professionnels à « créer et administrer des offices de renseignements pour les offres et les demandes de travail » ; elle les a exemptés des prescriptions légales qui régissent les bureaux de placement. Les syndicats agricoles sont en excellente situation pour procurer des emplois aux ouvriers des champs et aux divers auxiliaires de la culture : ils ont généralement compris que ce genre d'intervention est très apte à favoriser leur recrutement dans la population ouvrière et à leur donner de plus en plus le caractère de syndicat mixte qu'ils souhaitent de posséder réellement. Beaucoup d'entre eux ont donc ouvert des offices de placement gratuit, ils tiennent des registres pour l'inscription des offres et des demandes d'emploi, qui sont publiées dans leurs bulletins périodiques, sous la rubrique *Tribune du travail*. Cette excellente pratique est suivie par une foule de syndicats, notamment par les syndicats de l'Union du Sud-Est, le Syndicat des agriculteurs du Loiret, le Syndicat agricole du Calvados, le Syndicat agricole de Cadillac, le Syndicat agricole Vauclusien, etc. A Paris, l'Association professionnelle de Saint-Fiacre, syndicat d'horticulteurs et de jardiniers, a depuis longtemps établi, nous l'avons déjà noté, pour l'usage de ses membres, un bureau de placement gratuit qui, chaque année, place plusieurs centaines de jardiniers et garçons jardiniers chez des propriétaires ou chez des horticulteurs. D'autres syndicats agricoles ou horticoles ont suivi cet exemple.

Non moins efficace, non moins conforme au rôle de l'association professionnelle, est l'initiative, prise par de nombreux syndicats, d'organiser des commissions de conciliation ou d'arbitrage chargées

de résoudre les litiges survenus entre leurs adhérents, de prévenir les procès ou de les régler par
voie d'arbitres. En empêchant le plus possible ses
membres de recourir aux tribunaux pour le règlement de leurs différends, le syndicat leur épargne
des frais inutiles et surtout il maintient entre eux
la concorde et les bons rapports qui sont la base
du groupement des cultivateurs. Cette intervention
bienveillante et équitable du syndicat est ordinairement accueillie avec faveur : elle est bien l'application de ce patronage professionnel qu'il exerce
sur tous ses adhérents dans leur commun intérêt.
N'existant que par eux et pour eux, le syndicat
leur doit tous ses services et c'est surtout en matière contentieuse qu'il peut efficacement les aider
de ses lumières et de son impartialité : on rencontre
encore là une forme spéciale de l'assistance mutuelle, et elle est de haute portée ; car elle tend à
garantir la paix des campagnes par l'observation
des devoirs de la confraternité syndicale.

Dans certains syndicats, les statuts rendent l'arbitrage obligatoire entre les sociétaires pour les différends relatifs aux intérêts agricoles ; le refus de l'un
d'eux d'accepter la décision rendue et de l'exécuter
volontairement peut le faire exclure du syndicat.
Des règlements spéciaux, adoptés par les syndicats,
fixent la procédure à suivre devant les commissions
de conciliation et d'arbitrage qu'ils ont instituées ;
celui du Syndicat agricole de Cadillac est particulièrement explicite. Le plus souvent l'intervention
des syndicats dans les différends qui s'élèvent entre

leurs membres constitue simplement un préliminaire de conciliation auquel il est obligatoire de recourir; mais son effet ne lie pas les parties et ne les empêche pas de s'adresser ensuite aux tribunaux.

L'organisation de ce service varie beaucoup selon l'importance des syndicats. Parfois c'est au bureau ou même au président seul qu'est dévolue, d'après les statuts, la mission de concilier les différends, ailleurs c'est à la chambre syndicale.

Dans la plupart des syndicats qui ont sérieusement organisé ce service, il existe un comité permanent composé d'anciens magistrats, avocats, notaires, vétérinaires, etc., ayant compétence reconnue pour apprécier les différends qui peuvent naître au sujet des intérêts agricoles. Les syndicats de l'Union beaujolaise ont constitué chacun un tribunal arbitral composé de cinq membres, mais son intervention n'a rien d'obligatoire pour les syndiqués. Ses services gratuits peuvent être réclamés, dans les questions professionnelles seulement, soit à titre consultatif comme avis, soit à titre définitif comme jugement. Dans ce dernier cas, les parties sont tenues de s'engager préalablement, par une déclaration inscrite sur un registre spécial avec leur signature, à accepter le jugement à intervenir. En fait, il s'agit là d'un simple compromis, réalisé dans les conditions prévues par les articles 1003 et suivants du code de procédure civile. Les parties peuvent même donner aux arbitres des pouvoirs plus étendus en les autorisant à se prononcer comme amiables compositeurs. Dans le Syndicat agricole de Belleville-sur-Saône, le tribunal arbitral n'a pas eu à se réunir depuis plusieurs années ; mais son président reçoit de fréquentes demandes de consultations juridiques au sujet de différends survenus entre propriétaires et vignerons ou fermiers : les parties tiennent généralement son avis personnel pour suffisant et renoncent à réclamer la décision formelle du tribunal arbitral. Il en est ainsi très fréquemment dans les autres syndicats, et de ce que les comités spéciaux qu'ils ont institués fonctionnent rarement peut-être d'une façon régulière, il ne faudrait pas conclure que les syndiqués n'utilisent pas le service de conciliation organisé pour eux. Il importe peu que l'avis leur soit donné par une ou plusieurs personnes déléguées à cet effet, si la confiance qu'il leur inspire provient de ce fait qu'il leur est donné au nom de leur syndicat.

Les comités de conciliation créés par les syndicats agricoles pour réduire le nombre des procès et maintenir la bonne entente entre leurs adhérents ont d'ailleurs une autre utilité qui n'est pas contestable : ils sont, en même temps, des comités de contentieux qui, en l'absence de tout litige, se mettent à la disposition des syndiqués pour leur fournir gratuitement des avis au sujet de leurs droits et intérêts. Ils les éclairent et les conseillent dans les difficultés que fait naître l'exercice de la profession agricole, les aident à se défendre, le cas échéant, contre la mauvaise foi rencontrée dans les transactions, contre les prétentions abusives des administrations fiscales, des compagnies de transport, etc. : ce sont, en un mot, de véritables « secrétariats du peuple » à l'usage des paysans, pratiquant une forme de soutien professionnel bien précieuse puisqu'elle supplée à leur ignorance.

Les syndicats agricoles peuvent encore recueillir et unifier les usages locaux agricoles de leur circonscription, souvent mal fixés, comme l'a fait le Syndicat agricole de l'arrondissement de Pont-Audemer en ouvrant, sur les usages suivis dans les relations entre fermiers entrants et fermiers sortants, une enquête dont les points douteux furent discutés en assemblée générale et ainsi définitivement fixés. Leur compétence à cet égard est reconnue par la loi du 21 mars 1884, qui autorise les corps judiciaires à prendre l'avis des syndicats professionnels sur tous les différends et toutes les questions se rattachant à leur spécialité, au lieu d'avoir recours à des arbitres et experts salariés, ces avis devant être tenus à la disposition des parties, dans les affaires contentieuses.

Les syndicats agricoles ont eu, maintes fois, à défendre les intérêts de leurs adhérents, soit en intentant des procès au nom de la collectivité, soit en résistant à certaines entreprises des municipalités ou administrations diverses, soit de toute autre façon. La défense collective est une attribution essentielle des syndicats professionnels. Toutefois, devant les tribunaux, la jurisprudence semble limiter le droit d'intervention des syndicats aux questions qui touchent les intérêts généraux de la profession ou, du moins, les intérêts communs et collectifs en vue desquels le syndicat s'est formé; elle ne leur reconnaît pas qualité pour ester en justice au nom de l'ensemble des intérêts particuliers de leurs adhérents (1). En bien des circonstances importantes, les syndicats agricoles ont eu gain de cause devant les administrations. La municipalité d'Orléans ayant, par une réglementation abusive des droits de place sur le marché de cette ville, lésé les droits des cultivateurs qui le fréquentaient, le Syndicat des agriculteurs du Loiret obtint en 1892 un arrêt du conseil d'État qui condamna la municipalité à rétablir l'ancien état de choses. Le Syndicat départemental agricole et horticole d'Ille-et-Vilaine a défendu efficacement les agriculteurs contre plusieurs municipalités qui avaient tenté d'assujettir à diverses taxes les cultivateurs venant vendre leurs produits sur les foires ou marchés; il a fait condamner en justice de paix deux maires qui avaient cru pouvoir maintenir la perception des taxes, malgré la résistance des cultivateurs. Le Syndicat agricole de l'arrondissement de Marmande a fait plus encore. En 1896, la municipalité de Marmande ayant voulu soumettre les bestiaux amenés sur le champ de foire à une

____

(1) La jurisprudence ne paraît pas encore bien fixée sur ce point délicat, si on s'en rapporte à l'arrêt du 4 juin 1897, par lequel la cour de Bordeaux a dénié à l'Association syndicale des viticulteurs-propriétaires de la Gironde le droit de poursuivre la répression de fraudes commises dans le commerce des vins.

taxe jugée inique par les éleveurs, le syndicat, présidé par M. Charles Lefèvre, organisa la résistance. Les éleveurs se mirent en grève et cessèrent d'approvisionner le marché de Marmande, si bien que la municipalité se vit contrainte de céder. Le même syndicat avait, en 1894, défendu efficacement l'intérêt des éleveurs de l'arrondissement, en transigeant avec les vétérinaires syndiqués au sujet de relèvements exagérés qu'ils avaient introduits dans le tarif de leurs honoraires.

Ce n'est pas seulement dans les conflits qui peuvent survenir entre les agriculteurs et les administrations locales que le syndicat intervient comme agent de protection et de défense lorsqu'il estime que les droits de ses adhérents se trouvent lésés; il joue le même rôle auprès des parquets, des administrations fiscales, des entreprises de transport, etc., et son action est, au besoin, soutenue et fortifiée par celle des Unions régionales et de l'Union centrale, de telle sorte qu'un puissant patronage collectif couvre réellement les agriculteurs syndiqués. La certitude de ne jamais manquer de conseil ni d'appui, dans les circonstances diverses où leur utilité se fait sentir, a beaucoup contribué à étendre le recrutement des syndicats agricoles dans la catégorie des petits cultivateurs auxquels ce service est particulièrement précieux ; car il les touche de plus près que l'action exercée, pour la défense des intérêts généraux agricoles, par voie de revendications, pétitions, vœux, démarches auprès des pouvoirs publics, etc.

Le patronage des syndicats agricoles se présente encore sous un autre aspect : ils font œuvre d'éducation, d'émancipation et de rapprochement des classes. Dans les assemblées générales, et plus encore dans les réunions des groupes locaux, qui peuvent être fréquentes et ont moins de solennité, les membres du syndicat apprennent à discuter leurs intérêts économiques et à se former une opinion réfléchie sur la direction des affaires publiques dans ses rapports avec les besoins de leur profession. La conduite même des affaires du syndicat, la part plus ou moins grande que quelques membres prennent à sa gestion, constitue pour eux un utile apprentissage. Chacun doit, d'ailleurs, apporter à l'association professionnelle sa bonne volonté, son effort personnel, et cette collaboration dévouée de tous à l'œuvre commune relève les plus humbles et les plus ignorants. Mais les réunions syndicales n'ont pas seulement pour objet d'initier les agriculteurs à leurs propres affaires et aussi, quelque peu, aux affaires publiques ; elles doivent resserrer entre eux le lien de la solidarité professionnelle, les amener à mieux se connaître et s'apprécier. L'un des apôtres les plus zélés de la propagation des syndicats agricoles dans la région du Sud-Est, M. H. de Gailhard-Bancel l'a dit avec raison :

« Depuis que riches et pauvres, grands et petits propriétaires, fermiers, métayers, ouvriers se sont rencontrés dans les syndicats, bien des préjugés ont disparu, bien des envies se sont éteintes, bien des amitiés se sont formées entre gens qui se connaissaient à peine autrefois, et qui n'avaient que peu ou point de sympathie les uns pour les autres, lorsqu'ils ne se jalousaient ou même ne se détestaient pas (1). »

C'est dans les fêtes et réjouissances, organisées par l'association, que l'enthousiasme commun pour l'idée syndicale rapproche les esprits et harmonise les cœurs ; c'est dans les entretiens familiers, les banquets, les repas, que la confiance s'établit et que les barrières s'abaissent. Aussi les promoteurs des syndicats agricoles n'ont pas négligé cette partie du programme de leurs associations.

Dans la plupart des syndicats, l'assemblée générale annuelle est suivie d'un banquet par souscription, et ces banquets, naturellement agrémentés de toasts chaleureux, de discours et même de chansons ayant pour objet de célébrer la vie des champs et l'association rurale, sont très fréquentés. On y boit à la Patrie et on y boit aussi au Paysan de France, dont le rude labeur et l'obscur dévouement font la patrie grande et forte. Quand le président possède le prestige d'un dévouement notoire et d'une parole entraînante, l'atmosphère de ces réunions est réellement saturée de concorde, d'enthousiasme et de foi dans les promesses du syndicat agricole. Les banquets annuels des syndicats de Belleville, Chalon-sur-Saône, etc., groupent aisément 400, 500, et même 600 convives. L'empressement est moindre

____

(1) *Petit Manuel pratique des syndicats agricoles.*

proportionnellement dans les syndicats de vaste circonscription que dans les petits, où ces réunions prennent un aspect de fête de famille. La petite Union beaujolaise, qui a pour circonscription la moitié d'un arrondissement, a célébré, en 1898, le dixième anniversaire de sa fondation par un banquet de 1 200 convives et un défilé de plus de 2 000 syndiqués dans les rues de Villefranche. Un banquet peu banal, le « banquet de la millième vache », a été organisé, à Blacé (Rhône), par le syndicat de Villefranche, pour fêter la millième inscription de bête bovine aux comptes de prévoyance institués par ce syndicat. Comme le chiffre actuel des inscriptions a déjà atteint 1 700, le « banquet de la deux-millième vache » ne se fera pas attendre.

Plusieurs syndicats du Sud-Est et de la Provence, l'Association professionnelle de Saint-Fiacre, à Paris, etc. possèdent des bannières, des insignes, qui manifestent d'une façon extérieure l'existence des associations et le sentiment confraternel régnant entre leurs membres. Souvent aussi une devise est adoptée et sert de ralliement dans une commune foi et dans un commun enthousiasme. De nombreux syndicats ont pris pour devise la saisissante formule donnée par M. Kergall : « l'Union pour la Vie ! » ; les syndicats affiliés à l'Œuvre des cercles catholiques inscrivent sur leurs bannières : « *Cruce et aratro* » (1) ; plusieurs syndicats de l'Union du

____

(1) Le Syndicat des agriculteurs de la Manche a pour devises : « *Aimons-nous les uns les autres* » et « *l'Union fait la force* ».

Sud-Est ne veulent pas d'autre devise que celle dont se pare la couverture illustrée de l'*Almanach des Syndicats agricoles* : « Le sol, c'est la Patrie »; quelques syndicats ont emprunté leur devise à l'histoire locale ; tels le Syndicat des agriculteurs du Loiret avec la devise de Jeanne d'Arc : « Vive labeur ! », le Syndicat agricole et viticole du Haut-Beaujolais avec la fière devise des sires de Beaujeu : « A tout venant, beau jeu », etc. Enfin bien des syndicats ont popularisé dans les campagnes la formule de la coopération : « Un pour tous, tous pour un », ou encore cette définition du capital et du travail, si propre à engendrer la paix sociale : « La propriété d'aujourd'hui, c'est le travail d'hier ; le travail d'aujourd'hui, c'est la propriété de demain. »

Les syndicats agricoles organisent des fêtes de bienfaisance, des cavalcades et même, qui le croirait? des concerts et représentations théâtrales. Beaucoup d'entre eux fêtent avec une grande solennité le patron de leur corporation, saint Vincent pour les vignerons, saint Fiacre pour les jardiniers, saint Isidore ou saint Éloi pour les laboureurs, etc. L'élément religieux n'est pas exclu de ces réjouissances, du moins dans un certain nombre de syndicats. Les syndiqués, portant leur insigne à la boutonnière, se rendent, bannière et musique en tête, à l'église paroissiale où une messe est célébrée pour le syndicat et ses membres défunts. Dans l'Association professionnelle de Saint-Fiacre, on a rétabli, à cette occasion, une vieille coutume empruntée à l'histoire des Corporations de métiers:

l'Association présente, à l'offrande, le *Chef-d'œuvre corporatif*, travail délicat de l'art floral exécuté par les jardiniers de Paris ou de la banlieue. La fête patronale se continue par un banquet et des divertissements variés qui s'inspirent des goûts et des mœurs des cultivateurs selon les localités. C'est ainsi qu'au pays des félibres, on voit des syndicats, tels que ceux de Crest et d'Allex (Drôme), organiser des représentations de pièces populaires écrites en dialecte local et interprétées par une troupe d'amateurs recrutés dans le syndicat. Une comédie lyrique du félibre dauphinois Gacian Almoric, *Lou Nouananto Nou* (Le 99), composée spécialement pour les syndicats agricoles, a obtenu un vif succès en Dauphiné et elle est considérée par des juges compétents comme un petit chef-d'œuvre de sentiment et de bonhomie. La chanson sert aussi à populariser les mérites et les services des syndicats agricoles; le *Chant du Syndicat* est fréquemment entonné, à la fin des réunions des syndicats de la vallée du Rhône et de la Provence.

Ces réjouissances si saines font aimer l'association professionnelle agricole et contribuent à développer entre ses membres un sentiment de franche cordialité. Quant au soin que prennent les syndicats de maintenir en honneur les parlers locaux, ils estiment avec raison que ce moyen d'inspirer à la jeunesse l'amour du sol natal n'est pas sans valeur : ils font œuvre d'éducation en travaillant à défendre les traditions de la race et l'esprit de la famille rurale.

Mais les fêtes sont rares dans la vie des paysans et il importe de multiplier pour eux, en toute circonstance, la bienveillante intervention de l'association professionnelle. Plusieurs syndicats se sont préoccupés de réunir leurs adhérents, lorsqu'ils viennent au bourg ou à la ville les jours de marché, et de leur fournir la possibilité de prendre leur repas en commun, à peu de frais; tantôt ils organisent des repas à prix très modestes, tantôt ils ouvrent des salles qu'ils font chauffer pendant l'hiver, et mettent à la disposition de leurs adhérents les tables et la vaisselle nécessaires pour qu'ils puissent venir, avec leurs femmes, enfants ou domestiques, consommer leurs provisions à l'abri du froid et de la chaleur. Ce service est généralement très apprécié et il tend à resserrer le lien syndical entre les cultivateurs qui en bénéficient. Le Syndicat de Poligny l'a organisé avec un soin particulier; il possède même un matériel important qui peut être loué ou prêté aux sociétaires pour les mariages et autres circonstances dans lesquelles l'emploi leur en serait utile. A Poligny, les paysans qui font partie du syndicat prennent leur repas, les jours de foire, dans l'immeuble de celui-ci, qui est l'ancien hôtel de la famille princière de Beauffremont. Ce dîner mensuel, qui réunit ordinairement 120 à 125 convives, revient à 1 fr. 35; il coûterait 2 francs dans les auberges de la ville. Le même usage, très apprécié, existe dans toutes les sections cantonales du syndicat. Le repas est quelquefois précédé d'une conférence.

Quelques syndicats ont installé des buvettes, où leurs adhérents trouvent, à prix modéré, des consommations de bonne qualité, et qui leur servent de centre de réunion; lorsque ces buvettes ne reçoivent pas de personnes étrangères à l'association, elles ne sont soumises ni à la patente, ni aux droits fiscaux sur les boissons. Ce sont, en quelque sorte, des cercles agricoles que les syndicats ouvrent à leurs membres, afin qu'ils puissent se rencontrer plus facilement, s'entretenir de leurs intérêts communs et de leurs affaires privées, se consulter sur les tendances du marché, la direction à donner à leurs cultures, etc. Ce local est souvent annexé au bureau du syndicat, qui y fait afficher les avis et renseignements divers, utiles à porter à la connaissance des syndiqués. On y trouve généralement quelques publications agricoles, des bulletins envoyés, à titre d'échange, par d'autres associations, les catalogues et prix courants des principaux fournisseurs, etc.

L'installation d'un syndicat agricole, pourvu de quelques ressources, comporte un bureau affecté à l'agent ou secrétaire chargé de la gestion, une salle de réunion pour le conseil ou la chambre syndicale, une bibliothèque et des magasins, parfois aussi un cercle-buvette. Le plus souvent, le siège social est établi dans un immeuble pris en location. Mais il n'est pas indifférent à la prospérité d'un syndicat agricole, à son influence sur ses adhérents et même au dehors, enfin au progrès de l'esprit de solidarité professionnelle, qu'il devienne propriétaire de son siège social, comme l'y autorise la loi de 1884. La personnalité collective de l'association s'affirme et se révèle ainsi plus précise, plus apparente : chacun sent mieux ce qu'il lui doit et aussi ce qu'il peut attendre d'elle. La maison du syndicat, c'est bien réellement la « maison du peuple », la « maison des paysans » : leur amour inné de la propriété trouve une certaine satisfaction dans la propriété acquise à leur groupement.

Quelques syndicats agricoles sont propriétaires de leur siège social : ils ont acheté ou fait construire la maison qu'ils occupent. Tels sont les syndicats de Lunéville, de Villefranche (Rhône), du Collet-de-Dèze (Lozère), de Crest (Drôme), de Cadillac (Gironde), de Béligneux (Ain), le Syndicat agricole Vauclusien, à Avignon, etc. (1). Le Syndicat de Béligneux, modeste syndicat communal, a lui-même été l'architecte et l'entrepreneur de sa maison : ce sont les syndiqués qui l'ont édifiée par des prestations volontaires, dans un élan d'enthousiasme et de dévouement au progrès de leur association. Le très important immeuble occupé, à Orléans, par le Syndicat des agriculteurs du Loiret appartient à une société immobilière constituée entre un certain nombre de ses membres.

Il est à souhaiter que ces exemples se multiplient. Le syndicat agricole propriétaire sera plus fort, plus considéré, pour exercer le patronage

_____

(1) L'installation immobilière et mobilière du Syndicat de Lunéville est évaluée à plus de 112 000 francs, celle du Syndicat Vauclusien, à 74 500 francs.

bienfaisant que ses adhérents lui reconnaissent si volontiers et qu'il a tant d'occasions diverses d'étendre sur le peuple des campagnes.

Sans doute, quand on étudie de près la nature du patronage syndical, il arrivera souvent (qui peut le juger mauvais ?) que le prestige de l'association, l'autorité morale de ses conseils, se confondra quelque peu avec l'influence personnelle dont jouit son président, son fondateur. Celui-ci trouve dans une telle identification la récompense de son dévouement prodigué au syndicat et s'estime heureux de voir la confiance populaire s'attacher aux institutions qui demeurent, non moins qu'aux hommes qui passent. Il s'applaudit d'avoir fourni un guide et un appui aux fils les plus déshérités de la grande famille rurale, d'avoir fait luire à leurs yeux une étoile, selon la touchante parole de ce jeune paysan dauphinois qui disait à M. de Gailhard-Bancel : « Nous aimons à le voir, votre château, c'est notre Étoile ! »

Hélas ! le château du grand propriétaire foncier n'est pas toujours l'étoile du paysan : mais c'est bien la destinée du syndicat agricole d'être cette étoile qui sans cesse illumine son horizon.

CONCLUSION

Nous venons de parcourir le cycle des fonctions
si variées, remplies par les syndicats agricoles. Ce
programme en voie d'exécution, et dont les applications partielles, conduites avec la prudence indispensable à toute œuvre durable, se font chaque
jour plus importantes, ne confirme-t-il pas le caractère de l'association professionnelle agricole, tel
que nous avons cherché à le déterminer au début
de cette étude ?

Les multiples services organisés par les syndicats
agricoles, dans l'ordre matériel, comme dans l'ordre
supérieur des améliorations économiques et sociales, nous ont montré le parti qu'une association
d'essence corporative peut tirer des ressources de
la coopération et de la mutualité.

Ce simple exposé, basé sur des faits précis, nous
paraît de nature à faire justice de certains préjugés,
de certaines imputations malveillantes dont les
syndicats agricoles ont été parfois l'objet.

On a tenté de discréditer le mouvement syndical
agricole en le représentant comme dirigé dans l'intérêt de la grande propriété rurale. Si l'on en croyait
quelques détracteurs des syndicats agricoles, ces
associations auraient été créées et seraient habile-

ment exploitées par les propriétaires pour la conservation et l'accroissement de leurs revenus fonciers, pour la sauvegarde de leur influence territoriale. S'ils poursuivent la défense des intérêts généraux de l'agriculture, ils sont accusés de chercher à accaparer les faveurs de l'État, de revendiquer des privilèges, au préjudice des autres catégories de citoyens; leur « politique agricole » a été assimilée à celle du parti agrarien allemand (1), de ce parti féodal qui lutte pour le maintien de sa situation prépondérante dans l'Empire. Les *agrariens français* auraient conçu l'audacieuse entreprise d'asservir la démocratie paysanne à l'hégémonie des possesseurs de grands domaines ; c'est un retour offensif de l'ancien régime qui menacerait la population des campagnes et se préparerait sous le couvert des syndicats agricoles.

« Recrutés dans une catégorie économique rétrograde, investie autrefois de la souveraineté conquise depuis par l'industrie, le commerce et la finance, les syndicats agricoles, a écrit M. Gustave Rouanet, constituent un retour offensif de la propriété terrienne. Ses possesseurs se sont coalisés, sur le terrain politique et économique, en vue de reconquérir leurs avantages sociaux perdus. Appuyés sur les masses rurales, qui ne sont pas encore sorties de l'indivision sociale (?) que les masses ouvrières ont brisée dans l'ordre industriel, les syndicats agricoles forment un parti politique

____

(1) Élie Coulet, *loc. cit*, p. 177.

puissant, dont l'action s'exerce depuis dix ans d'une façon continue sur les pouvoirs publics, et cette action n'est que le prélude d'une tentative de reconstitution politique et économique qui assurerait à la propriété foncière la prépondérance d'autrefois, si sa tentative était couronnée de succès (1). »

Ce tableau serait inquiétant, s'il n'était absolument fantaisiste. Le parti collectiviste n'ignore pas que le développement de l'association libre barre le chemin à sa propagande dans les campagnes : c'est pourquoi il peut lui convenir de chercher à faire passer le mouvement syndical agricole pour une coalition de grands propriétaires désireux de poursuivre la restauration de privilèges et avantages sociaux à jamais disparus.

L'organisation et le fonctionnement de nos syndicats ne donnent pas la moindre prise à de telles insinuations. Les grands propriétaires ne figurent dans le personnel des syndicats agricoles qu'à l'état d'exception et dans bien des régions on déplore, non sans raison, qu'ils négligent trop d'apporter à ces associations le concours de leur activité et de leur sympathie. M. Paul Deschanel a fourni, à cet égard, des chiffres bien significatifs devant la Chambre des députés, établissant que les grands propriétaires y représentent une moyenne de 5 p. 100. M. Le Trésor de la Rocque a, de son côté, démontré que, sur un effectif total d'environ

<hr>

(1) « Du danger et de l'avenir des syndicats agricoles » (*Revue socialiste*, février 1899).

850 000 agriculteurs syndiqués, on compte à peine
4 000 propriétaires possédant plus de 100 hectares
de terre. Dans un syndicat pris comme exemple,
au hasard, le Syndicat des agriculteurs des Basses-
Pyrénées, il en existe exactement 26 sur un total
de 5 500 membres. Entend-on que cette infime
minorité de détenteurs de grands domaines cher-
cherait à placer sous sa domination, pour des
visées économiques et politiques mal définies,
la masse entière des agriculteurs syndiqués et
qu'elle y aurait réussi? Ce serait vraiment faire
trop peu de cas du bon sens natif et de l'esprit
d'indépendance du paysan français : il a conquis son
émancipation et sait apprécier ses véritables intérêts. Le parti socialiste, qui, d'ailleurs, par la
plume de M. Jules Guesde (1), l'a parfois plus dure-
ment traité que l'avait fait La Bruyère, a appris, à
ses dépens, qu'il ne se laisse pas séduire par de
chimériques promesses.

Les syndicats agricoles ne représentent donc, en
aucune façon, une oligarchie de propriétaires ter-
riens, mais une large démocratie rurale dont les

(1) « A qui est-il permis d'ignorer, écrivait M. J. Guesde dans
la *Revue socialiste*, que les ruraux, les *pagani* ou païens d'autrefois, ont, toujours et partout, été les derniers souteneurs du passé
contre le présent et surtout contre l'avenir ! Impossible d'indiquer
un seul progrès, accompli dans quelque ordre que ce soit, qui
ne l'ait été contre la masse paysanne, qu'il a fallu, en quelque
sorte, violer pour l'amener à se laisser féconder. » Est-il permis
à M. Guesde d'ignorer, à son tour, que le mouvement des syndicats agricoles constitue un progrès énorme et qu'il s'est réalisé
par ces ruraux, ces paysans, dont il parle en termes si dédai-
gneux !

25.

moyens et petits propriétaires, les fermiers, métayers et les divers auxiliaires de la culture forment les éléments fondus dans l'unité du but exclusivement professionnel. Professionnel est leur objet et ils n'en ont pas d'autre. Ils ne constituent, à aucun degré, un parti politique, comme l'insinuent leurs adversaires : car il est impossible de considérer comme œuvre politique les revendications en faveur des intérêts généraux agricoles que la loi de 1884 leur a donné mandat spécial d'exercer, les assimilant purement ainsi aux autres grandes collectivités d'intérêts précédemment organisées dans l'État. Partout, dans l'action exercée par les syndicats agricoles, se rencontre le souci d'écarter le dissolvant de la politique et d'unir les hommes au nom des grandes idées et des sentiments communs qui les rapprochent. C'est pourquoi on voit souvent se grouper, dans les syndicats, des agriculteurs venus de tous les points de l'horizon politique. Ce principe fondamental est ainsi formulé par le Syndicat agricole et viticole de l'arrondissement de Chalon-sur-Saône, sur la couverture de son organe mensuel :

« Le syndicat est un terrain neutre, sans étiquette politique, sur lequel toutes les personnes soucieuses de l'avenir de l'agriculture française doivent se tendre loyalement la main, afin de travailler de concert à l'amélioration du sort des populations rurales. »

Il est universellement reconnu que les syndicats agricoles ne prospèrent qu'à la condition de garder soigneusement cette neutralité politique; si quelques-uns, et le nombre en est bien rare, ont pu manquer à cette loi, ils en sont morts généralement ou, du moins, ils y ont perdu tout crédit et toute influence.

Il faut donc bien se garder, si on veut porter un jugement exact sur l'œuvre des syndicats agricoles, de la diminuer en lui cherchant un but politique qui ne fut jamais le sien. L'économiste Baudrillart, qui n'a connu les syndicats agricoles qu'au début de leur prodigieux développement, considérait leur création comme « le fait économique le plus remarquable du siècle ». Le comte de Chambrun, qui les a vus plus forts et plus hardis dans leurs entreprises, et qui a tant contribué à les orienter dans la voie du progrès véritable, les appelait « le chef-d'œuvre de la sociologie »; il proclamait que « leur œuvre serait, dans notre pays, la meilleure et la première, au siècle prochain ». Ces penseurs ne s'y sont pas trompés et, si telle est l'institution, on ne doit pas chercher à amoindrir le mérite de ses initiateurs en présumant chez eux des vues égoïstes et personnelles. Sans doute ils n'ont pu prévoir, dès le début, toute la portée du rôle réservé à l'association professionnelle agricole ; mais ils ont très rapidement compris que cette institution, d'aspect purement économique, pouvait aisément devenir aussi une institution sociale et ils ont consacré leurs efforts à préparer cette féconde évolution : l'exposé que nous avons fait dans les chapitres qui précèdent le démontre avec évidence. Ils se sont ainsi rendu un compte exact des besoins de notre temps et de notre démocratie. Alors que, de toute part, s'impose aux anciennes classes dirigeantes et aux hommes politiques la noble préoccupation d'améliorer le sort de ceux qui travaillent et de ceux qui souffrent, ils se sont dit que le paysan français ne devait pas être oublié, ils ont fait de l'association professionnelle le levier de son relèvement et de son ascension à un état plus prospère. Et ce faisant, ils ont concouru pour une large part au progrès général de notre état social et se sont montrés de bons citoyens.

L'œuvre des syndicats agricoles est donc vraiment démocratique, et tout gouvernement avisé lui doit sa bienveillance et ses encouragements. Elle est dirigée tout entière dans l'intérêt des petits et des faibles, elle s'imprègne, de plus en plus, de mutualité et de solidarité sociale. Comme l'a fait justement remarquer M. Mabilleau (1), c'est « l'esprit des humbles » qui y prévaut, c'est leur cause que servent les chefs des syndicats, même lorsqu'ils appartiennent à cette catégorie des grands propriétaires fonciers qu'on a pu soupçonner de rechercher un moyen de ressaisir leur influence compromise par l'évolution politique du pays. Leur pensée a été plus noble ; ils ont vu un devoir social à remplir et la grandeur du but les a séduits : on ne saurait sans injustice leur en marchander l'honneur.

(1) *La Revue de Paris.* « Le mouvement agraire en France », *loc. cit.*

A quoi servent les syndicats agricoles, nous croyons l'avoir fait comprendre. Ils ont transformé les procédés de la culture, initié les plus modestes cultivateurs aux fécondes découvertes de la science et résolu le problème de mettre à la disposition de tous leurs membres les moyens d'action de la grande exploitation. Ils ont ainsi accru la production et l'ont rendue moins onéreuse. Ils ont relevé la condition des classes rurales, modifié profondément les mœurs et habitudes des cultivateurs qui, rompant avec le fatalisme né du sentiment de leur impuissance séculaire, ont commencé à s'intéresser à la marche des affaires publiques en ce qui concerne les besoins de leur profession. Enfin, et surtout, ils ont révélé aux habitants des campagnes les ressources, presque inépuisables, de la coopération et de la mutualité, les droits et les devoirs de la solidarité professionnelle : ils ont rapproché les diverses catégories du monde rural pour exercer une action combinée au profit d'intérêts collectifs, pour mettre au service des faibles le conseil, le crédit, l'influence des forts, pour corriger les inégalités sociales au moyen de l'aide mutuelle.

De tout cela résulte un état social mieux ordonné, une organisation nouvelle du travail agricole, qui donne d'importantes satisfactions aux besoins des paysans et légitime de plus grandes espérances. Déjà les masses rurales, prenant conscience de leurs forces, semblent moins portées à réclamer, en toute occasion, l'intervention de l'État-Providence, comme elles le faisaient jadis, et la vertu magique, enfin comprise, de l'association leur apparaît plus efficace pour poursuivre les conquêtes demeurant à réaliser. C'est là un fait capital : car les institutions créées librement par l'initiative privée sont essentiellement propres à résoudre heureusement les questions ouvrières. Elles se développent spontanément, parce qu'elles sont animées d'une vie autonome et que leurs organes ont une souplesse s'accommodant à tous les besoins. Les syndicats agricoles n'en offrent-ils pas eux-mêmes un frappant exemple? Jamais l'État, avec toutes les ressources et influences dont il dispose, n'aurait pu faire progresser l'agriculture, transformer ses méthodes, améliorer la condition des petits cultivateurs, comme l'ont fait ces syndicats fondés par quelques hommes dévoués au relèvement des populations rurales. L'un des meilleurs enseignements répandus par les syndicats agricoles a donc été d'habituer les agriculteurs à compter principalement sur eux-mêmes, sur leur entente et leurs efforts communs, en ne demandant à la puissance publique que la protection et les encouragements dont elle ne peut équitablement les priver.

L'œuvre sociale des syndicats agricoles ne tend pas seulement à maintenir et étendre la petite propriété, à consolider la famille rurale, à attacher les cultivateurs à la terre en accroissant leur bien-être, à combattre la misère, à assurer des secours aux malades et la sécurité aux vieillards, à faire régner la concorde et la paix entre les possesseurs du sol et les travailleurs qui le cultivent, ce qui déjà fournit un programme bien pratique pour la solution des questions sociales intéressant les populations agricoles.

Ils ont, de plus, donné aux classes rurales une organisation qui leur manquait et les ont élevées à une conception plus haute de leurs droits et de leurs devoirs, ainsi que du rôle qui leur appartient dans l'État. Ils ont été véritablement les éducateurs des paysans et les ont affranchis des servitudes que de longs siècles d'ignorance, de faiblesse et d'isolement faisaient peser sur eux.

Cet avènement des travailleurs ruraux au progrès général de notre civilisation est gros de conséquences pour l'avenir.

« Ce n'est qu'un commencement, a dit M. Paul Deschanel, et pourtant c'est déjà un monde nouveau qui surgit des profondeurs silencieuses ; c'est déjà le xxᵉ siècle qui se dresse devant nous (1). »

Au fur et à mesure que son organisation se perfectionne, le monde agricole subit, à son tour, l'influence grandissante des doctrines de solidarité humaine dont se pénètre de plus en plus la société moderne. Un rayon d'idéal illumine la rude existence de l'homme des champs.

Pour quiconque cherche à étudier le sens de ce vaste mouvement dans lequel se sont si inopinément engagés les hommes de la terre, marchant vers des

(1) Discours sur le socialisme agraire prononcé à la Chambre des députés le 10 juillet 1897.

destinées inconnues, pour le philosophe et le moraliste anxieux d'en saisir la portée, c'est incontestablement l'âme rurale qui se dégage des obscurités ataviques et prend conscience d'elle-même au seuil d'une vie supérieure.

Jamais évolution plus féconde ne se fit dans le monde du travail et elle est due tout entière aux syndicats agricoles.

« Ce qui attire surtout l'attention, a écrit M. Georges Maurin, l'un des hommes qui connaissent le mieux les syndicats agricoles pour leur avoir prodigué son dévouement, c'est le grand travail de rénovation intellectuelle opéré dans les classes rurales; c'est la lente infiltration, dans ces esprits incultes, d'idées toutes nouvelles pour eux : les lois économiques qui régissent le cours des produits; la puissance du principe de mutualité ; l'étroite solidarité qui unit tous les travailleurs d'une même profession. C'est un voile qui lentement se déchire, laissant voir à ces paysans, isolés dans leurs granges ou leurs hameaux, des perspectives jusqu'ici insoupçonnées par eux. . . . .

. . . .

« C'est l'âme même du peuple rural de France, c'est son intellectualité future qui s'élabore dans nos syndicats agricoles (1). »

Les syndicats agricoles ont conquis une légitime popularité : car ils ont fait la plus heureuse appli-

______

(1) *Les Syndicats agricoles et la Crise sociale*, brochure.

cation possible de la loi sur les syndicats professionnels, et les services qu'ils rendent aux populations des campagnes sont considérables. Ils conservent et développent les fortes vertus rurales, l'amour de la noble profession agricole, l'attachement au sol natal, le respect de la famille, etc., et, en outre, ils prennent un soin jaloux de sauvegarder, dans le cadre local, ces caractères précieux de terroir et de race qui forment l'originale et sympathique figure du paysan français, *l'homme du pays*. On doit voir en eux une réserve de saines forces sociales, une des meilleures espérances de la patrie. L'organisation robuste qu'ils ont créée dans nos campagnes ne se laissera pas entamer par l'action dissolvante des idées collectivistes; tout en s'assimilant les généreux élans de fraternité et d'aide mutuelle qui honorent l'âme contemporaine, elle saura conserver intact le patrimoine de nos traditions nationales.

TABLE DES MATIÈRES

LIVRE I

Les syndicats agricoles et leurs unions.

CHAPITRE I

L'AGRICULTURE ET LA LOI SUR LES SYNDICATS PROFESSIONNELS.

CHAPITRE II

L'ASSOCIATION PROFESSIONNELLE AGRICOLE AU PREMIER DEGRÉ. LES SYNDICATS AGRICOLES.

CHAPITRE III

L'ASSOCIATION PROFESSIONNELLE AGRICOLE AU DEUXIÈME DEGRÉ.
LES UNIONS DE SYNDICATS AGRICOLES.

CHAPITRE IV

GRANDS SYNDICATS GÉNÉRAUX. — SYNDICATS LOCAUX DE CARACTÈRE SPÉCIAL.

LIVRE II

Le fonctionnement des syndicats agricoles.
Services d'ordre matériel rendus à l'exploitation du sol.

CHAPITRE V

ACHATS EN COMMUN.

Les services rendus par les syndicats se divisent en deux catégories fondamentales. — Les services matériels offrent le seul moyen de faire apprécier dans les campagnes le

CHAPITRE VI

VENTE ET TRANSFORMATION INDUSTRIELLE DES PRODUITS AGRICOLES.

CHAPITRE VII

PROGRÈS DE L'OUTILLAGE AGRICOLE.

CHAPITRE VIII

AMÉLIORATION DU BÉTAIL.

CHAPITRE IX

VITICULTURE ET VINIFICATION. — RECONSTITUTION ET DÉFENSE DES VIGNOBLES.

LIVRE III

Le fonctionnement des syndicats agricoles. Services économiques et sociaux rendus aux populations rurales.

CHAPITRE X
PROGRÈS DE L'AGRICULTURE ET ENSEIGNEMENT AGRICOLE.

CHAPITRE XI

COOPÉRATION DE CONSOMMATION ET DE PRODUCTIO .

CHAPITRE XII

CRÉDIT AGRICOLE.

CHAPITRE XIII

ASSURANCES DIVERSES.

Le syndicat agricole est aussi une école de prévoyance.
— Comment il propage les assurances agricoles et en
améliore les conditions pour accroître la sécurité des
cultivateurs. — Il intervient soit par voie d'organisation
directe, soit à titre d'intermédiaire désintéressé. — L'assurance contre l'incendie. — L'organisation de la mutualité
locale est contraire à la loi des grands nombres. — Les
compagnies à primes fixes et les grandes mutuelles. —
Syndicats agricoles constitués agents des mutuelles. —
Services réciproques rendus par cette entente aux syndicats et aux mutuelles. — L'assurance mutuelle en nature
contre l'incendie des fourrages. — L'assurance contre la
grêle trop périlleuse pour être abordée directement. —
Traités passés par quelques syndicats avec des compagnies
ou des mutuelles. — Simples caisses de secours. — Ingénieuse combinaison de réassurance du Syndicat agricole

CHAPITRE XIV

PRÉVOYANCE ET ASSISTANCE.

CHAPITRE XV

PATRONAGE COLLECTIF PROFESSIONNEL.

Le patronage bienfaisant du syndicat s'exerce au profit de tous ses membres. — Le placement des ouvriers. — La « Tribune du travail » des bulletins syndicaux. — La conciliation des différends et l'arbitrage. — Cette intervention, tantôt obligatoire, tantôt facultative, a pour but le maintien de la paix et de la concorde entre les syndiqués. — Nombreux procès évités, grâce à l'autorité morale du syndicat. — Conseils et appui donnés en matière contentieuse. — Défense collective des intérêts professionnels devant les tribunaux et près des administrations publiques. — Résistance opposée aux municipalités contre l'établissement abusif de droits fiscaux sur les marchés. — Le *boycottage* du marché aux bestiaux de Marmande. — L'ac-

CONCLUSION

8589-00. — Corbeil. Imprimerie Éd. Crété.

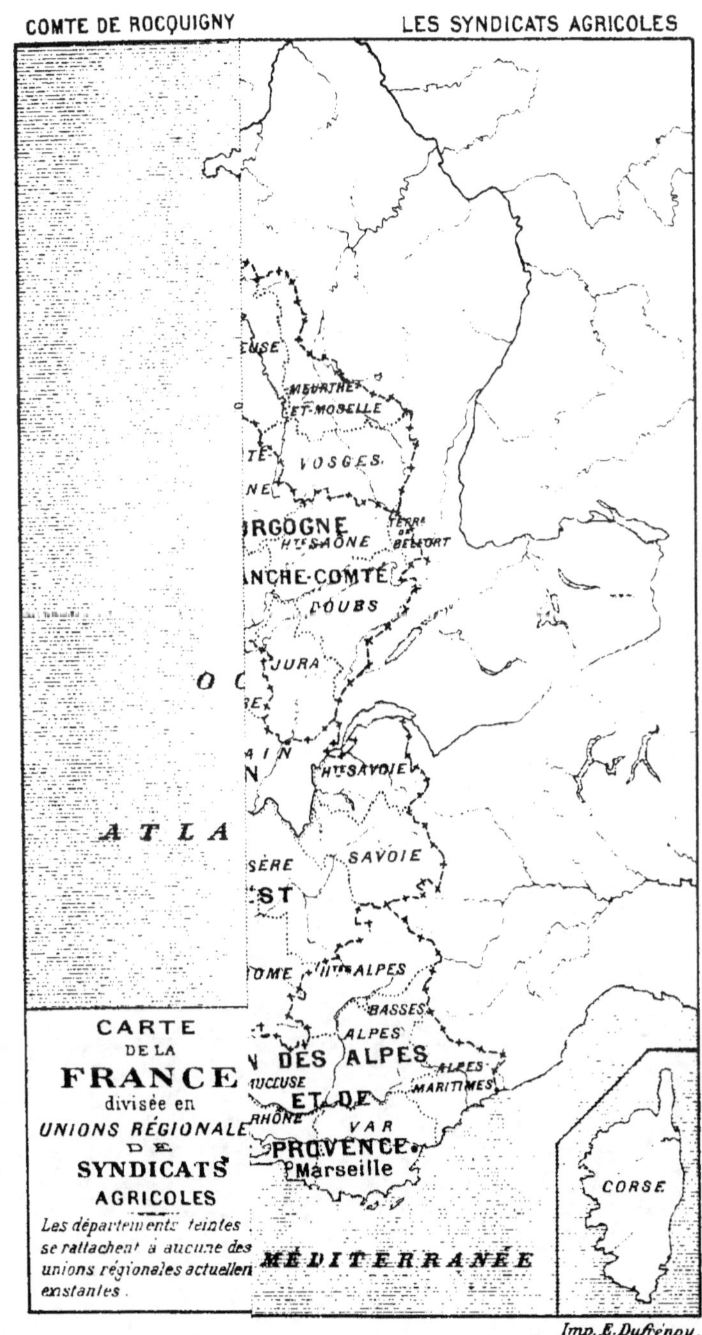

Imp. E. Duffrenoy.

Armand COLIN et Cⁱᵉ. Paris   Imp. E. Dufrénoy.